KB161523

우타쌤 김우태의

한눈에 사로잡는 생명과학 개념편

우타쌤 김우태의
한눈에 사로잡는 생명과학 개념편

초판 1쇄 발행일 2013년 10월 28일

지 은 이 김우태
펴 낸 이 이정원

출판책임 박성규
편집책임 선우미정
일러스트 김선호
편 집 김상진 · 한진우 · 김재은 · 김솔
디 자 인 김세린 · 김지연
마 케 팅 석철호 · 나다연
경영지원 김은주 · 이순복
제 작 송세언
관 리 구법모 · 엄철용

펴 낸 곳 도서출판 들녘
등록일자 1987년 12월 12일
등록번호 10-156
주 소 경기도 파주시 문발동 출판문화정보산업단지 513-9
전 화 마케팅 031-955-7374 편집 031-955-7381 경영지원 031-955-7375
팩시밀리 031-955-7393
홈페이지 www.ddd21.co.kr

I S B N 978-89-7527-688-0(44470)
I S B N 978-89-7527-687-3(세트)

값은 뒤표지에 있습니다. 잘못된 책은 구입하신 곳에서 바꿔드립니다.

「이 도서의 국립중앙도서관 출판시도서목록(CIP)은 서지정보유통지원시스템 홈페이지(http://seoji.nl.go.kr)와 국가자료공동목록시스템(http://www.nl.go.kr/kolisnet)에서 이용하실 수 있습니다.(CIP제어번호: CIP2013020528)」

우타쌤 김우태의

한눈에 사로잡는 생명과학 개념편

지은이 김우태

들녘

생명,
그 경이롭고 신비로운 세계

우리는 늘 주변에서 생명의 신비로운 현상을 보거나 듣고 있습니다. 「동물의 왕국」에서 다양한 동물들의 행동을 이해할 수 있고, 「아마존의 눈물」이라는 다큐멘터리에서는 인간 이외의 다양한 생물들에 대해 정보를 얻기도 합니다. 생명의 신비는 다소 감성적으로 다가온다고 합니다. 살아 있는 동물을 잡아먹으면서 눈물을 흘리는 악어를 보면서 어떤 사람들은 악어의 감성을 말하기도 합니다. 악어가 눈물을 흘리는 실제 이유는 몸속에 과잉으로 존재하는 무기물질을 눈물을 통해 배출하는 것이지요.

이렇게 경이롭고 신비로운 생물을 대상으로 연구하는 학문을 '생명과학'이라고 합니다.

우리는 24시간 내내 다른 많은 생물들과 만나고 있습니다. 아니라고요? 잠을 자는 동안에는 다른 생물을 만나지 않는다고요? 아닙니다. 눈에 보이지는 않지만 여러분의 베개, 이불, 피부, 몸속에도 생물들이 살고 있답니다. 한번 예를 들어볼까요? 베개와 이불에는 눈에 잘 보이지 않지만 진드기가 살고 있어 자주 살균을 해주어야 하지요.

여러분, 이 세상에는 수천만 종의 생물들이 존재한다고 합니다. 하지만 우리가 확인하지 못한 생물이 더 많다고 하니, 생물의 종은 정말이지, 상상을 초월하나 봅니다. 깊은 바다 속만 해도 사람의 눈길을 기다리는 생물들이 무궁무진하잖아요?

그렇다면 우리나라에 살고 있는 생물은 몇 종이나 될까요?

2006년 「환경연감」에 따르면 동물 1만 8천374종, 식물 8천227종 등 총 2만 6천601종이 기록되어 있지만 아직 밝혀지지 않은 생물들이 많기 때문에 그 수는 훨씬 많은 것으로 알려져 있습니다.

이렇게 많은 생물들을 모두 공부하는 것은 불가능하겠지요? 그래서 쌤은 여러분과 함께 많은 생물들이 공통적으로 가지고 있는 특성들을 이 책을 통해 알아보려고 합니다. 그리고 우리의 몸에 대해서도 좀 더 자세히 알아볼 계획입니다. 우리도 '인간'이라는 생물 종에 속하니까요!

우리가 생명과학을 공부하는 이유는 무엇일까요? 수능시험을 잘 보려고요? 아니면 현대 과학의 한 분야이니까? 다 맞습니다. 하지만 생명과학에 관한 이해가 필요한 진짜 이유는 인류의 영원한 관심 분야인 건강과 관계가 깊습니다. 또 사회생활과도 관계가 깊지요.

예를 들어볼게요. 먼저 생명과학과 건강의 관계를 보여주는 예입니다. 암환자를 치료하는 데 탁월한 효과가 있는 것으로 알려진 약품 가운데 '택솔'[1]이 있습니다. 미국의 일부 사막지역에 서식하여 사람들에게 홀대받는 '주목'이라는 식물에서 처음 발견되어 사용되고 있습니다. 사람들이 하찮게 여겼던 식물에서 암을 치료

1 미국 서해안에 살고 있는 주목나무의 껍질에서 추출해낸 물질로, 암의 치료에 효과적인 화학물질이다. 우리나라에서 자라는 주목에서 훨씬 더 많은 택솔이 추출된다고 한다.

스타아니스 열매

주목나무

할 수 있는 성분을 발견한 것이지요. 다른 예로, 몇 년 전에 우리나라를 비롯하여 세계적으로 유행했던 신종 플루(독감의 일종)를 치료하는 데 사용된 '타미플루'라는 약이 있습니다. 우리나라 과학자가 이 약의 주요 개발자로 참여했는데요, 이 약품은 '스타아니스'(상록수 나무의 일종. 열매는 별 모양임)라는 중국산 식물에서 추출하여 만들었다고 합니다. 스타아니스는 중국 음식이나 베트남 음식에 많이 사용되는 향신료의 일종입니다.

이렇게 다양한 생물을 연구하는 과정에서 아픈 사람들을 치료할 수 있는 성분을 발견하는 경우는 드물지 않습니다. 이런 예만 보더라도 생물이 멸종되지 않게 노력해야 한다는 것을 알 수 있겠지요? 방금 멸종된 생물이 불치병을 치료하는 성분을 가지고 있을지 그 누가 알겠어요!

이번에는 생명과학과 인간의 사회생활이 어떤 관계인지 살펴보지요. 인간의 사회생활에 가장 영향을 크게 미친 생명과학의 내용은 단연 '진화론'[2]일 것입니다. 진화론은 과학과 종교를 앙숙으로 만든 이론이지요. 종교에서는 생명체의 기원을 '창조'로 보는 반면, 진화론은 원시 생물체가 다양한 환경 변화에 적응하면서 진화한 것으로 설명하니까요. 사람들 역시 알게 모르게 이 세상의 많은 일들을

2 환경이 변하는 경우 생물체는 그 환경에 적응하여 구조나 생리적인 기능이 변한다는 이론을 말한다.

진화론적인 논리로 생각하고 있습니다.

생명과학을 이해해야 하는 이유는 그밖에도 많습니다. 그 이유들은 쌤과 함께 공부해가면서 충분히 접하게 될 것입니다.

결론을 말해볼까요? 생명과학은 대표적인 종합과학이면서 동시에 기초과학입니다. 조금 어려운 말이지요? 쉽게 표현하면, 많은 연구 활동을 위해 먼저 이해해야 할 학문이면서 동시에 많은 연구 활동의 결과를 가지고 이해해야 하는 학문이라는 뜻입니다. 생명과학을 공부함으로써 우리 주변의 생명을 정확히 이해하고, 생명의 다양함을 인정할 때 우리 사회는 더 건강하게 함께 살아갈 수 있으리라고 확신합니다.

어떻습니까? 여러분이 생명과학을 공부하고 그만큼 많이 이해한다면, 여러분은 평소 식사나 운동과 같은 많은 활동들을 좀 더 이해할 수 있고, 자연을 좀 더 구체적으로 보호할 수도 있겠지요. 그뿐만 아니라 우리와 우리 주변의 많은 생물들 사이의 관계도 잘 이해할 수 있을 것입니다.

여러분, 우리 모두 경이롭고 신비로운 생명의 세계에 들어가볼까요?

차례

1장 생물체이냐 무생물체이냐, 그것이 문제로다

2장 우리가 살 수 있는 이유!

3장 식물은 어떻게 살아갈까?

5장 우리의 환경과 생물을 지켜라!

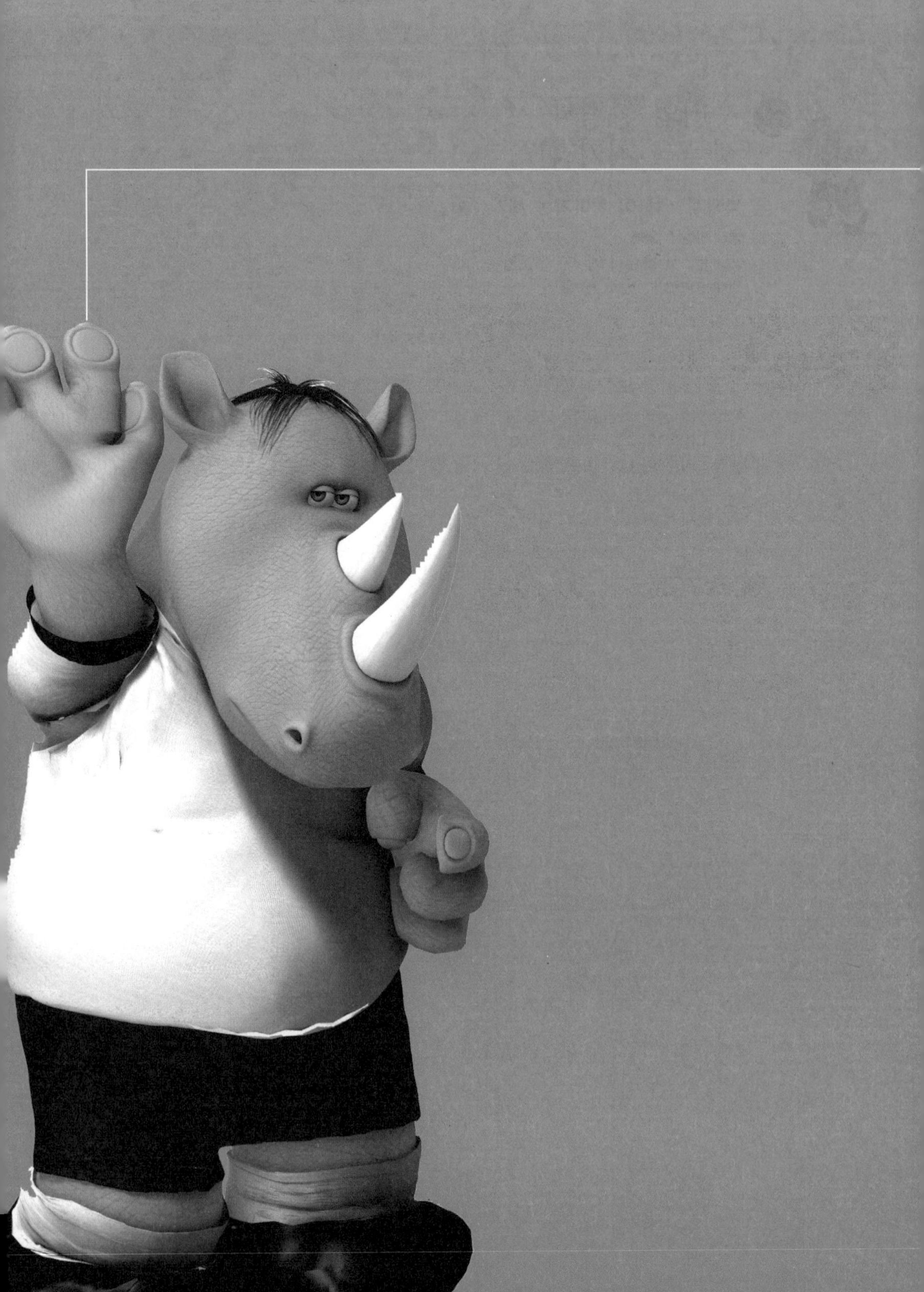

1장

생물체이냐 무생물체이냐, 그것이 문제로다

이 우주에서 지구에만 생명체가 존재한다면 엄청난 공간의 낭비다.

_칼 세이건(Carl Sagan, 1934~1996. 미국의 천문학자), 『코스모스』(1980)에서

어린아이에게 돌과 강아지를 보여주고 "무엇이 살아 있는 걸까?"라고 물으면 곧바로 "강아지요!"라고 대답합니다. 대부분 눈에 잘 띄는 생물들을 구별하는 것은 아주 쉽습니다. 특히 스스로 움직이는 것들을 우리는 쉽게 생물로 생각하기도 하지요. 하지만 무슨 근거로 생물과 무생물을 구분하는지 말하라고 하면 사람들은 대개 서너 가지 이유만 대고는 전전긍긍합니다. 생명과학에서도 마찬가지입니다. 생물과 무생물을 나누는 기준을 정하는 것은 언뜻 쉬워 보이지만 아직 해결이 안 된 까다로운 문제이지요. 생물과 무생물을 나누는 기준은 현재도 활발하게 논의되고 있습니다. 이 기준에 대해서는 본문에서 하나씩 살펴보도록 할 것입니다.

과학자들은 지구 밖 우주에 존재할지도 모르는 생명체를 탐사하는 데 엄청난 노력을 기울이고 있으며, 그 가운데에서도 화성의 생명체 존재 여부를 파악하는 데 열심이지요. 과학자들은 화성에 생명체가 존재하는지 아닌지 어떻게 알 수 있을까요? 이 장을 공부하면서 여기에 대한 답을 준비해보면 좋을 듯합니다.

칼 세이건의 원작(1985년)을 1997년 영화로 제작한 「콘택트Contact」. 외계 생명체를 탐사하는 과정을 그렸다(좌). 화성에서 여러 가지 실험을 실시하고 있는 로봇 '큐리오시티'(우)

자, 앞의 질문에 자신 있게 대답하기 위해 먼저 생물이 가지고 있는 공통된 특성을 살펴보고, 그 다음 생물체를 구성하는 물질들에 대해 알아보겠습니다.

생물체의 **특성**

생명 활동을 하는 생물체는 참 독특한 존재입니다. 특별한 노력 없이도 우리가 생명체를 인식할 수 있으니까요. 당연하고 본능적으로 말이지요. 어린아이들에게 "생물이 뭘까?" 하고 물으면 대부분 "움직이는 거요", "숨 쉬는 거요", "먹는 거요"라고 대답합니다. 여러분은 어떤가요? 아마 여러분 중에는 '세포'나 '물질대사' 같은 어려운 용어를 써가며 설명하는 학생도 있을 것입니다. 여러분이 말하는 생물에 대한 특성은 '그 특성'을 가진 대상을 예로 들어 생각해보면 흥미로운 결과로

로봇이 하나의 생명체처럼 활동하는 영화 「트랜스포머Transformers」

이어집니다.

먼저 "생물은 움직인다"라거나 "생물은 어떤 자극을 주면 반응한다"는 특성을 생각해보기로 하지요. 이러한 특성은 사실 자동차나 로봇도 가지고 있습니다. 자동차나 로봇은 기본적으로 움직이지요. 센서를 가지고 있는 경우에는 외부 자극에 대해 적절하게 반응도 합니다. 이번에는 좀 더 심오한 특성으로 "생물은 자식을 낳는다" 또는 "생물은 진화한다"를 떠올려보지요. 여러분, 짐작이 가나요? 맞아요. 이러한 특성도 로봇을 생각해보면 가능합니다. 로봇을 생산하는 공장에서 새로운 로봇이 탄생하고 버전업되는 과정은 이러한 특성들을 그대로 보여주니까요.

자, 그렇다면 로봇은 생물일까요? 여러분 가운데 대부분은 유명한 할리우드 SF 액션 영화인 「트랜스포머Transformers」를 보았을 것입니다. 영화에 등장하는 로봇들은 하나의 생명체로 활동하지요. 만약 먼 미래에 「트랜스포머」에 등장한 로봇처럼 감정까지 가진 로봇이 나온다면 우리는 이 로봇들을 생물체라고 해야 할까요? 얼마 전 종영한 「리얼 휴먼Real Humans」이라는 스웨덴 드라마가 생각나네요. 이 드라마에서는 로봇들도 인간이 지닌 희로애락을 가지고 있음을 보여주었지요. 감성까지 가진 이러한 로봇들이 생명체에 더 가깝지 않을까요? 하지만 **현재 통용되는 생물체의 기준으로 볼 때 로봇은 생물체가 아닙니다.** 왜냐고요? 로봇을 구성하는 물질과 만들어진 체제가 생물체와 다르기 때문입니다. 하지만 생물체를 규정하는 다른 기준들은 로봇도 가지고 있습니다. 지금부터 쌤과 함께 생물체로 분류하는 기준에 어떤 것들이 있는지 하나씩 알아보도록 하겠습니다.

생물을 구성하는 기본 구조는 세포

모든 물체는 기본 입자로 이루어져 있습니다. 물체를 이루는 기본적인 입자는 '원자'[1]이지요. 이 세상의 모든 물질을 쪼개다 보면 결국 원자에 이르는데, 생물체도 당연히 원자로 이루어져 있습니다. 원자가 모여 분자가 되고, 분자가 모여 더 큰 물질을 형성합니다. 하지만 더 큰 물질을 형성하는 과정에서 생물체는 무생물에서 볼 수 없는 독특한 구조를 가집니다. 현재까지 밝혀진 연구에 따르면, 생물들은 모두 공통적으로 이 구조를 가지고 있습니다. 이 구조를 우리는 세포라고 합니다. 세포는 워낙 작아서 맨눈으로 보기 어렵습니다. 물론 예외도 있지요. 하나의 세포로 이루어진 '알(egg)'들은 조금 큰 편이라 잘 볼 수 있습니다. 사람의 난자도 이 책에 있는 마침표 정도 크기이니까 볼 수 있지요(세포라는 용어가 등장하기 전에는 알의 정체도 몰랐습니다).

그럼, 세포라는 용어는 언제부터 등장했을까요? 1665년 영국의 런던 왕립협회의 회원인 로버트 훅(Robert Hooke, 1635~1703)은 자신이 만든 현미경(최대 배율이 30배)으로 코르크 조각을 관찰했습니다. 그는 이 관찰에서 벌집 모양의 구조를 발견했고, 이를 우리말로 '작은 방'이라는 의미를 가진 'cell'이라고 이름 지었습니다. 'cell'을 번역한 것이 '세포'이지요.

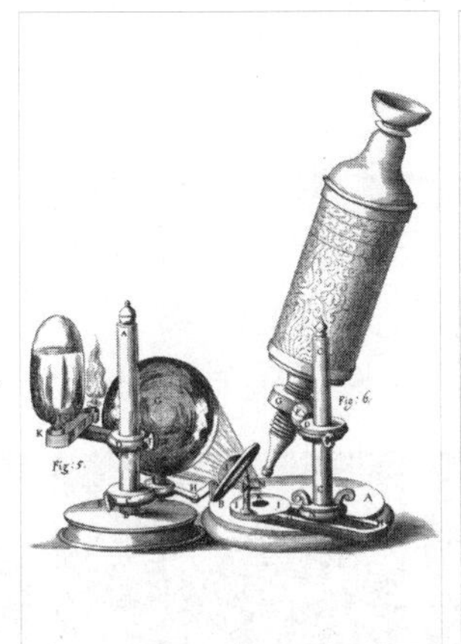

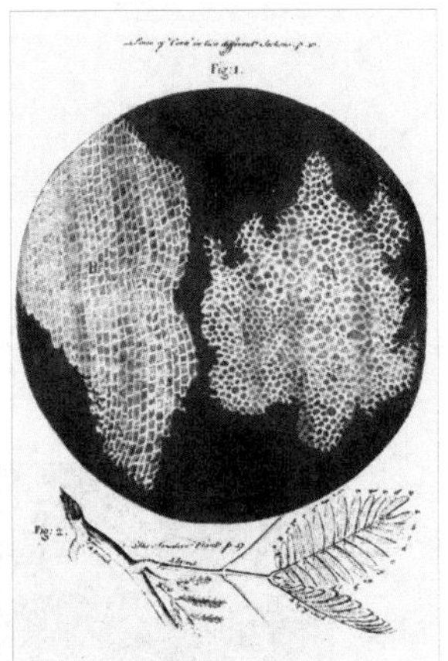

훅이 직접 만들어 사용한 현미경(좌)과 훅이 관찰한 벌집 모양의 코르크 조각(우)

1 물질의 기본적 구성단위. 하나의 핵과 이를 둘러싼 여러 개의 전자로 구성되어 있으며, 크기는 반지름이 10^{-7}~10^{-8}cm이며 한 개 또는 여러 개가 모여 분자를 이룬다.

• 레벤후크 현미경 만들기

네덜란드의 과학자 레벤후크(Anton van Leeuwenhoek, 1632~1723)는 로버트 훅의 현미경보다 거의 300배까지 배율을 높인 현미경을 제작하여 살아 있는 세포를 최초로 관찰했다.

가. 준비물

재료 : 유리관 15cm 정도 1개, 5×10cm의 두꺼운 마분지(또는 얇은 나무판자), 5×10cm의 얇고 딱딱한 명암 종이, 고무찰흙 또는 껌, 셀로판테이프, 양파

도구 : 송곳, 스테이플러, 가스 토치

나. 방법 및 절차

1) 현미경 틀 만들기 : 마분지와 명암 종이를 잘라 레벤후크 현미경 모양(대체로 크기는 각각 3×6cm 정도)을 만든다. 어떤 모양이든, 어떤 크기든 상관없다.

2) 현미경 렌즈 구멍 만들기 : 송곳으로 구멍을 약 1mm 크기로 뚫는다. 또는 두꺼운 종이나 나무판을 사용해 렌즈 포켓을 만들 경우에는 좀 더 크게 구멍을 뚫는다.

3) 렌즈 만들기

가) 가스 토치를 이용해 유리관을 녹인다(화상 주의).

나) 적절히 녹인 후 양끝을 가볍게 잡아당겨 모세관을 만든다.

다) 모세관의 한쪽을 다시 가스 토치에 가져가 유리 방울을 만든다.

라) 지름이 1.6mm 정도가 되면 식힌다.

마) 렌즈가 달린 이 유리 가지를 1cm 정도 남기고 자른다.

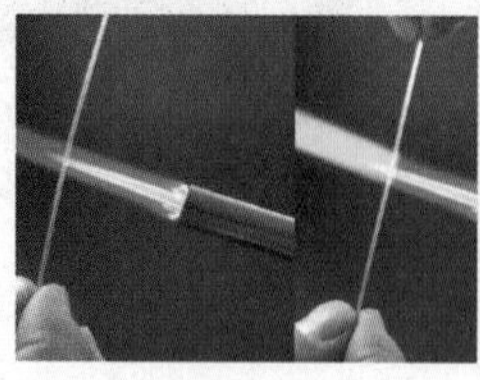
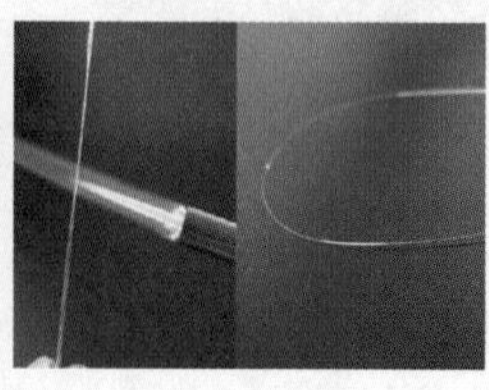
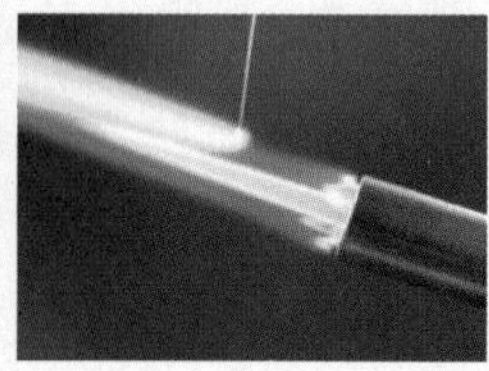

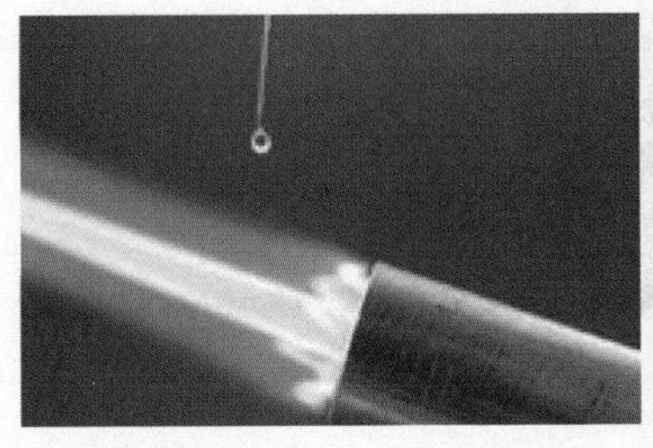
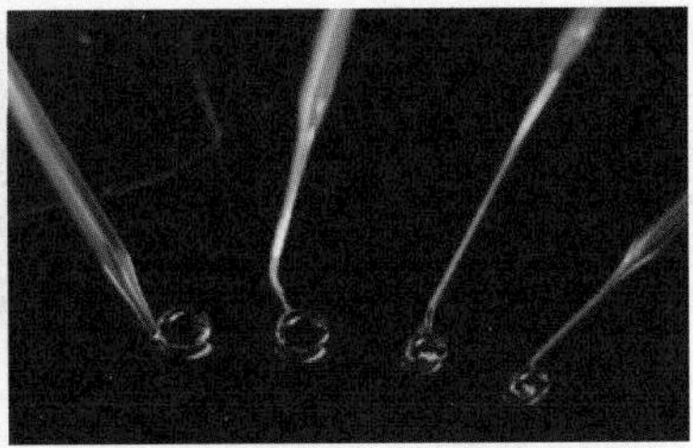

4) 현미경 조립하기

가) 1)의 현미경 틀에 3)의 렌즈를 놓고 셀로판테이프로 고정한다.

나) 다른 한쪽의 판을 덮어 스테이플러로 고정한다.

5) 고무찰흙을 콩 크기로 떼어내고 관찰할 물체를 사진과 같이 붙이거나 덮개 유리나 플라스틱 조각을 슬라이드 글라스 대용으로 활용한다.

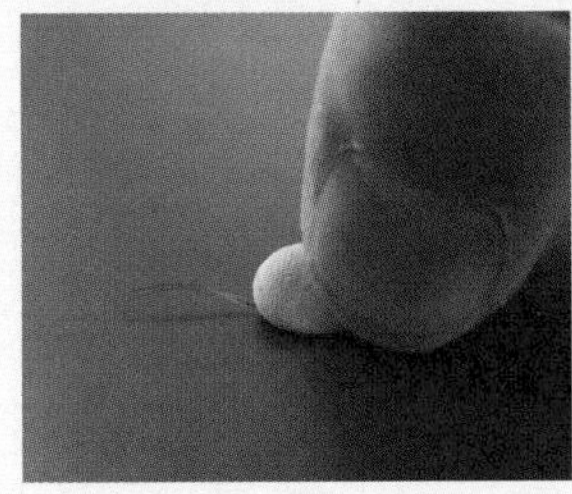

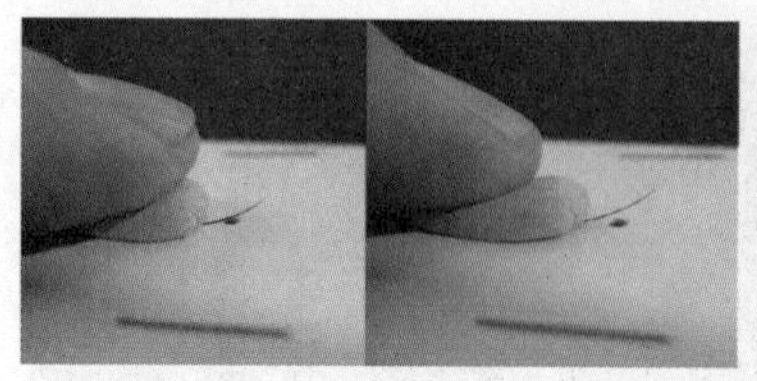
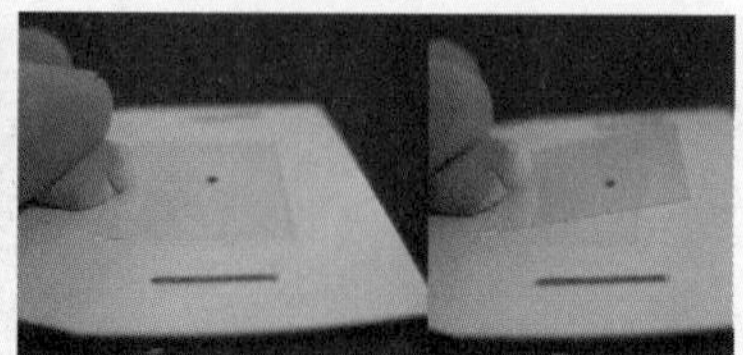

다. 결과 및 논의

1) 제작한 레벤후크 현미경을 그림 또는 사진으로 저장해서 보고서를 작성할 때 활용한다.

2) 배율을 확인할 수 있는 방법을 찾아보고, 자신이 제작한 레벤후크 현미경의 배율을 측정해보자.

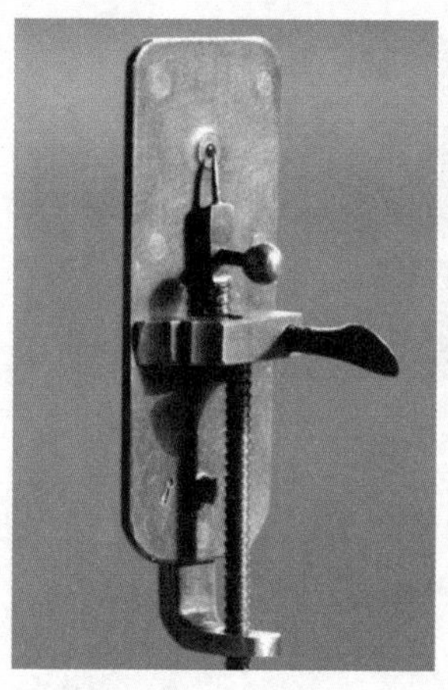
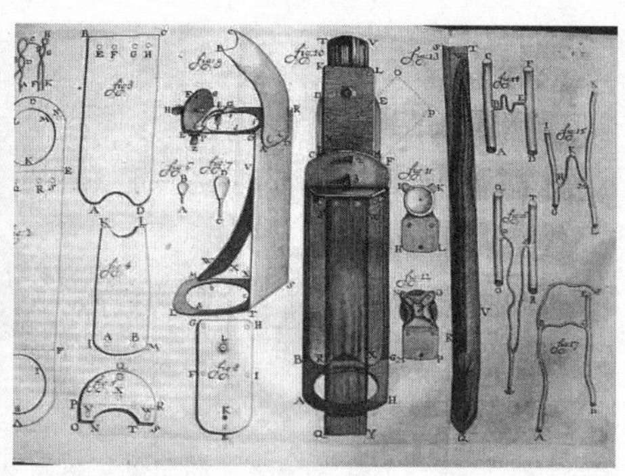

레벤후크가 제작한 현미경(좌)
레벤후크의 현미경 제작 설계도(우)

"모든 생물은 세포로 이루어졌다"라는 사실에서 '세포설'이라는 어려운 말이 등장하게 되었습니다. 세포설은 다음 세 가지 문장으로 정리할 수 있어요.

- 모든 생물은 하나 또는 그 이상의 세포로 구성된다.
- 세포는 모든 생물의 구조적·기능적 기본 단위이다.

•모든 세포는 부모 세포에게서 생겨난다.

이 세포설의 내용을 중심으로 설명해보겠습니다. 먼저, 세포에 대해 알아보지요. 세포는 세포막으로 둘러싸인 작은 주머니입니다. 크기는 비록 작지만 그 주머니 안에는 생명 활동이 일어나는 데 필요한 많은 요소들이 들어 있지요. 각각의 세포는 영양소의 섭취와 쓰레기 수거, 에너지 발생, 운동, 수송 방법 등에 관여하며 이러한 모든 기능을 조절하는 중앙 통제실도 존재합니다. 그래서 하나의 세포로만 이루어진 생물도 가능한데 이러한 생물을 '단세포생물'이라고 하지요.

단세포생물의 대표적인 예로 우리 몸속에 살고 있는 대장균과 연못에서 자주 볼 수 있는 짚신벌레가 있습니다. 둘 다 하나의 세포로 이루어진 독립적인 생물체이지요. 독립적인 생물체란 우리 인간처럼 기본적인 생명 활동을 하는 생물을 의미합니다.

하지만 대장균과 짚신벌레에는 큰 차이점이 있습니다. 대장균은 앞에서 말한 중앙 통제실의 기능을 수행하는 유전물질이 존재하는 장소(핵)가 칸막이로 둘러싸여 있지 않지만 짚신벌레의 유전물질은 칸막이로 둘러싸여 있지요. 칸막이로 둘러싸인 핵을 가진 세포를 '진핵세포'라고 하고, 그렇지 않은 세포를 '원핵세포'라고 합니다. 말 그대로 진짜 핵과 원시적인 핵이라는 뜻입니다.

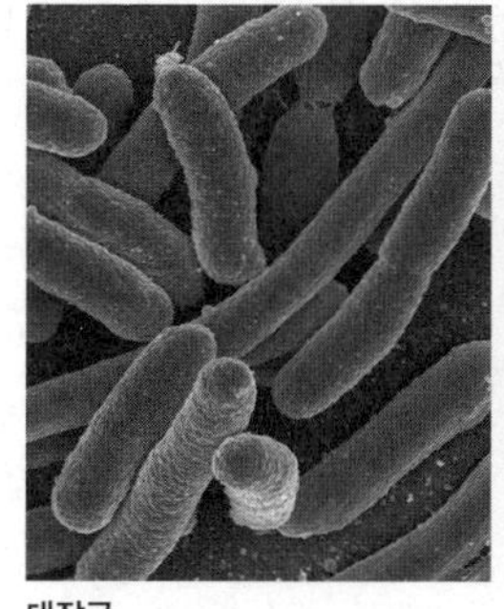

대장균

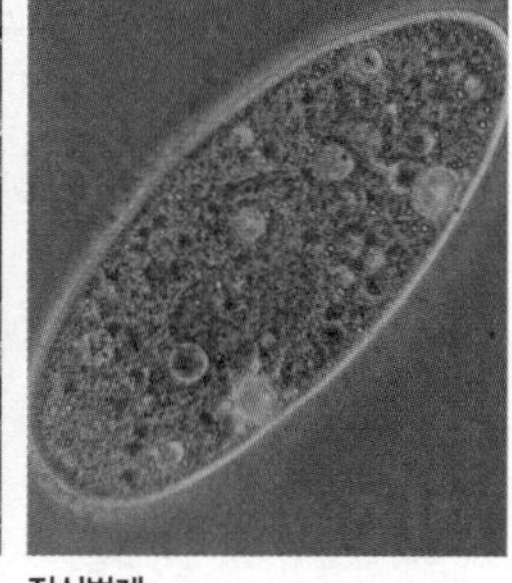

짚신벌레

칸막이 구조는 세포의 구조에서 매우 중요합니다. 세포 내부에 칸막이 구조가 여러 개 있는 경우에는 세포의 크기가 커지고 칸막이를 경계로 수많은 일들이 나누어집니다. 칸막이가 없는 세포의 내부는 원룸과 같고, 칸막이가 있는 세포의 내부는 아파트 구조와 같다고 생각하면 되지요.

대체 세포의 크기는 어느 정도 될까요? 쌤이 앞에서 어떤 세포의 경우에는 달걀, 메추리 알, 타조 알, 거북이 알처럼 세포 하나가 매우 클 수도 있다고 말했지요? 하지만 대부분의 세포는 크기가 아주 작습니다. 맨눈으로는 볼 수 없을 만큼이지요. 현미경이나 전자현미경[2] 같은 장치가 필요한 것도 바로 이 때문입니다.

조금 더 알아보기

• 세포의 크기는 어떻게 표현할까?

세포의 크기는 매우 작다. 세포 안에 존재하는 많은 구조물들과 입자는 그보다 훨씬 더 작다. 그래서 과학자들은 이것들의 크기를 표현하기 위해 주로 두 가지 단위를 사용한다.

마이크로미터(μm) : 1마이크로미터는 1/1000mm에 해당한다. 1mm는 1/1000m이다. 보통 대장균과 같은 세균은 약 10마이크로미터 정도이고, 식물이나 동물 세포의 크기는 50~100마이크로미터 정도다. 100마이크로미터는 0.1mm이다.

나노미터(nm) : 1나노미터는 1/1000μm에 해당한다. 이 단위는 매우 작은 구조나 분자들의 크기를 나타낼 때 사용한다. 수소 원자의 크기는 0.1nm 정도이다.

2 광학현미경은 빛을 이용하여 직접 관찰할 수 있는 데 비해 전자현미경은 전자를 이용하여 모니터를 통해서 관찰한다. 전자현미경은 관찰 대상을 1000배 이상으로 확대할 수 있다.

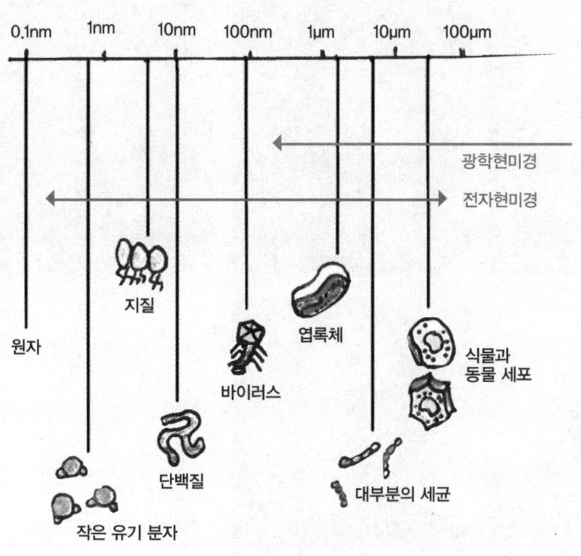

미세 크기의 세계

• 이렇게 작은 크기는 어떻게 측정할까?

학교에 있는 현미경으로 아주 작은 자를 측정할 수 있다. 이 작은 자를 '마이크로미터 자'라고 한다. 여러분도 학교에서 작은 눈금이 그려진 받침 유리를 본 적이 있을 것이다. 마이크로미터 자는 우리가 주로 사용하는 센티미터 자의 눈금을 10,000등분으로 나눈 아주 작은 자이다.

세포설의 세 가지 문장 가운데 마지막인 "모든 세포는 부모 세포에게서 생겨난다"는 표현은 매우 어려운 개념인 '생물속생설(生物續生說, biogenesis)'을 뜻합니다. 생물속생설을 설명하기 전에 생물이 어떻게 등장했는지에 관한 논쟁의 역사를 먼저 살펴보기로 하지요. 생물의 등장에 관한 논쟁으로는 '자연발생설'과 '생

1) 아리스토텔레스
2) 헬몬트
3) 레디
4) 스팔란차니
5) 파스퇴르

물속생설'이 있습니다. 두 학설의 대립은 오랫동안 대표적인 패러다임[3]의 대결로 여겨졌지요. 자연발생설은 작은 생물들이 무생물에서 우연히 생겨난다는 학설로 아리스토텔레스(Aristoteles, B.C. 384~B.C. 322)와 같은 고대 그리스의 사상가들에서 헬몬트(Jan Baptista van Helmont, 1579~1644)와 같은 근대의 과학자들까지 오랫동안 믿어왔습니다. 반면, 생물속생설은 생물은 이미 존재하는 생물에서만 생겨난다는 학설로 레디(Francesco Redi, 1626~1697), 스팔란차니(Lazzaro Spallanzani, 1729~1799)가 실험적으로 증명했고, 1864년에는 파스퇴르(Louis Pasteur, 1822~1895)가 확립했습니다.

3 어느 한 시대를 지배한 사고방식. 예전에는 지구의 운동을 '천동설(지구 주위의 천체가 지구를 중심으로 회전)'이라고 생각했지만, 천문학자들의 관측으로 지구가 태양을 중심으로 회전한다는 '지동설'이 등장했다. 다시 말해, 천동설과 지동설이라는 패러다임이 대립되었고, 얼마 후 지동설이라는 패러다임이 맞는 것으로 밝혀졌다.

헬몬트의 실험

헬몬트는 땀으로 더러워진 셔츠를 기름과 우유에 적셔서 약간의 밀 낟알과 함께 항아리에 넣은 다음, 창고에 방치하면 자연적으로 쥐가 생기는지 실험을 했습니다. 당시 유명한 화학자였던 헬몬트의 이 실험은 자연발생설을 주장하는 사람들에게 많은 용기를 주었습니다. 하지만 나중에 전혀 다른 주장이 등장합니다. 바로 레디의 실험에 따른 결과였지요.

1668년 레디는 병 세 개에 생선 토막을 넣은 다음 하나는 완전히 막고, 다른 하나는 천으로 막고, 마지막 하나는 입구를 열어두고 어떤 변화가 생기는지 관찰했습니다. 그 결과 열어둔 병에서만 구더기가 생기는 것을 확인합니다. 레디는 이 실험 결과를 내세워 자연발생설이 틀렸다고 주장했지요. 하지만 현미경의 등장으로 미생물[4]을 발견하면서 눈에 보이는 큰 생물과 달리 미생물의 경우는 자연발생에 따라 생겨난다는 주장이 다시 제기되었습니다.

좀 더 세월이 흐른 뒤인 1745년, 니담(John Turberville Needham, 1713~1781)은 양고기 즙을 유리병에 넣고 코르크 마개로 닫은 뒤 가열하고 나서 방치한 결과,

4 눈으로는 볼 수 없는 매우 작은 생물로, 현재 미생물에는 세균, 곰팡이, 원생생물 일부가 속한다.

양고기 즙에서 미생물이 번식하는 것을 확인하고 자연발생설을 강력하게 주장했지요. 1766년 스팔란차니는 니담의 실험에 문제가 있다고 지적하고, 반복 실험을 하여 양고기 즙에 미생물이 번식하지 않은 것을 확인한 뒤 생물속생설을 주장했습니다. 스팔란차니의 실험 결과를 들은 니담은 그의 실험에서 공기 속에 존재하는 어떤 생명력이 파괴되었거나 생물 발생에 필요한 산소가 공급되지 않았기 때문에 미생물이 번식하지 않은 것이라는 주장을 펼쳤지요. 이러한 논쟁 과정에서 스팔란차니의 실험을 통해 비로소 '멸균'이라는 개념이 등장하였고, 이에 따라 식품의 보존 방법에 영향을 주어 통조림의 원형인 병조림이 개발되었습니다.

드디어 이러한 지루한 싸움에 종지부를 찍은 유명한 실험이 프랑스에서 이루어집니다. 1864년 파스퇴르는 플라스크 안에 고기즙을 넣고 가열한 후 입구를 S자 모양으로 구부려 백조 목 플라스크를 만들어 방치하고, 시간이 지나도 고기즙에 미생물이 생기지 않는 것을 확인합니다. 그리하여 마침내 생물속생설이 완전히 승리하게 되지요.

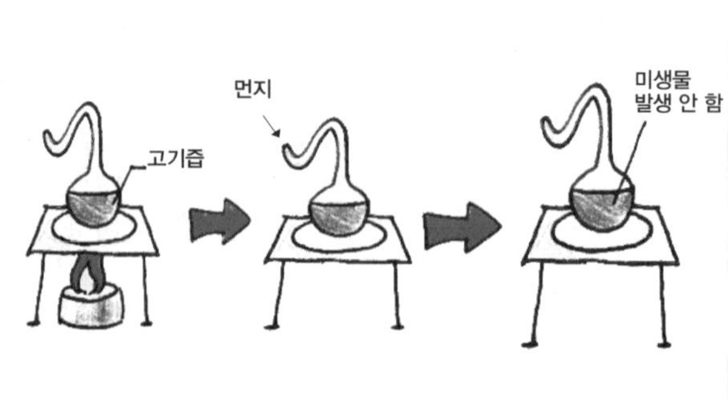

생물속생설을 확립한 파스퇴르(좌)와 파스퇴르의 실험(우)

덩치와 세포 수의 관계

앞에서 쌤은 세포 하나가 생물 하나인 경우를 단세포생물이라고 했습니다. 그렇다면 세포 여러 개가 모여 생물 하나를 이루면 무엇이라고 할까요? 맞아요, 다세포생물이라고 합니다. 쌤과 여러분, 여러분이 키우고 있는 개나 고양이, 화초 등 우리 주변에서 볼 수 있는 많은 생물들은 대부분 다세포생물입니다. 자, 여기에서 궁금한 점이 생깁니다. 우리 몸은 대체 얼마나 많은 세포로 이루어져 있을까요? 놀라지 마세요! 우리 몸은 보통 60~100조 개의 세포로 이루어져 있습니다. 왜 세포 수가 다르냐고요? 덩치가 작은 사람은 세포 수가 좀 적고, 덩치가 큰 사람은 세포 수가 좀 더 많기 때문입니다.

많은 세포들이 그냥 단순하게 덩어리로 모여서 하나의 생물을 이루는 것은 아닙니다. 여러분 몸에는 눈도 있고, 코도 있고, 보이지는 않지만 몸속에는 위와 심장, 콩팥도 있지요. 세포들이 무작정 모인 것이 아니라 어떤 단계와 기능을 가지고 모였음을 알 수 있습니다.

지금부터 세포들이 모여 어떤 구성 단계를 거쳐 하나의 생물로 완성되는지 알아볼까요? 여러 가지 생물들 가운데 동물과 식물을 예로 들어 많은 세포들이 어떻게, 어떤 구성 단계를 거쳐서 하나의 생물체로 완성되는지 살펴보겠습니다.

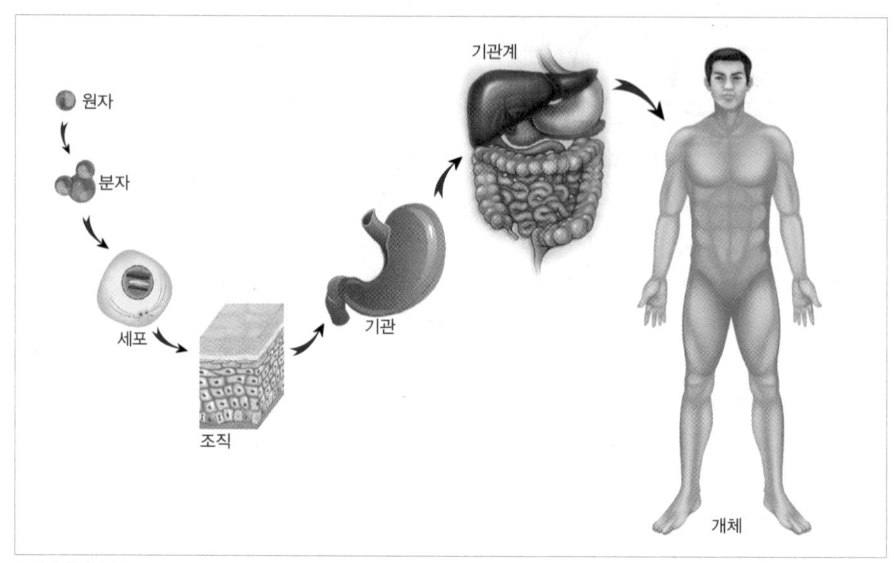

동물의 구성 단계

먼저 동물입니다.

동물의 대표 주자인 인간을 예로 들어 동물의 구성 단계를 설명하겠습니다. 동물의 구성 단계는 세포 → 조직 → 기관 → 기관계 → 개체입니다. 비슷한 기능과 모양을 가진 세포들이 모여 '조직'을 구성합니다. 근육조직, 신경조직, 결합조직 등이 이 구성 단계에 해당하지요.

다음으로 다양한 조직이 모여 고유한 모양과 기능을 가지는 '기관'을 구성합니다. 뇌, 심장, 폐, 이자, 간 등이 이 구성 단계에 해당하지요.

다음은 기관계입니다. 기관계란 여러 기관이 모여 독립된 모양과 기능을 가지는 구성 단계입니다. 여기에는 신경계, 면역계, 소화계, 순환계, 호흡계, 배설계, 비뇨계 등이 속합니다.

마지막으로 각각의 기관계가 모두 모여 우리 인간이 완성됩니다.

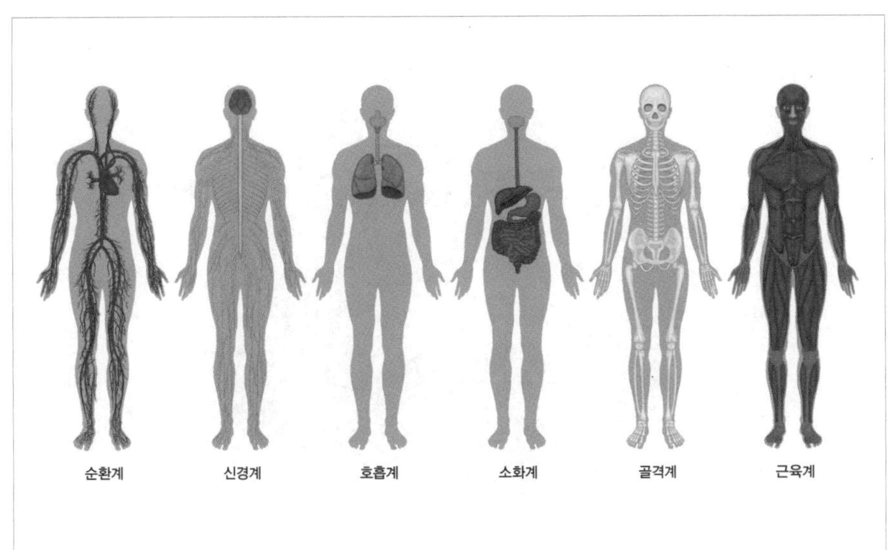

인간의 기관계

다음은 식물입니다. 우리 주변에서 흔히 볼 수 있는 봉숭아를 예로 들어 설명하겠습니다. 식물의 구성 단계는 세포 → 조직 → 조직계 → 기관 → 개체입니다. 동물과 다른 점이 있지요? 동물에 없는 '조직계'가 있고, 동물에 있는 '기관계'가 보이지 않네요. 그렇습니다. **식물은 몇 개의 조직이 모여 조직계를 구성하지만 동물에서처럼 기관이 모여서 이루어진 기관계라는 구성 단계가 존재하지 않습니다.** 식물의 조직은 동물과 달리 단순하기 때문에 분열이 일어나는지 안 일어나는지를 기준으로 분열조직과 영구조직으로 나눕니다. 분열조직에는 여러분이 잘 알고 있는 생장점과 형성층이 포함되며, 영구조직에는 표피조직, 유조직,[5] 기계조직, 통도조직이 포함됩니다. 이 조직들이 모여서 조직계를 구성하며 여기에는 표피조직계, 관다발조직계, 기본 조직계가 속합니다. 다음으로 이 조직계가 모여서 동물에 비

5 식물체의 대부분을 차지하며 세포막이 얇은 유세포(柔細胞)로 이루어진 조직. 줄기나 뿌리의 속, 피층, 잎의 잎살, 과실의 과육 등과 같이 모든 기관에 들어 있다.

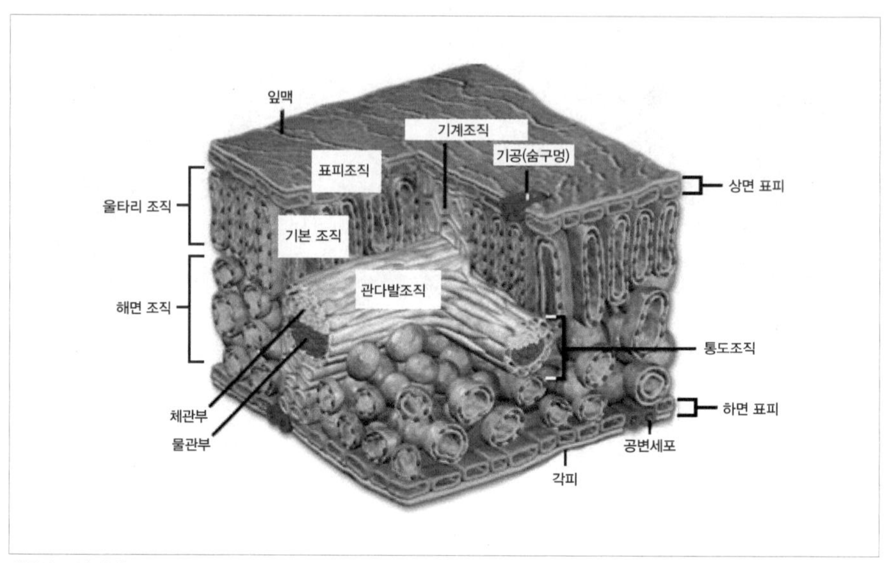

식물의 구성 단계

해 짜임새가 정교하지 못한 기관을 구성합니다. 식물의 기관은 단 두 종류뿐입니다. 뿌리, 줄기, 잎과 같은 영양기관과 자손 번식에 관여하는 꽃, 열매와 같은 생식기관이 있지요. 두 종류의 기관밖에 없으므로 동물의 상위 구성 단계인 기관계는 볼 수 없습니다.

여러분과의 첫 대면인데다 중요한 개념이 포함되어 있는 부분이라 쌤의 이야기가 좀 길어졌어요. 요약하면, 생물들이 가지고 있는 공통적인 특성 가운데 첫 번째는 모든 생물은 하나 또는 그 이상의 세포로 이루어져 있다는 것입니다. 그리고 다세포생물의 경우에는 여러 단계를 거친 세포들이 모여서 하나의 생물체로 완성된다는 것입니다.

이제 생물의 공통적인 특성 가운데 두 번째를 알아보도록 하겠습니다. 여러분도 준비운동을 마쳤으니 '빠름빠름'하게 속도를 높여볼까요?

에너지 사용과 물질대사

모든 생물은 먹어야 살 수 있습니다. 식물도 생물이니 먹어야 살 텐데, 왠지 표현이 좀 어색하지요? 엄밀히 말하면 식물도 뭔가를 먹어야 살 수 있습니다.

"왜 생물들은 모두 먹어야 할까요? 살기 위해서?"

"생물들은 어떻게 먹나요?"

갑자기 이런 질문을 받으면 대답하기가 곤란할 것입니다. 결론부터 말해보지요. **우리가 먹는 이유는 살아가는 데 필요한 재료와 에너지를 얻기 위해서**입니다. 쇠고기를 먹으면 쇠고기 안에 들어 있는 일부 재료를 사용하여 몸을 만들고 나머지 재료들은 연소시켜서 에너지를 얻습니다. 예를 들어, 여러분은 쇠고기의 단백질 구성 재료를 이용하여 근육을 만들고, 밥에 들어 있는 탄수화물을 이용하여 에너지를 얻습니다. 이렇게 재료를 얻고 에너지를 발생하는 모든 과정은 화학반응에 따라 일어나지요. 이처럼 생물체에서 일어나는 모든 화학반응을 물질대사라고 합니다. 물질대사는 생물체가 가지고 있는 두 번째 공통적인 특성입니다.

생물체 안에서는 수많은 화학반응이 일어납니다. 특이한 것은 이 무수한 화학반응들이 서로 연결되어 매우 치밀하게 조절되고 있다는 점이지요. 만약 조절 과정에 문제가 발생한다면? 그야 병이 나겠지요. 무슨 소리인지 잘 모르겠다고요? 예를 하나 들어보겠습니다. 여러분이 밥을 먹으면 쌀 속의 녹말 성분이 포도당으로 분해된 다음 소화기관을 통해 체내로 흡수되잖아요. 포도당은 혈액 속으로도 들어가는데 필요 이상으로 그 양이 많으면 우리 몸은 바로 신호를 보냅니다. "포도당이 너무 많아서 답답하다. 다른 것으로 좀 바꿔줄래?" 하고 말이지요. 이와 같이 조절 과정에 문제가 생기면 몸속에서 재료로 쓰이지 못한 많은 포도당이 소변으로 나오고, 오줌에서 단맛이 나지요. 우리는 이러한 질병을 당뇨병(diabetes mellitus)이라고 합니다.

조금은 어렵겠지만 물질대사에 대해 좀 더 알아볼까요?

쌤이 앞에서 "물질대사는 생물체 안에서 일어나는 화학반응이다"고 말했습니다. 여러분은 중학교에서 화학반응에 대해 배웠을 테니, 간단하게 정리해볼까요? **화학반응에는 크게 두 물질이 합쳐지는 합성반응과 어떤 한 물질이 나눠지는 분해반응이 있습니다. 생물에서는 합성반응을 동화작용, 분해반응을 이화작용이라고 합니다.** 이 같은 두 가지 반응이 일어날 때 반드시 에너지가 투입되거나 발생하게 되지요. 어떤 반응에서 에너지가 투입되고, 또 어떤 반응에서 에너지가 발생할까요? 맞아요. 여러분이 생각하는 것처럼 합성반응이 일어날 때는 에너지가 투입되고, 분해반응이 일어날 때에는 에너지가 발생합니다.

이것만은 꼭!

물질대사

A + B → C : 합성 반응/ 동화작용 ; 에너지 투입

C → A + B : 분해 반응/ 이화작용 ; 에너지 발생

종이를 태우거나 승용차 연료인 휘발유를 태우는 반응을 '연소'라고 합니다. 연소는 종이와 휘발유 성분을 분해하는 과정으로, 이때 방출되는 에너지를 이용하여 자동차가 움직이거나 전기를 만듭니다. 하지만 책상 위에 올려놓은 종이나 기

름통 안에 들어 있는 휘발유가 과연 자연적으로 연소될까요? 자연 상태에서는 연소가 일어나기 어렵습니다. 종이나 휘발유를 태우려면 성냥이나 라이터로 불을 붙여줘야 하잖아요? 우리 몸에서 일어나는 화학반응도 마찬가지입니다. 저절로 일어나기 어렵다는 뜻이지요. 종이나 휘발유를 태우기 위해서 불을 붙여주는 것처럼 우리 몸에서 화학반응이 일어나려면 어떤 장치가 필요합니다. 그 장치가 바로 모든 생물체에서 볼 수 있는 '효소'입니다. 효소는 다른 말로 생체 촉매라고도 합니다. 생물체에서 만들어 사용되는 촉매라는 뜻이지요.

조금 더 알아보기

• 촉매 vs 효소

촉매 : 화학반응의 속도에 영향을 주는 물질이다. 화학반응을 빠르게, 또는 느리게 하며 화학반응이 일어나기 전과 후에도 촉매 물질은 그대로 남아 있다(화학반응을 빠르게 하는 것은 활성화 에너지를 낮추는 것이고, 느리게 하는 것은 활성화 에너지를 높이는 일이다).

효소 : 촉매에 속하는 유기촉매이다. 주요 성분은 단백질이며, 생물체에서 합성된다. '유기'라는 말은 물질 속에 탄소, 수소, 산소가 포함되었다는 뜻이다. 탄수화물, 단백질, 지질 등은 모두 유기물질이다. 효소의 주요 성분이 단백질이므로 유기촉매라고 부르기도 한다. 효소는 화학반응 속도를 빠르게 해준다. 참고로 유기촉매와 반대 의미의 무기촉매가 있는데, 무기촉매는 무기물질로 이루어진 촉매를 말한다.

물질대사가 일어나려면 효소가 있어야 합니다. 효소가 없이 어떤 화학반응이 일어나기를 기대하는 것은 책상 위에 올려놓은 종이가 저절로 타기를 기대하는 것과 같습니다. 그러니까 물질대사를 제대로 이해하려면 효소에 대해 충분히 알고 있어야 합니다.

아주 먼 옛날부터 우리 민족은 발효 음식을 개발해서 먹었습니다. 대표적인 발효 음식에는 된장, 김치, 술 등이 있지요. 모든 발효 음식은 효소의 화학반응으로 만들어집니다. 도대체 효소의 정체가 무엇이기에 자연적으로 일어나기 힘든 화학반응을 가능하게 하는 것일까요? **효소의 정체는 단백질 덩어리입니다.** 생물체에서 합성되는 단백질 덩어리인 효소는 화학반응이 잘 일어나게 도와주는 역할을 하지요. 화학반응이 일어나는 과정은 아래 그림처럼 커다란 돌을 밀어서 고개를 넘는 과정으로 이해할 수 있습니다.

활성화 에너지

고개의 높이는 화학반응이 일어나는 데 필요한 에너지 크기를 의미합니다. 이 에너지를 '활성화 에너지'라고 합니다. 종이를 태우려면 성냥불을 붙여야 하는데, 이 성냥불의 에너지가 바로 고개 꼭대기까지 공을 밀어 올리는 힘이라고 보면 됩니다. 이번에는 나무를 태운다고 해보지요. 나무에 불을 붙이려면 종이에 불을 붙일 때보다 성냥이 더 많이 필요합니다. 이는 나무가 연소하는 데 필요한 활성화 에너지가 종이보다 훨씬 크다는 것을 의미합니다. 반응이 일어나기 훨씬 더 어렵다는 뜻이지요. 자, 바로 여기서 효소의 역할이 중요합니다. 왜냐고요? 효소가 고개의 높이를 낮추는 역할을 하기 때문이지요. 고개의 높이를 낮춘다는 것은 활성화 에너지를 작게 하는 것이며, 이는 화학반응이 쉽게 일어나게 한다는 것을 의미하니까요.

이것만은 꼭!

효소의 역할

활성화 에너지를 낮춤 → 화학반응이 잘 일어남

이번에는 여러분이 잘 알고 있는 사실을 예로 들어 효소 이야기를 해보겠습니다. 밥을 오래 씹으면 단맛이 난다고 하지요? 쌀의 성분인 녹말이 분해되어 엿당이 되기 때문입니다. 그런데 침 속에 녹말을 분해하는 효소(아밀레이스)가 없어도 단맛을 느낄 수 있을까요? 애석하지만 답은 "아니다"입니다. 방앗간에서 빻은 쌀가루를 씹는 것처럼 그저 밍밍한 맛(수백 도에서 수 시간 동안 가열해야 녹말이 엿당으로 분해됩니다!)이지요. 이처럼 생물체에서 만들어진 효소는 엄청난 화학반응 지휘자라고 할 수 있습니다. 하지만 이런 위대한 지휘자에게도 약점이 있어요. 바로 조건이 까다롭다는 점입니다. 효소가 까다롭게 따지는 조건은 크게 '온도'와 'pH'입니다. 무슨 뜻이냐고요? 이 까다로운 지휘자는 자신에게 딱 맞는 온도와 pH 아래에서만 지휘한다는 뜻입니다. 이 지휘자의 몸이 온도와 pH의 영향에 민감한 단백질 성분으로 이루어졌기 때문이지요. 생물체가 적절한 온도와 pH 환경이 갖춰져야만 살 수 있는 이유이기도 합니다. 고열이 나서 몸이 아프면 병원으로 달려가는 것도 지휘자의 환경에 신경을 써야 하기 때문이지요.

자, 정리해볼까요?

생물체의 두 번째 특성은 물질대사를 한다는 점입니다. 이 물질대사로 몸을 구성하고 에너지를 얻어 생활하는 것이지요. 그리고 물질대사가 일어나는 데에는 효소가 필요합니다. 효소는 생물체 안에서 화학반응이 순조롭게 일어나도록 돕습니다. 만약 효소가 없는 상태에서 화학반응이 일어나려면 생물체의 체온은 수백 도 이상이 되어야 합니다. 상상만 해도 끔찍한 일이지요?

환경 변화에 대한 반응

생물체의 특성을 좀 더 알아볼까요? 생물체는 주변 또는 몸속에서 일어나는 환경 변화를 알아채고 반응할 수 있습니다. 우리 인간과 같은 동물들은 이러한 변화를 알아채기 위해 눈, 코, 입, 귀 등의 기관을 사용하지요. 물론 눈이나 코 외에도 우리 몸에는 다양한 변화를 알아챌 수 있는 감각세포가 존재합니다. 이때 문제는 식물이에요. 어떤 사람이 도끼를 들고 나무를 찍는다고 해보지요. 나무는 도망가지 못하고 그냥 도끼에 찍힙니다. 꽃도 마찬가지예요. 이따금씩 우리도 길을 가다가 "어, 꽃이 정말 예쁘네. 꺾어다가 유리병에 꽂아야지!" 하면서 꽃을 함부로 꺾는 경우가 있잖아요? 그럴 때마다 꽃들은 아무런 저항도 못 하고 그냥 꺾이고 말지요. 하지만 누가 우리 손가락을 꺾으려 하면 우리는 재빨리 손을 오므리거나 꺾이지 않으려고 애를 씁니다.

이처럼 식물은 환경 변화에 반응하지 않는 듯이 보입니다. 하지만 정말 그럴까요? 엄밀히 말하면 그렇지 않습니다. 비록 위에서 말한 극단적인 경우에서처럼 식물이 반응하지 않는 듯이 보이지만 실제로는 식물도 환경 변화에 민감하게 반응합

식물의 굴광성 실험

니다. 예를 들어볼게요. 식물을 창가에 놓고 키우면 식물의 줄기와 잎이 빛이 들어오는 방향으로 자랍니다. 정원에 심은 해바라기도 그렇습니다. 해바라기는 태양을 향해 자라나는 대표적인 식물이지요. 이런 현상은 모두 식물이 빛이라는 환경 변화에 반응한 결과입니다. 이밖에도 식물이 환경에 반응하는 예로 미모사 잎을 톡 건드리면 잎이 접히는 현상과 식충식물이 곤충을 가두는 현상 등이 있습니다.

조금 더 알아보기

• 굴성 vs 주성

굴성 : 식물이 자극에 반응하여 구부러지는 현상을 굴성이라고 한다. '굴'은 '구부러지다'라는 뜻을 가진 한자어이다. 예를 들어, 식물의 줄기가 빛을 향해 구부러지는 경우를 '양성 굴광성'이라고 한다.

주성 : 운동 능력을 가진 단세포생물이나 동물들이 자극에 반응하여 이동하는 현상을 주성이라고 한다. '주'는 '달리다'라는 뜻을 가진 한자어이다. 예를 들어, 빛이 있는 쪽으로 이동하는 경우는 '양성 주광성'이라고 한다.

조절과 항상성

자, 이번에는 조금 복잡한 생물체의 특성을 알아볼까요? '조절과 항상성'이라는 말은 무척 애매하고 어렵게 느껴집니다. 먼저 우리의 몸을 예로 들어 이 특성을 이해하도록 하지요. 우리의 체온은 보통 36.5℃로 유지됩니다. 이렇게 우리 몸의 어떤 상태를 일정하게 유지하는 특성을 **항상성**이라고 합니다. 체온을 36.5℃로 유지하려면 어떻게 해야 하나요? 온도가 떨어지면 온도를 올리려고 노력하고, 반대로 온도가 너무 높으면 내리려고 노력하지요? 이처럼 항상성을 지키기 위해 노력하는 과정을 **조절**이라고 합니다.

항상성에는 방금 전에 말한 체온도 있지만, 체내의 수분 함량이라든지 혈액 속의 포도당 농도 등도 포함됩니다. 혈액 속의 포도당 농도를 '혈당량'이라고 하는데, 당뇨병 환자들은 혈당량이 높아 소변에 당 성분이 섞여 있는 증세를 보입니다. 요즘은 다양한 약품과 식이요법 등으로 치료가 쉬워졌지만 예전에는 이 병 때문에 돌아가시는 분도 많았지요. 당뇨병 치료에 쓰이는 인슐린(insulin)이라는 호르몬은 생명과학 분야 가운데 하나인 유전공학 기술을 통해 대량으로 생산되어 많은 사람들이 도움을 받고 있습니다.

성장과 발생

생물들은 보통 시간이 흐름에 따라 크기가 점점 커집니다. 이 현상을 '성장'이라고 합니다. 무생물 중에도 시간이 지나면서 크기가 커지는 것들이 있습니다. 겨울에 흔히 볼 수 있는 고드름도 그렇고, 여러분이 동굴에 대해 배울 때 등장하는 종유석[6]도 그렇습니다. 하지만 고드름이나 종유석은 생물이 아니지요. 생물이 가

6 동굴 지하수에 녹아 있는 석회분이 수분의 증발과 함께 다시 결정으로 되면서 천장에 고드름처럼 매달린 석회석

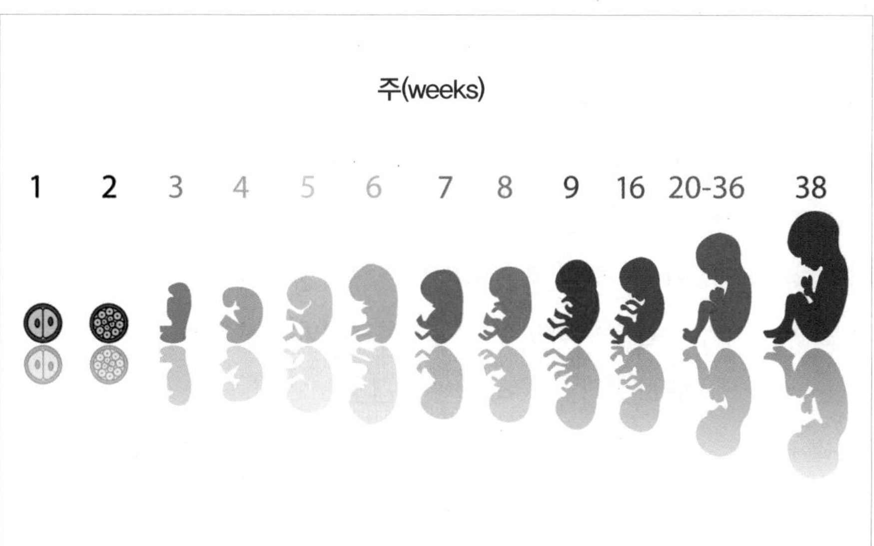

인간의 발생 과정

지고 있는 주요 특성을 가지지 않기 때문입니다.

생물에서 '발생'이라는 단어를 많이 사용합니다. 발생이란 하나의 세포에서 정상적인 모양을 갖춘 생물체로 완성되기까지의 과정을 의미합니다. 어렵지요? 사람을 예를 들어볼까요? 정자와 난자가 수정되어 만들어진 세포를 수정란(수정된 달걀을 상상해보세요!)이라고 합니다. 수정란의 크기는 여러분이 보고 있는 이 책의 마침표 정도입니다. 수정란은 우리처럼 사람 모양이 아니라 그저 둥근 모양입니다. 이 수정란은 아주 많은 변화를 거치면서 점점 사람의 모양을 갖추는데, 이러한 변화가 일어나는 과정을 '발생'이라고 합니다. 물론 발생을 하지 않는 생물도 있습니다. 아직은 어렵겠지만 세균을 상상해보면 이해될 것입니다. 세균은 사람의 수정란처럼 단순한 모양으로 평생을 살아갑니다. 모양의 변화가 일어나는 발생이라는 과정이 없기 때문이지요. 하지만 대부분 다세포생물은 발생 과정을 겪습니다.

생식

누구나 다 알고 있는 생물의 특성으로, 자식을 낳는 것을 '생식'이라고 합니다. 여러분도 부모님의 생식 과정을 통해 태어났습니다. 이와 마찬가지로 이 세상의 모든 생물은 부모 생물을 통해 태어납니다. 물론 생식 방법은 다양하지요. 인간처럼 남성과 여성의 생식을 통해 자식을 낳는 것을 유성생식(성을 가지는 생물에서 일어나는 생식이라는 뜻)이라고 하고, 암컷과 수컷의 구분이 없는 세균 등이 자손을 낳는 것을 무성생식(성의 구분이 없는 생물에서 일어나는 생식이라는 뜻)이라고 합니다.

생식은 모든 생물의 특성이다.

생물학적 진화

'진화'라는 말은 우리 사회에서 흔히 쓰이는 말입니다. 여러분이 많이 사용하는 '업그레이드'라는 용어의 개념과 거의 같다고 생각하면 됩니다. 그래서 쌤은 앞에 '생물학적'이라는 말을 붙였어요. 진화의 개념을 이해하기 가장 좋은 예는 「포켓몬스터Pocket Monster」라는 만화입니다.

극단적인 변화 과정을 보여주는 「포켓몬스터」

이 만화에서 각 캐릭터들은 여러 가지 사건을 겪거나 시간이 흐르면서 변합니다. 상상력이 풍부한 만화이기 때문에 극단적인 변화 과정을 보여주지만 생물들도 시간이 지나면서 변합니다. 이러한 변화들 가운데 생식 활동을 통해 자손에게 유전되는 변화가 있는데, 이 변화 과정을 진화라고 합니다. 여기서 명심할 것은 자손에게 전달되지 않는 변화 과정은 진화가 아니라는 점입니다.

예를 들어, 대학생 누나가 좀 더 예뻐지려고 성형으로 쌍꺼풀을 하거나 코를 세웠다고 해보지요. 하지만 누나가 결혼해서 낳은 아이는 성형으로 만든 쌍꺼풀이나 높은 코를 가지고 태어나지 않습니다. 진화는 그 특성이 반드시 자손에게 유전되어야 한다는 점을 명심하기 바랍니다.

인간을 예로 들어 진화 과정을 설명해볼까요?

수백만 년 전에 살았던 인류의 조상은 현재 여러분의 모습과 아주 다릅니다. 원숭이 쪽과 더 비슷하게 생긴 우리의 조상은 아주 오랜 시간을 거치면서 매우 다양한 환경을 겪었으며, 여기에서 살아남은 원시 조상들이 자손을 낳았습니다. 그 자손들은 당연히 각기 다른 환경에서 살아남은 부모들의 특성을 가지게 되었지요. 이런 식으로 살아남아 자손을 낳은 부모의 특성이 자손에게 전해지면서 지금 우리의 모습으로 진화한 것입니다.

생물의 특성

생물의 특성은 크게 일곱 가지로 구분할 수 있다.

1. 생물을 구성하는 기본 단위는 세포이다. 생물에 따라 세포 집단에서 시작하는 조직적인 단계를 가지는 경우도 있다.
2. 생물은 에너지를 사용하며, 에너지 사용은 물질대사를 통해 이루어진다.
3. 생물은 외부 또는 내부 자극에 대해 적절하게 반응한다.
4. 생물은 다양한 조절 과정을 통해 항상성을 유지한다.
5. 생물은 성장하고, 초기 성장 과정에서 발생 과정을 거친다.
6. 생물은 생식을 통해 자손을 낳는다.
7. 생물은 진화를 통해 환경에 적응하여 생존한다.

바이러스의 정체가 궁금하다

주변에서 바이러스 이야기를 많이 들었을 것입니다. 가장 많이 들어본 '바이러스' 이야기는 아마도 '컴퓨터 바이러스'일 테지만요. 하지만 지금부터 우리가 이야기할 바이러스는 컴퓨터 바이러스가 아닙니다. 몇 년 전, 전 세계적으로 유행했던 바이러스가 있습니다. 바로 신종 플루(flu)를 일으켰던 바이러스이지요. 우리나라도 신종 플루 때문에 많은 학교에서 휴교를 했고, 정부에서는 감염을 막기 위해 애를 많이 썼습니다. 플루란 독감을 말하며, 인플루엔자 바이러스에 따른 급성 호흡기 질환입니다. 따라서 신종 인플루엔자라고도 하지요. 인플루엔자 바이러스는 보통 돼지에 감염되는데 이 바이러스가 진화하면서 인간에 감염되는 사태가 벌어진 것이지요. "진화하는 것을 보니 바이러스도 생물의 특성을 가졌나

봐!" 하고 생각할 수도 있지만, 바이러스는 생물의 주요 특성을 가지고 있지 않아 무생물로 분류합니다.

조금 더 알아보기

• 신종 플루 치료약

전 세계를 강타하고, 많은 사람들을 멘붕에 빠지게 했던 신종 플루의 대표적인 치료약으로 타미플루(Tamiflu)가 있다. 타미플루는 스위스의 한 제약회사에서 개발했지만 우리나라 과학자인 김정은 박사가 타미플루 개발에 깊이 관여했다고 한다. 타미플루는 신종 플루가 유행했던 2009년 한 해에 1조 원 이상의 수익을 올렸다. 타미플루는 목련이나 상록수에 속하는 팔각나무의 열매에서 시킴산(shikimic acid)이라는 천연물질을 추출하여 만든 의약품이다. 우리 주변의 생물들이 얼마나 중요한 가치를 지니는지 알 수 있는 예이다.

팔각나무
열매가 8갈래로 찢어진 별모양으로 영어로 star anice라고 한다.

팔각나무 열매
이 열매는 동남아시아권에서 음식에 넣는 향신료로 많이 쓰인다.

바이러스는 무엇으로 이루어졌을까?

바이러스는 어떤 성분으로 이루어졌는지 알아보도록 하지요. 인간을 비롯한 대

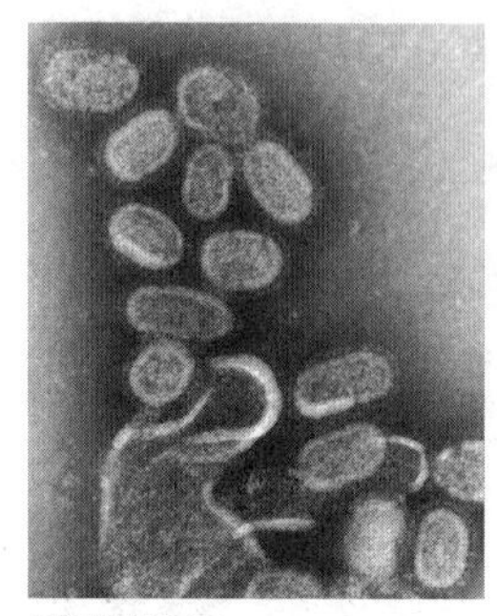

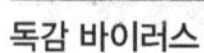

독감 바이러스

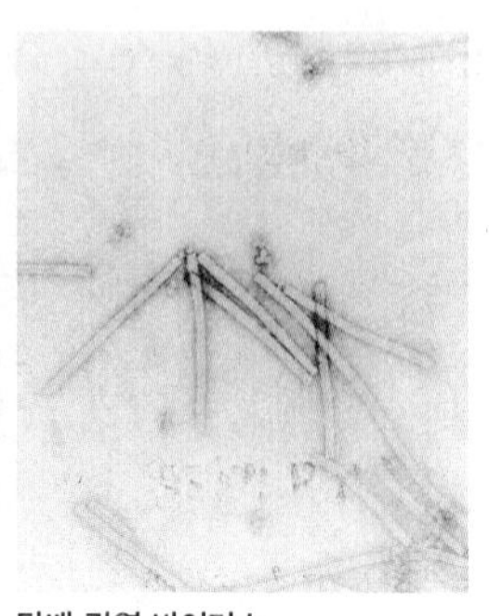

담배 감염 바이러스

부분의 생물들은 단백질, 탄수화물, 지질, 핵산[7](유전물질) 그리고 다양한 무기물질로 이루어져 있습니다. 하지만 바이러스는 단백질과 핵산만으로 이루어졌습니다. 아주 단순한 구조이지요? 하지만 얕보지 마세요! 비록 구조가 단순하지만 바이러스의 파괴력은 엄청납니다. 다른 생물에 감염되어 사망에 이르게 할 정도이니까요. 게다가 종류도 엄청 많습니다. 예를 들어, 동물들에 감염되는 독감 바이러스, 식물들에 감염되는 바이러스들이 있습니다.

바이러스에는 어떤 종류가 있을까?

물건이 잘 정리된 마트처럼 동물이나 식물 등의 종류도 비교적 잘 정리가 되어 있습니다. 하지만 바이러스의 종류는 동물이나 식물처럼 눈에 확 띄게 정리하기 어렵습니다. 그래서 바이러스의 종류는 다양한 기준으로 나누지요. 예를 들어, 바이러스가 감염하는 생물의 종류에 따라 동물성 바이러스, 식물성 바이러스로 나누기도 하고, 핵산의 종류에 따라 DNA 바이러스, RNA 바이러스로 나누기도 합니다. DNA 바이러스는 유전물질로 DNA라는 핵산을 가지며, RNA 바이러스는 RNA를 가지는 바이러스입니다. 아주 무서운 질병인 에이즈(AIDS, 후천성 면역결핍증후군이라고도 하지요)를 일으키는 인간 면역결핍 바이러스와 독감을 일으키는 인플루엔자 바이러스는 대표적인 RNA 바이러스이지요.

7 유전이나 단백질 합성에 관여하는 중요한 물질로, 생물의 증식과 생명 활동 유지에 중요한 작용을 한다. DNA나 RNA가 대표적인 유전물질이다.

조금 더 알아보기

• 조류독감(조류 인플루엔자)

조류독감은 닭, 오리, 야생 조류에서 조류 인플루엔자 바이러스(Avian influenza virus)의 감염으로 발생하는 급성 바이러스성 전염병이며 드물게 사람에게도 감염증을 일으킨다. 가장 흔하게 나타나는 증상으로 기침과 호흡곤란 등이 있고 발열, 오한, 근육통처럼 신체 전반에 걸친 증상이 함께 따르기도 한다. 조류독감이 인체에 감염하는 경로는 사람에게 감염되는 독감 바이러스와 조류독감 바이러스의 유전물질(DNA)이 섞이면서 발생하는 것으로 보인다.

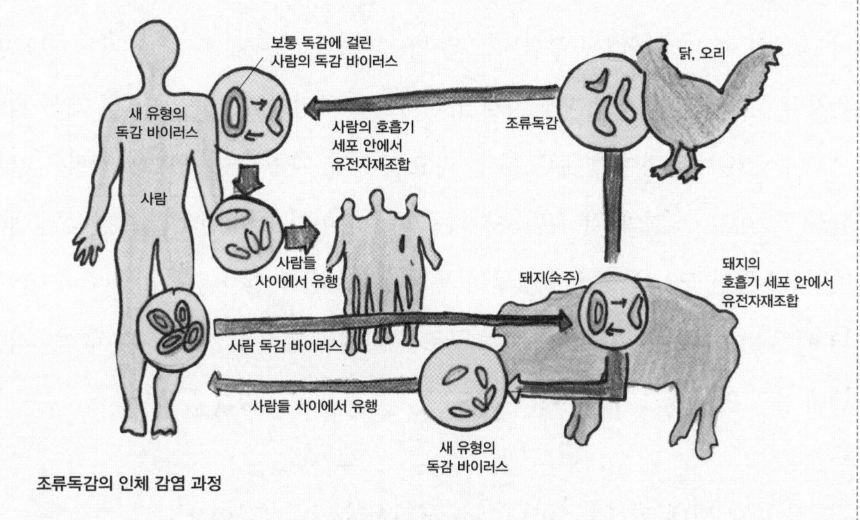

조류독감의 인체 감염 과정

바이러스는 생물일까, 무생물일까?

앞에서 바이러스가 생물인지 아닌지에 대해 간략하게 다룬 부분을 떠올려볼까요? 아직도 많은 과학자들이 두 편으로 나뉘어 어떤 사람들은 "바이러스가 생물이다"라고 주장하고, 또 다른 이들은 "바이러스는 생물이 아니다"라고 주장합니다. 무슨 까닭으로 이렇게 대립하고 있는지 알아볼까요?

생물은 효소를 만들어 물질대사를 할 수 있고, 물질대사를 통해 에너지를 사용합니다. 하지만 바이러스는 물질대사를 하는 데 필요한 효소를 만들지 못합니다. 바로 이 점이 "바이러스는 생물이 아니다"라는 주장의 강력한 증거입니다. 아울러 바이러스가 생존하려면 반드시 다른 생물체에 감염할 수밖에 없는 강력한 이유이기도 하지요.

그밖에도 바이러스의 무생물적 특성은 바로 '결정 형태'로 추출된다는 점입니다. 결정이란 광물 등에서 볼 수 있는 규칙적인 배열 구조를 말합니다. 중학교에서 광물의 특징에 대해 공부할 때 '결정'을 배웠을 거예요. 좀 더 자세히 말하면, 원자나 분자가 일정한 법칙에 따라 규칙적으로 배열하고, 대칭적인 몇 개의 평면으로 둘러싸인 일정한 형체를 결정이라고 합니다. 예를 들어, 운모의 결정은 얇은 판상구조이고, 석영의 결정은 '육각기둥'의 모양이지요. 그런데 특수한 환경에서 바이러스들이 모여 무생물인 광물의 특징처럼 결정을 만듭니다. 더구나 바이러스는 이미 말했듯이 전형적인 세포의 구조를 가지고 있지 않지요. 그래서 바이러스는 생물이 아니라는 것입니다.

그럼 이제 반대 의견을 들어볼까요? "바이러스는 생물이다"라고 주장하는 사람들은 바이러스가 다른 생물체에 감염하여 생식을 하고 진화한다는 것을 근거로 삼습니다. 비록 다른 생물체의 효소들을 사용하지만 분명히 새끼 바이러스를 생산하고, 진화하기 때문에 생물의 특성을 가진다는 것이지요. 여러분은 어떻게 생각하나요? 바이러스를 생물이라고 해야 할까요, 아니면 무생물이라고 해야 할까요? 현재는 바이러스를 생물로 여기는 분들이 더 많은 것 같습니다.

1. 다음은 식충 식물인 파리지옥에 대한 설명이다. ㉠에 나타난 생명 현상의 특성과 가장 관련이 깊은 것은?

> 파리지옥의 잎에는 3쌍의 감각모가 있어서 ㉠잎에 곤충이 앉으면 잎이 갑자기 접히며, 안쪽의 돋은 선에서 산과 소화액을 분비하여 곤충을 분해한다.
>
> 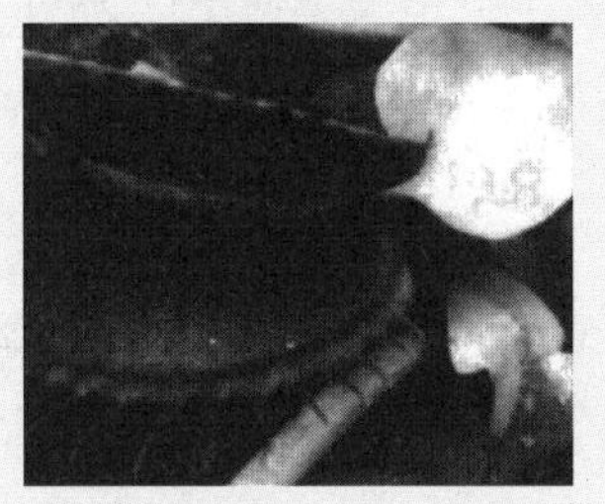

① 플라나리아는 빛을 받으면 어두운 곳으로 이동한다.

② 효소가 포도당을 분해하여 에너지를 생성한다.

③ 아버지의 특정 형질이 딸에게 나타난다.

④ 짚신벌레가 이분법으로 분열한다.

⑤ 올챙이는 자라서 개구리가 된다.

정답 : ① 풀이 : ㉠에 나타난 생명 현상은 생명의 특성 가운데 '자극에 대한 반응'에 속한다. ①의 내용은 '자극에 대한 반응', ②는 '물질대사', ③은 '유전', ④는 '생식', ⑤는 '발생'에 해당한다.

2. 빨간목벌새에 대한 설명 중 ㉠에 나타난 생명 현상의 특성과 관련이 깊은 것은?

> 빨간목벌새는 미국의 남동부에서 중앙아메리카까지 1000km 이상을 쉬지 않고 날아간다. 이를 위해 빨간목벌새는 지방을 체내에 저장하고, 비행하는 동안 ㉠저장된 지방을 분해하여 비행에 필요한 에너지를 얻는다.

① 짚신벌레는 이분법으로 증식한다.

② 어머니가 색맹이면 아들도 색맹이다.

③ 효소는 포도당을 분해하여 에너지를 얻는다.

④ 플라나리아는 빛을 받으면 어두운 곳으로 이동한다.

⑤ 수정란이 세포분열을 거쳐 완전한 하나의 개체가 된다.

정답 : ③ 풀이 : ㉠은 에너지를 얻는 이화작용에 속하므로 생명의 특성 중 '물질대사'에 해당한다. ①의 내용은 '생식', ②는 '유전', ④는 '자극에 대한 반응', ⑤는 '발생'에 해당한다.

3. 다음은 슈퍼박테리아에 대한 설명이다. 아래 내용에서 보여주는 생명 현상의 특성과 가장 관련이 깊은 것은?

> 슈퍼박테리아는 현재 시점에서 지구상에 나와 있는 그 어떤 항생제로도 치료되지 않는(내성을 가진) 병원균, 즉 세균을 가리키는 용어다. 1928년 페니실린이 발견되어 당시 유행하던 여러 종류의 감염병을 치료할 때만 해도 병원성 미생물과의 전쟁은 마침내 끝을 보는 듯했다. 그러나 항생제를 자주 사용하다 보니 항생제에 내성을 가진 균주가 살아남거나 항생제에 대해 저항성을 가진 균주가 생겨나게 되었다. 이것이 곧 슈퍼박테리아다.

① 식물의 줄기는 빛이 있는 방향으로 구부러진다.

② 식물은 빛을 이용하여 무기물을 유기물로 전환시킨다.

③ 조류만 감염시켰던 바이러스 중 일부가 사람을 감염시키기 시작했다.

④ 아메바가 이분법으로 분열한다.

⑤ 매미의 애벌레가 변태과정을 거쳐 성충이 된다.

정답 : ③ 풀이 : 상자 안의 내용은 새로운 박테리아가 등장하는 과정을 보여준다. 여기에서 나타난 생명 현상은 생물의 특성 중 '진화'에 속한다. ①의 내용은 '자극에 대한 반응', ②는 '물질대사', ③은 '진화', ④는 '생식', ⑤는 '발생'에 해당한다.

4. 그림은 화성에서 생명체의 존재를 확인하기 위해 실시한 실험을 나타낸 것이다. 이에 대한 설명으로 옳은 것만을 〈보기〉에서 있는 대로 고른 것은?

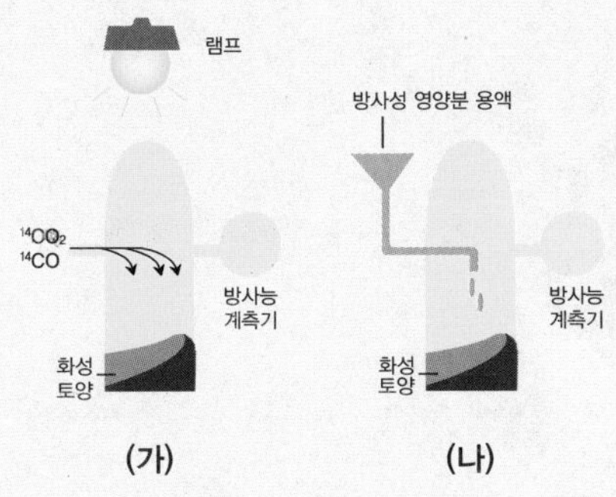

〈 보기 〉

ㄱ. (가)는 동화작용을 알아보는 장치이다.

ㄴ. (나)는 호흡이 일어나는지 알아보는 장치이다.

ㄷ. 이 실험은 생명 현상의 특성 중 '자극에 대한 반응'을 이용한 것이다.

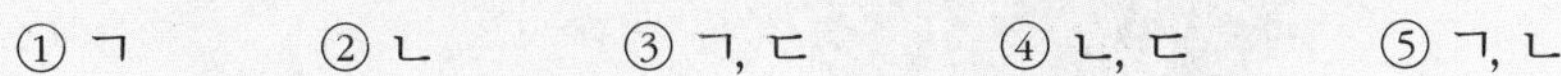
① ㄱ ② ㄴ ③ ㄱ, ㄷ ④ ㄴ, ㄷ ⑤ ㄱ, ㄴ

정답 : ⑤ 풀이 : ㄱ. 주입한 이산화탄소가 유기물로 전환되는지를 확인하는 실험이다. 이산화탄소가 유기물로 전환하는 과정은 동화작용이다. ㄴ. 주입한 영양분은 유기물이며, 유기물을 이용하여 에너지가 발생되는지를, 즉 호흡을 알아보는 실험이다. 만약 유기물을 분해한다면 방사성을 띠는 기체가 발생할 것이다. ㄷ. 이 실험은 화성 생명 탐사를 위한 바이킹 호에서 수행한 것이다. 생명의 존재 유무를 생명의 특성 가운데 '물질대사'를 이용하여 확인하려는 실험이다.

2장

우리가 살 수 있는 이유!

당신이 무엇을 먹는지 말하면 당신의 건강을 말해줄 수 있다.

_브리야-사바랭(Anthelme Brillat-Savarin, 1755~1826. 프랑스의 법률가이자 미식가)

어떤 사람은, 특히 식도락을 즐기는 사람들은 우리가 사는 중요한 이유 가운데 하나로 '먹는 것'을 꼽습니다. 하지만 엄밀히 말하면 살기 위해서 먹는 것이겠지요? 예전에는 무슨 음식이든 많이 먹는 것이 미덕이었습니다. 그 당시에는 불룩 나온 배가 풍족한 생활의 기준이 되기도 했지요. 하지만 현대에는 비만이 만병의 근원으로 취급받습니다. 덕분에 다양한 다이어트 방법과 다이어트에 도움이 되는 음식물에 대한 정보가 여기저기에서 넘쳐납니다. 심지어 지나친 다이어트로 빚어진 부작용도 쉽게 볼 수 있습니다. 여러분은 어떻습니까? 자신의 몸이 비만이라 생각하나요, 아니면 너무 말랐다고 생각하나요? 또 그렇게 생각하는 기준은 무엇인가요?

각종 매스컴에서 앞다퉈 다루는 유명한 맛집들의 조리 비법을 알고 보니 '조미료'에 있다는 웃지 못할 보도도 있습니다. 도대체 조미료가 무엇이기에 음식의 맛을 좌우하는 것일까요? 조미료를 전혀 사용하지 않으면 음식에 아무 맛도 나지 않나요? 이처럼 우리 주변에는 먹는 것과 관련한 의문점들이 아주 많습니다. 하지만 누가 뭐라고 해도 "우리는 먹어야 살 수 있다"는 사실에 이의를 달 수 없겠지요? 사람의 경우 음식을 먹지 않아도 한 달을 버틸 수 있지만, 물을 마시지 않으면 일주일을 버티기 어렵다고 합니다. 왜 그럴까요? 생존하는 데 물이 음식보다 훨씬 소중하다는 뜻일까요? 이번 장에서는 위와 같은 여러 가지 질문에 대해 그 답을 알아보겠습니다.

사람은 무엇을 먹고 사나?

먼저 우리가 먹는 음식물을 대략적으로 분류하는 데서부터 공부를 시작하지요. 멋과 맛을 제외하면 황제가 먹는 음식이나 거지가 먹는 음식 모두 다섯 종류로 나눌 수 있습니다. 탄수화물, 단백질, 지질(우리가 지방이라고 부르는 물질이지요), 물, 무기물질(또는 무기염류)입니다. 이 가운데 탄수화물, 단백질, 지질을 주 영양소(또는 3대 영양소)라고 하고, 나머지 물과 무기물질은 부영양소라고 합니다. 지금부터 종류별로 그 특징을 살펴보기로 하지요.

에너지원의 대표 선수 탄수화물

"화이트 파우더 중독"이라는 말이 있습니다. 몇 가지 흰색 음식물은 건강에 매우 좋지 않다는 뜻이지요. 이 음식물들은 비만과 각종 성인병을 일으킨다고 합니다. 대표적인 흰색 음식물은 흰쌀과 정제한 흰 설탕이며, 이 흰쌀과 흰 설탕이 탄수화물의 대표적인 음식물이지요.

우리가 가장 많이 먹는 음식물은 탄수화물입니다. 밥, 국수, 빵, 감자 등 탄수화물로 이루어진 음식물은 헤아릴 수 없을 정도로 많습니다. 탄수화물은 다시 큰 분자로 이루어진 **다당류**와, 다당류를 구성하는 기본 당류인 **단당류**와 **이당류**로

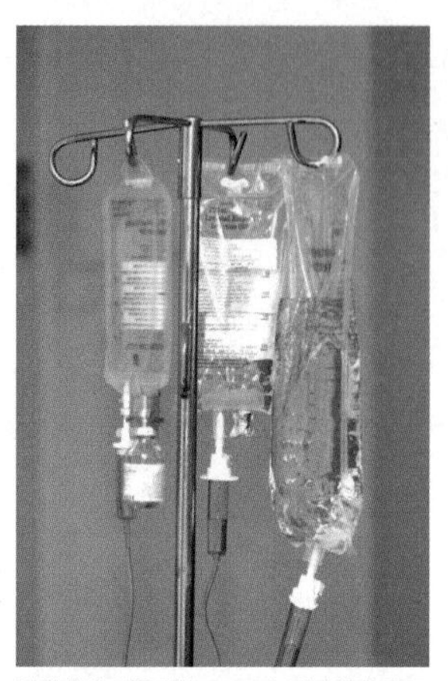
병원에서 사용하는 포도당 링거액은 주로 0.9% 포도당 용액을 사용하는데 그 이유는 우리 몸의 체액의 농도와 일치하기 때문이다.

나뉩니다. 쌀이나 빵을 구성하는 탄수화물은 다당류인 녹말이고, 우유 속에 들어 있는 젖당과 설탕은 이당류, 병원에 입원했을 때 맞는 링거액의 포도당은 단당류입니다. 탄수화물은 우리 몸속에서 주로 쓰이는 에너지원입니다. 링거 주사액의 포도당은 우리 몸에서 곧바로 사용되는 에너지원이지요. 탄수화물을 섭취하면 포도당으로 흡수되는데, 포도당이 너무 많으면 간이나 근육에서 글리코겐[1]으로 다시 합성되어 저장됩니다. 우리 몸에 저장된 글리코겐은 대략 하루에 사용할 수 있는 분량이라고 하지요.

탄수화물은 우리 몸속에서 소화작용을 거쳐 이용되지만 그렇지 않은 탄수화물 종류도 있습니다. 무엇일까요? 소화가 되지 않는데도 몸에 좋다, 변비에 좋다면서 자주 섭취하라고 권하는 음식 성분이 뭐지요? 맞아요, 바로 다당류에 속하는 섬유소(셀룰로오스)입니다. 우리 주변의 많은 식물들은 몸을 보호하는 껍질에 섬유소를 가지고 있습니다. 섬유소를 먹는 이유를 생각해볼까요? 섬유소는 우리 몸속에서 소화되지 않지만 소화기관에 들어오면 그물처럼 망을 이루고, 또 물을 많이 머금는 특성이 있습니다. 그물과 같은 구조는 소화기관의 찌꺼기들을 제거하기에 좋고, 물을 많이 머금는 특성은 변비에 걸린 사람에게 특효제로 작용합니다. 변비는 대장에 수분이 많이 부족하기 때문에 생기지요.

정리해볼까요? 탄수화물은 주요 에너지원이 되는 영양소입니다. 탄수화물 종류

1 많은 분자의 포도당이 결합된 탄수화물로, 그 구조는 녹말과 비슷하다.

로 커다란 분자인 다당류에는 녹말, 글리코젠, 섬유소가 있고, 작은 분자로는 설탕, 젖당 등이 있으며, 가장 작은 분자인 단당류에는 포도당 등이 있습니다. 녹말과 글리코젠은 사실 거의 비슷합니다. 하지만 식물은 탄수화물을 녹말로 저장하고, 동물은 글리코젠으로 저장합니다. 글리코젠을 저장하는 주요 부위는 간과 근육입니다.

섬유소의 구조

조금 더 알아보기

• 젖당의 비밀

젖당은 포유류의 젖에 있는 중요한 에너지원이다. 하지만 젖당 분해 효소를 가지고 있지 않은 사람들이 많다. 그래서 가공되지 않은 우유를 먹으면 배탈이 나거나 속이 더부룩해진다(이 같은 현상을 '젖당불내성'이라고 한다). 그런데 갓난아기들은 어떻게 엄마 젖을 잘 먹고 소화시킬까? 그 까닭은 영아기에는 젖당을 분해하는 효소가 있기 때문이다. 하지만 아기가 점점 자라 엄마 젖을 뗄 즈음이면 이 효소가 서서히 사라져서 성인이 되면 더 이상 존재하지 않는다. 그런데 어른이 되어서도 이 효소를 잃지 않는 민족이 있다. 과학자들이 연구한 결과, 그 민족은 오랜 기간 양이나 소를 키워온 유목민의 혈통을 가졌음이 밝혀졌다. 진화의 놀라운 결과를 보여주는 흥미로운 예이다.

몸짱이 사랑하는 단백질

군살 하나 없는 몸매에 단단한 근육을 자랑하는 사람들을 보면 쌤은 은근히

닭가슴살 100g의 칼로리는 110kcal 정도로 보통이라 할 수 있지만, 100g 가운데 무려 23.1g이 단백질이 차지하며 기타 무기물질과 비타민 등이 포함되어 있다.

질투가 납니다. 우리가 흔히 '몸짱'이라고 하는 사람들이지요. 물론 운동을 열심히 하겠지만, 그들은 음식도 신중하게 골라 먹습니다. 근육을 만드는 데 꼭 필요한 단백질을 중심으로요. 대표적인 음식이 바로 닭가슴살입니다. 퍽퍽한 느낌의 닭가슴살은 대부분 단백질로 이루어져 있습니다.

단백질은 생물체의 몸을 구성하는 아주 중요한 영양소입니다. 세포의 주요 성분이면서 근육 성분, 머리카락·손톱·발톱의 성분이자 효소의 주요 성분이기도 합니다. 널리 알려진 단백질의 기능으로는 지지 역할, 생리 조절작용, 근육 성분, 수송 기능 등이 있습니다. 단백질의 종류는 무수히 많습니다. 하지만 **기본 구성단위는 20종류밖에 되지 않지요. 이러한 기본 구성단위를 '아미노산'이라고 합니다.** 탄수화물이 주요 에너지원이라면 단백질은 주요 구성물질이라고 할 수 있지요.

에너지를 저장하는 지질

지방보다는 '지질'이라고 표현하는 것이 더 정확합니다. 지질의 특성은 무엇보다 물에 잘 녹지 않는다는 점입니다. 지질의 기본적인 구조는 글리세롤과 지방산이 결합하여 이루어집니다. 이때 지방산의 종류에 따라 지질의 종류가 결정된다고 할 수 있지요. 다음 그림에서 보듯이 직선으로 쭉 뻗은 모양의 지방산(이것을 포화 지방산이라고 합니다)이 글리세롤과 결합한 지질 분자들은 서로 촘촘하게 붙어 있어 일반적인 온도에서는 반고체[2] 상태로 존재합니다. 이러한 상태의 지질을

2 완전한 고체 상태가 아니고 액체가 반쯤 엉겨서 이루어진 무른 고체, 묵이나 두부 따위가 있다.

포화 지방산

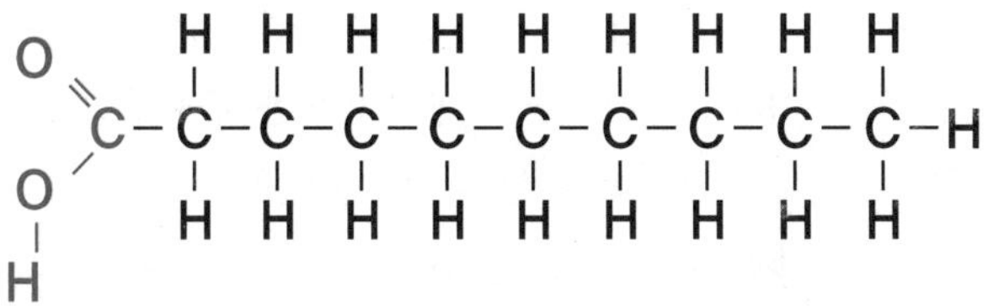

불포화 지방산

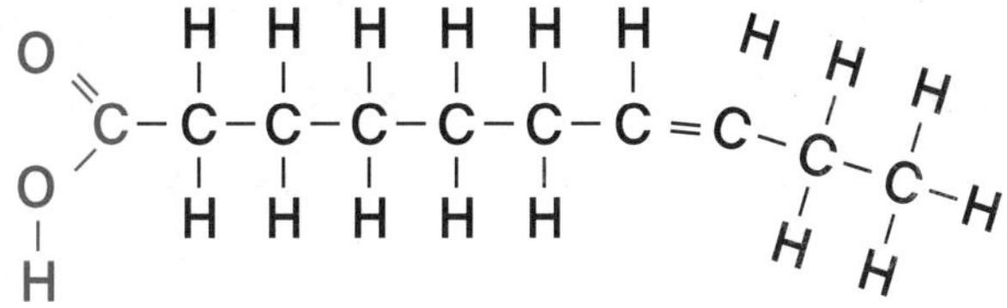

포화 지방산과 불포화 지방산의 구조

'지방'이라고 합니다. 삼겹살 먹을 때를 생각해볼까요? 뜨거운 불판에서는 삼겹살 지방이 물처럼 보이지만 불판이 식으면 마가린처럼 덩어리가 되지요? 이 물질들이 바로 지방입니다.

하지만 직선 모양이 아니고 중간 정도에서 꺾인 구조를 지닌 지방산(이것을 불포화 지방산이라 합니다)이 글리세롤과 결합한 지방 분자들은 서로 느슨하게(빈 공간이 많다는 뜻이지요) 붙어 있어서 일반적인 온도에서도 액체 상태로 존재합니다. 이러한 상태의 지질을 '기름'이라고 하지요. 참기름, 들기름이 바로 이런 종류의 지질입니다. 포화 지방산이 많이 들어 있는 음식을 피하고 불포화 지방산이 많은 음식을 먹으라고 권하는 것도 이런 이유 때문입니다.

• 트랜스 지방

시중에 판매되는 과자 등의 봉지에 트랜스 지방의 포함 여부 및 함유량을 의무적으로 표시하게 되어 있다. 처음 트랜스 지방이 나왔을 때에는 획기적인 영양소로 환영받았지만 지금은 경계 대상의 영양소로 취급한다. 왜 그럴까?

앞에서 말한 포화 지방산과 불포화 지방산의 구조는 결합 종류에 따라 결정된다. 간단히 말해, 포화 지방산에 존재하는 탄소 원자들 사이의 결합이 한 줄로 되어 있다는 뜻이다(단일결합). 이에 비해 불포화 지방산에 존재하는 탄소 원자들 사이의 결합은 그 가운데 일부가 두 줄로 되어 있다(이중결합).

여러분이 많이 섭취하는 오메가 3, 오메가 6의 이름은 이중결합이 위치하는 간격에 따라 정해진 것이다. 탄소 원자들 사이의 결합에 두 줄짜리 결합이 섞이면 그 위치에서 방향이 꺾이게 되는데, 한 줄짜리 결합이 있는 동물성 지방에 두 줄짜리 결합을 강제로 진행시킨 것이 바로 트랜스 지방이다. 이 때문에 동물성 지방을 식물성 지방으로 둔갑시킨 것처럼 보인다.

문제는 여러 개의 두 줄짜리 결합이 있을 때 한쪽으로만 꺾이지 않고 교대로 꺾인다는 점이다. 비록 분자는 불포화 지방산이지만 구조는 포화 지방산처럼 직선 구조를 가지고 있다는 것이다. 트랜스 지방이 많이 함유된 음식이나 과자를 적게 먹어야 하는 것도 이 같은 이유 때문이다.

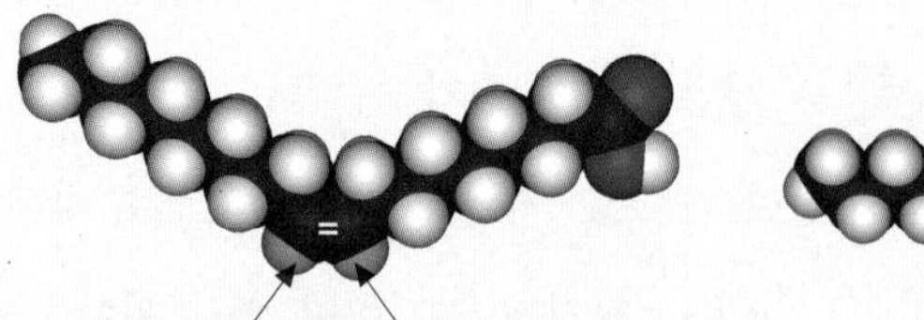
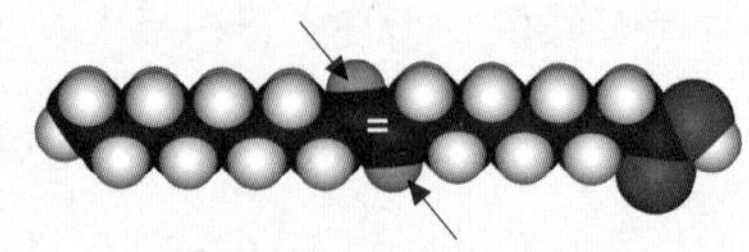

이중결합으로 된 지방산의 구조.
중간의 흰색 짧은 선 두 가닥은 이중결합을 뜻한다.
왼쪽 분자는 이중결합으로 꺾인 구조, 오른쪽 분자는 꺾이지 않은 구조이다.
그 이유는 이중결합이 있는 곳의 파란색 입자의 위치 때문이다.

이제 정리해볼까요?

탄수화물은 주요 에너지원, 단백질은 주요 구성물질입니다. 그러면 지질은 무엇일까요? 지질은 주요 에너지 저장물질이라고 할 수 있습니다. 탄수화물과 단백질에 비해 지질은 에너지 저장량이 2.25배나 높습니다. 탄수화물과 단백질은 1g당 4kcal의 에너지를 가지고 있지만 지질은 무려 9kcal의 에너지를 가집니다.

만약 우리 몸에 저장된 에너지 물질이 지질이 아닌 탄수화물이나 단백질이라고 가정해볼까요? 같은 양의 에너지를 저장하려면 현재 내 몸무게보다 2.25배 정도는 늘어나야 할 것입니다. 지질은 덩치를 지나치게 크게 늘이지 않고 많은 양의 에너지를 저장하는 데 바람직한 영양소라고 할 수 있겠지요?

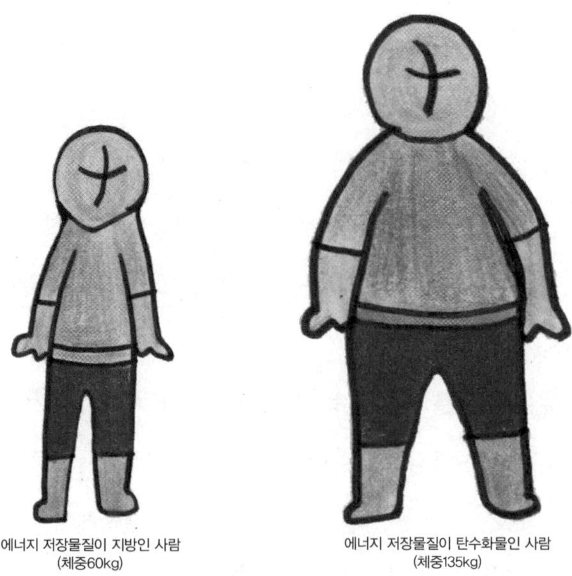

에너지 저장물질이 지방인 사람
(체중60kg)

에너지 저장물질이 탄수화물인 사람
(체중135kg)

같은 양의 에너지를 저장하기 위한 예

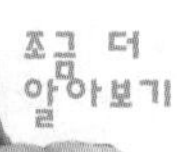

• 열량(cal)

열량이란 에너지를 의미한다. 열량의 단위는 cal(칼로리)로 표기한다. 1cal는 1g의 물을 1℃ 올리는 데 필요한 에너지이다. 따라서 탄수화물 1g은 4kcal의 열량을 가졌으므로 완전히 연소되면 물 4000g(4kg)을 1℃ 올리거나 물 40g을 100℃ 올릴 수 있다. 1kcal(킬로칼로리)는 1000cal를 의미하고 1Cal라고도 표기한다.

부영양소가 하는 일

앞에서 우리는 음식물 중 3대 영양소(주 영양소)에 해당하는 탄수화물, 단백질, 지질에 대해 공부했습니다. 이제부터는 나머지 영양소인 부영양소에 대해 알아보기로 하지요. 에너지를 얻기 위해, 그리고 몸을 구성하기 위해 사용되는 주 영양소와 달리 부영양소는 에너지를 얻는 데 사용되지 않고 몸을 구성하거나 여러 가지 생리작용을 조절하는 데 사용됩니다. 다시 말해, 부영양소에는 칼로리가 없습니다.

여러 가지 부영양소 가운데 먼저 물에 대해 이야기하도록 하지요. 물은 동물의 경우 70% 이상, 식물의 경우에는 보통 90% 이상을 차지합니다. 도대체 물에는 어떤 특성이 있기에 모든 생물의 구성 성분이 될까요? 지금부터 물의 신비로운 특성을 알아보겠습니다.

첫 번째로 물은 수많은 물질을 녹일 수 있습니다. 두 번째로는 열을 저장하는 능력이 매우 뛰어납니다. 마지막으로 매우 특이하게 액체에서 고체(얼음)로 변할 때 부피가 커집니다. 많은 물질을 녹일 수 있다는 것은 생물체의 몸속에서 많은 물질들을 사용할 수 있도록 도와준다는 뜻이지요. 물의 열 보유 능력이 크다는 것은 외부 온도 변화에 비교적 안정적이라는 것을 뜻하며, 생물체의 체온 조절에 큰 역할을 한다는 뜻이기도 합니다. 다시 말해, 바깥 온도가 크게 변해도 물을 가지고 있는 생물체의 체온은 크게 변하지 않는다는 것이지요.

물이 얼음이 될 때 부피가 커진다는 것은 밀도가 작아진다(밀도=질량/부피)는 것을 뜻하며, 이러한 특성은 수중 생물의 생존에 절대적인 역할을 합니다. 수중 생물이 살아가는 호수나 강은 겨울에 표면부터 어는데, 이 때문에 수중 생물들은 물속에서 생명을 유지하게 됩니다. 왜냐고요? 만약 물이 다른 액체들처럼 고체가 될 때 밀도가 커지면 호수나 강의 바닥부터 얼게 되어, 결국 물속에 사는 생물들이 멸종할 테니까요. 정말 다행스러운 일이지요. 이런 특성이 없었다면 극단적으로 말해 수중 생물은 아주 오래전에 멸종했을지도 모릅니다.

물은 얼음이 될 때 밀도가 작아져 표면부터 언다. 표면의 얼음이 차가운 공기를 막아 줌으로써 물속은 얼지 않고, 이에 따라 수중 생물이 생존할 수 있다.

이번에는 비타민에 대해 공부해보기로 하지요. 요즘에는 비타민을 다양한 형태로 만들어서 영양 보충제로 많이 복용합니다. 도대체 비타민의 정체는 무엇일까요? 한마디로, 비타민은 매우 작은 유기 분자입니다. 비타민은 에너지를 얻는 데 사용되지 않고, 몸을 구성하는 성분으로도 거의 사용되지 않습니다. 하지만 우리 몸의 다양한 생리작용을 도와주는 역할을 합니다. 특히 효소를 보조하는 역

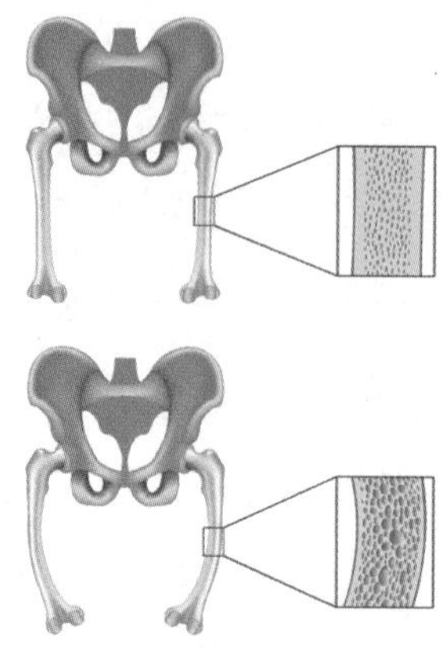

위의 그림은 정상인의 골격, 아래 그림이 구루병 환자의 골격이다. 정상인에 비해 구루병 환자의 골격이 휘어져 있음을 알 수 있다.

할을 하지요. 몸에 비타민이 부족하면 다양한 비타민 결핍 증상이 나타납니다. 예를 들어, 비타민 A가 부족하면 야맹증이 나타나지요. 야맹증은 빛이 적은 곳이나 밤에 사물이 잘 보이지 않는 증상입니다. 이유는 다음과 같아요. 비타민 A가 우리 몸속에 들어오면 빛을 감각하는 데 사용되는 어떤 물질로 전환하는데, 비타민 A가 부족하면 이 물질이 잘 만들어지지 않아서 빛을 감각하지 못하게 됩니다. 더구나 빛이 매우 적은 밤에는 더욱더 감각하는 것이 어렵겠지요.

또 다른 예를 들어볼까요? 비타민 D가 부족하면 구루병[3]에 걸립니다. 비타민 D는 소화기관에서 뼈의 성분인 칼슘의 흡수를 도와줍니다. 따라서 비타민 D가 부족하면 칼슘의 흡수가 잘 일어나지 않아 뼈의 밀도가 비정상적으로 낮아져서 정상적인 뼈의 발달이 이루어지지 않거나 뼈가 매우 부실해집니다. 재미있는 것은 비타민 D는 자외선을 쬐면 우리 피부에서 만들어진다는 점입니다. 적당한 일광욕이 건강을 지키는 데 도움이 된다는 것은 이런 이유에서이지요. 나머지 비타민 종류는 우리 몸에서 정상적으로 만들어지지 않고 음식물을 통해서만 얻을 수 있습니다. 개나 고양이는 몸속에서 스스로 비타민 C를 합성하지만 우리 인간은 그렇지 못합니다. 그러므로 감기를 예방한다고 개나 고양이에게 비타민 C를 주는 것은 부질없는 짓이지요.

3 뼈의 발육이 좋지 못해 척추가 구부러지거나 뼈가 변형되어 안짱다리의 형태 등으로 성장 장애가 나타난다.

• 당근

당근의 색은 주황이다. 이는 당근에 다량으로 존재하는 카로틴이라는 색소 때문이다. 시력이 안 좋은 사람이나 야맹증 환자들에게 간이나 당근을 많이 섭취하라고 권하는데, 간에는 비타민 A가 풍부하고 당근에는 카로틴이 풍부하기 때문이다. 카로틴과 비타민 A는 어떤 관계가 있을까? 카로틴 분자를 정확한 길이로 2등분하면 비타민 A 두 분자가 형성된다. 다시 말해, 당근을 많이 먹어 카로틴을 많이 섭취하면 우리 몸속에서 비타민 A가 많이 만들어지기 때문에 시력 증진이나 야맹증 환자에게 좋다는 의미이다.

당근과 같이 주황색을 가진 식물들은 카로틴이 풍부하다. 카로틴은 몸속에서 비타민 A로 분해되고, 비타민 A는 눈의 망막에서 빛을 감각하는 색소 성분으로 사용된다.

마지막으로 무기물질을 살펴볼까요?

무기물질은 탄소를 가지는 물질인 유기물질과 대립하는 물질입니다. 다시 말해, 무기물질은 탄소 원소를 가지지 않는 물질들을 말합니다. 무기물질의 종류는 매우 다양하지만 생물체에서 차지하는 비율은 비교적 낮습니다. 자, 그러면 무기물질이 우리 몸속에서 하는 일을 알아볼까요? 무기물질은 우리 몸의 중요한 구성물질입니다. 뼈의 주성분이 바로 무기물질인 인산칼슘이거든요(여기에서 조심! 조개껍질의 성분은 탄산칼슘입니다). 또 다른 무기물질의 역할은 비타민처럼 생

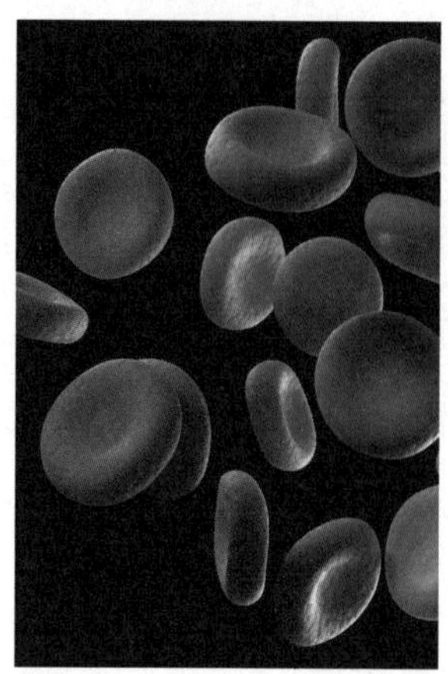
혈액 속에 존재하는 적혈구 세포 하나에는 약 300만 개 미만의 헤모글로빈 분자들이 존재한다. 각각의 헤모글로빈 분자에는 철 이온 4개가 존재하며 각각 산소 기체와 결합할 수 있다.

리작용을 도와주는 것입니다. 이해하기가 조금 어렵지요? 예를 들어볼게요. 여러분, 산소 운반을 책임지는 적혈구에 대해 잘 이해하고 있지요? 좀 더 관심이 있는 학생이라면 적혈구 안에 있는 헤모글로빈 분자가 산소를 운반한다는 사실도 알고 있을 것입니다. 헤모글로빈 분자에는 철(Fe) 이온이 존재하는데, 적혈구가 운반하는 산소가 바로 철 이온과 결합합니다. 그러니까 무기물질에 속하는 철 이온이 산소 운반이라는 생리작용에서 중요한 역할을 한다는 것을 알 수 있겠지요?

음식물의 운명

지금까지 우리가 먹는 음식물의 종류에 대해 알아보았습니다. 이제부터는 음식물들이 우리 몸속에 들어가 어떤 경로로 이동하여 사용되는지, 그리고 최종적으로 어떻게 처리되어 우리 몸 밖으로 배출되는지 공부하겠습니다. 우리가 먹은 음식물들이 몸속에 들어와서 전혀 바깥으로 배설되지 않거나, 이와 반대로 모두 배설된다면 우리는 어떻게 될까요? 둘 다 건강에 최악이 될 것입니다. 그래서 우리는 필요한 영양소를 적절하게 몸속에 남겨놓고 불필요한 것들은 몸 바깥으로 내보냅니다. 이 과정을 소화, 순환, 배설이라고 합니다. 한 가지씩 알아볼까요?

먹어야 산다 – 소화

소화란 우리가 먹은 음식물을 가장 작은 단위로 쪼개는 과정을 말합니다. 쪼개는 방법에는 크게 두 가지가 있습니다. 먼저 이로 쪼개거나 근육운동으로 부수는 방법이 있지요. 이 방법을 **물리적 또는 기계적 소화작용**이라고 합니다. 다른 방법은 음식물을 구성하는 화학결합을 끊는 방법으로 **화학적 또는 효소적 소화작용**이라고 합니다.

모든 음식물이 위에서 말한 두 가지 소화작용을 거치는 것은 아닙니다. 탄수화물·지질·단백질과 같은 주 영양소들은 두 가지 소화작용을 거쳐 가장 작은 영양소로 쪼개지지만, 물·무기질·비타민과 같은 부영양소들은 소화작용을 거치지 않습니다.

이것만은 꼭!

소화작용

•물리적(기계적) 소화작용

치아나 근육운동으로 음식물의 큰 덩어리가 작은 덩어리로 쪼개지는 소화작용

•화학적(효소적) 소화작용

효소에 의해 음식물을 구성하는 화학결합이 끊어지는 소화작용

우리가 먹는 주 영양소를 예로 들어 소화작용을 살펴보기로 하지요. 먼저 밥입니다. 밥을 먹으면 우선 입에서 씹겠지요. 치아와 혀로 밥알을 작은 조각으로 나누는데, 이것이 바로 물리적인 소화작용에 해당합니다. 음식물을 씹으면 입에서 침이 나옵니다. 침은 음식물이 입과 식도를 지나갈 때 매끄럽게 해주는 역할

도 하지만 침 속에 있는 라이소자임[4]이라는 효소가 균들을 죽이는, 이른바 살균 작용을 합니다. 또 다른 효소 아밀레이스(amylase, 또는 아밀라아제)는 화학적(효소적) 소화작용을 일으키지요. 이 효소 때문에 밥을 오랫동안 씹으면 밥의 성분인 녹말이 엿당으로 쪼개져 단맛이 납니다. 오래 씹어서 음식물을 최대한 잘게 쪼개면 위나 소장의 소화작용을 도와줄 수 있어요. 녹말은 엿당이라는 화학 분자가 길게 결합되어 있는 탄수화물입니다.

밥이 소화되는 과정을 조금 더 따라가볼까요? 입 속에서 모든 밥알이 엿당으로 분해되는 것은 아닙니다. 일부만 분해되고 나머지는 바로 식도로 넘어가지요. **식도는 단순한 통로로 입과 위를 연결하는 관**입니다. 식도와 위가 만나는 부위에는 근육질의 조임 구조가 있습니다. 평상시에는 조임 구조로 꽉 조이기 때문에 물구나무를 서도 위 속에 있는 내용물이 입 밖으로 나오지 않지만 소화불량이나 복통으로 배 속의 압력이 높아지면 이 조임 구조가 열리면서 토하기도 하지요.

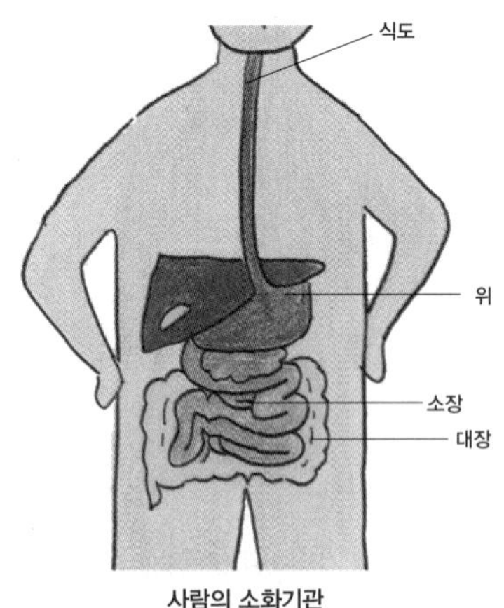

사람의 소화기관

4 동물의 눈물, 코 점액, 침, 달걀의 흰자위에 있는 효소. 세균의 껍질을 분해하여 세균이 우리 몸에 감염되는 것을 막아 준다.

자, 이렇게 해서 걸쭉하게 반죽된 밥알들은 소화기관인 위 속으로 들어갑니다. 위는 아주 중요한 소화기관입니다. 위 내부에는 주름진 근육들이 많이 있으므로 겉면적이 크게 늘어날 수 있습니다. 덕분에 많은 음식물들이 들어올 수 있지요. 위에서도 주름진 위의 근육에 따른 물리적 소화작용과 위에서 분비하는 액체에 들어 있는 효소에 따른 화학적 소화작용이 모두 일어납니다.

밥의 운명을 따지기 전에 잠시 위에서 분비하는 액체에 대해 이야기하겠습니다. 그 액체의 성분은 다양하지만 가장 중요한 것은 바로 염산, 점액, 펩신입니다. 한 가지씩 자세히 알아보지요.

첫 번째 성분인 염산(HCl)을 살펴볼까요? 염산은 동물의 위에서 분비하는 위산 성분으로, 공업적으로는 염소(Cl)와 수소(H)를 화학적으로 반응시킨 염화수소를 물에 녹인 용액이 바로 염산입니다. 옷에 닿으면 구멍이 뚫릴 정도로 무서운 약품입니다. 그런 무시무시한 염산이 소화기관인 위에서 분비되지요. 하지만 염산 덕분에 우리 위 속의 pH[5]는 매우 낮게 유지되어 위 속에 들어온 음식물에 붙은 세균들을 죽입니다. 다시 말해, 살균작용을 하는 것이지요. 또한 강력한 화학작용을 일으켜 음식물을 구성하는 물질들의 결합을 끊어버립니다. 이는 곧, 효소는 아니지만 화학적인 소화작용에도 참여한다는 뜻입니다. 여기에서 궁금증이 생기지요? 그 정도로 강력한 염산이 들어 있는데 어떻게 위가 멀쩡할까요?

이유는 바로 위액의 두 번째 성분인 점액 때문입니다. 점액은 탄수화물과 단백질로 이루어진 물질(이러한 물질을 당단백질 분자라고 합니다)로 음식물과 위벽 사

5 용액의 산성도를 의미하는 단위. 1기압, 25℃의 조건에서 순수한 물 1리터 중에는 수소 이온이 약 10^{-7}g 포함되어 있어 이를 기준으로 pH 7을 중성, 7 이상이면 알칼리성, 7 이하면 산성이라고 한다. 예를 들어 레몬주스의 pH는 1.6 정도이고, 우유는 6.5 정도, 콜라는 2.5 정도이다. 콜라에 못과 같은 쇠붙이를 담가두고 어느 정도 시간이 지나면 녹아버린다. 이러한 특성을 이용해서 녹슨 못을 일정 시간 콜라에 담가 녹을 제거하기도 한다.

이의 마찰을 줄여주고, 염산이라는 무시무시한 물질에서 위벽을 보호합니다.

세 번째 성분은 펩신이라는 효소입니다. 펩신은 단백질을 화학적으로 분해하는 효소로 단백질을 더 작은 단백질과 아미노산[6]으로 쪼갭니다.

이것만은 꼭!

위액의 주요 성분

• **염산(HCl)**

살균작용, 화학적 소화작용을 담당한다. 구토할 때 넘어온 내용물에서 시큼한 맛이 나는 것은 염산 때문이다.

• **위점액**

우리 몸에는 점액이 많이 분비되기 때문에 특별히 위에서 분비되는 점액이라는 의미로 '위점액'이라고 하며 염산으로부터 위벽을 보호하고 음식물과의 마찰을 줄여준다. 좋지 않은 식습관 등으로 위점액이 부족해지면 염산이 위벽을 공격하여 위벽에 상처가 생길 수 있다. 성인에게 많이 나타나는 위궤양은 위점액이 부족해서 생기는 증상이다.

• **펩신**

단백질을 화학적으로 분해하는 효소이다. 우리 몸에 들어온 단백질의 화학적 소화는 가장 먼저 위에서 일어난다고 할 수 있다.

위 속에 들어온 밥의 운명을 알아보겠습니다. 밥은 탄수화물이기 때문에 위 속에서 일어나는 효소에 따른 소화작용의 영향을 받지 않습니다. 하지만 위의 근육 운동, 염산 등에 따라 소화가 일어나지요. 밥 덩어리 속에 스며 있는 아밀레이스 덕분에 여전히 소화작용이 일어나지만 염산에 섞이면 아밀레이스가 변형되기 때문에 효소작용이 중지됩니다. 어른들이 "국수로 끼니를 때우면 금방 배가 고파진

6 단백질을 구성하는 기본 성분. 약 20종류가 있다. 근육을 발달시키려는 사람들은 아미노산 영양제를 먹기도 한다.

다"고 하는 말을 한 번쯤은 들었겠지요? 왜 그럴까요? 탄수화물이 주 성분인 국수를 먹으면 위에서 소화되는 시간이 매우 짧기 때문입니다. 반면에 고기를 먹으면 위 속에서 소화작용이 오래 진행되어 금방 배가 고프지 않습니다. '배부르다', '배고프다'고 하는 것도 위 속의 내용물이 많고 적음에 따라 느끼는 감각입니다.

조금 더 알아보기

• 헬리코박터

헬리코박터(*Helicobacter pylori*)는 세균이다. 사람 등의 소화기관인 위에서 사는 나사 모양의 세균으로, 주요 발암 세균 가운데 하나이다. 호주의 배리 마셜(Barry J. Marshall) 박사 등이 1984년에 발견했는데 마셜 박사는 그 공로를 인정받아 2005년 노벨 생리의학상을 수상했다. 마셜 박사는 실험을 위해 일부러 이 균을 마셔서 스스로를 감염시켰다고 한다. 이전까지는 우리 위 속의 pH가 너무 낮아 세균들이 살 수 없다고 생각했지만, 이 세균은 위산을 중화할 수 있는 능력을 가지고 있어 위 속에서 생존할 수 있다. 우리나라 사람들 중에는 이 세균에 감염된 사람이 많다. 만성 위염이나 위궤양, 위암의 중요한 원인으로 밝혀졌는데, 특히 세균들 중에서 악성 종양[7]의 원인이 되는 것으로 밝혀진 유일한 병원체이다.

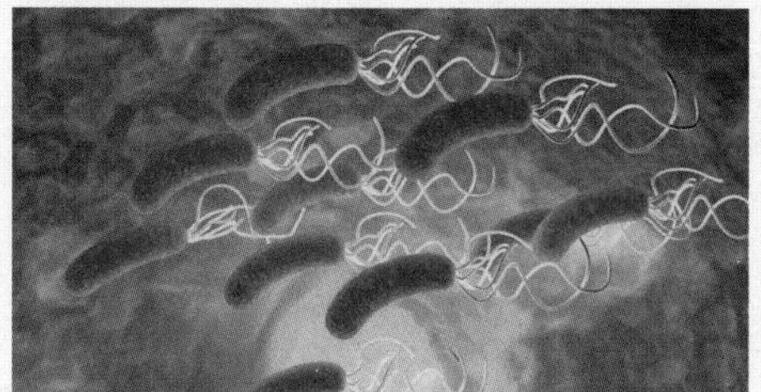

암녹색의 세균이 헬리코박터이다.

7 일반적으로 암을 가리킨다. 무제한으로 세포분열을 하기 때문에 종양(혹 모양의 구조)을 형성한다.

소의 소장인 곱창은 다양한 요리로 만들어 먹는다. 곱창은 각종 영양소가 풍부하지만 칼로리가 높다.

이제 위를 거쳐 소장(작은창자)으로 들어가볼까요? 위에서 격렬하게 소화된 내용물은 소장으로 한꺼번에 우르르 들어가지 않습니다. 소화가 충분히 일어날 수 있도록 조금씩 들어가지요.

먼저 소장의 구조를 살펴볼까요? 소장은 길고 꾸불꾸불하고 안쪽에 주름이 엄청 많습니다(우리가 먹는 곱창은 소의 소장이지요). 소장은 크게 세 부분으로 나뉩니다. 위와 연결된 부분이 손가락 12개를 옆으로 늘어놓은 길이에 해당하는 '12지장'이고, 이어서 주로 비어 있는 상태로 관찰되는 '공장'('비어 있는 창자'라는 뜻입니다), 마지막으로 구불구불한 구조로 되어 있는 '회장'('구불구불한 창자'라는 뜻이지요)이 있습니다.

소장으로 들어온 음식물 대부분은 12지장에서 마지막으로 화학적(효소적) 소화작용이 일어나고, 이때 만들어진 각 영양소의 기본 분자들은 12지장, 공장, 회장에서 흡수됩니다. 여기서 주의할 점이 하나 있어요. **소화기관의 내부 공간은 엄밀히 말해 바깥 공간과 연결되어 있으므로 진정한 의미에서 체내가 아니라는 점입**니다. 소장에서 기본 분자들이 흡수되고 나서야 체내로 영양소가 들어왔다고 할 수 있지요.

쌤이 조금 전 "12지장에서 마지막 화학적(효소적) 소화작용이 일어난다"고 했지요? 이 내용을 자세히 알아보겠습니다. 12지장에는 작은 구멍이 뚫려 있고 이곳에 두 가닥의 관이 연결되어 있습니다. 하나는 간 아래 자리 잡고 있는 쓸개로 연결되고, 다른 하나는 몸의 가운데쯤 있는 이자로 연결됩니다. 다시 말해, 12지장에 들어 있는 소화액은 쓸개에서 나오는 쓸개즙과 이자에서 나오는 이자액, 그리고 소장이 분비한 장액이 섞여 있습니다. 쓸개즙은 간에서 만들어져 쓸개에 저장되어 소화가 활발히 일어날 때 12지장으로 조금씩 분비됩니다. 색깔은 노란색을 띠는데, 변 색깔이 바로 쓸개즙 색깔이랍니다. 가끔 소화가 너무 안 되거나 다른 이유로 쓸개즙이 혈관을 통해 우리 몸의 다른 부위로 이동하는 경우가 있습니다. 이때 얼굴이 노랗거나 눈의 흰자위가 노랗지요(황달 증세). 또 어떤 어른들은 쓸개 속에 돌(담석膽石, '담'은 한자어로 '쓸개'라는 뜻입니다)이 생기는 바람에 쓸개를 제거하기도 합니다. 쓸개즙은 지질을 소화하는 데 아주 중요한 역할을 합니다. 쓸개즙에는 비누의 성질을 가진 물질이 들어 있는데 이 물질이 우리가 먹은 지질을 작은 지방 분자로 분해합니다. 마치 손에 기름이 묻으면 비누칠해서 씻어내는 것과 비슷한 이치입니다. 이 소화작용은 효소에 따른 것이 아닌 물리적(기계적) 소화작용입니다.

자, 이번에는 이자액을 살펴볼까요?

이자액은 이자라는 큰 기관에서 만들어집니다. 이자는 소화액을 분비하기도 하지만 다양한 호르몬을 만들기도 합니다(이자에서 만드는 호르몬 가운데 당뇨병과 관련 있는 인슐린도 있습니다). 이자액에는 소화효소와 알칼리성 물질인 탄산수소나트륨($NaHCO_3$)이 들어 있습니다. 탄산수소나트륨은 빵을 만들 때 사용하는 베이킹 소다 성분이라고 보면 됩니다. 물론, 여러분 배 속에서 빵을 만든다는 뜻은 아니지요. 앞에서 설명했듯이, 위 속 내용물의 pH는 매우 낮습니다. 그래서 이러한 산성 물질이 소장에 들어오면 소장의 벽이 위험해질뿐더러 소장에서 열심히 일을 해야 하는 효소들도 위험해집니다. 바로 이 위험한 요인을 제거하기 위해 탄산수소나트륨이 필요합니다. 탄산수소나트륨은 염산과 작용하여 여러분이 이미 배운 중화작용을 일으켜 소장의 pH가 중성에 가깝도록 해주지요.

이자액에는 주 영양소인 탄수화물, 단백질, 지질을 분해하는 효소를 비롯하여 다양한 소화효소가 존재합니다. 탄수화물 분해 효소로는 침 아밀레이스와 비슷한 **이자 아밀레이스**가 있고, 단백질 분해 효소로는 **트립신**, 지질 분해 효소로는 **리페이스**가 있습니다. 이자 아밀레이스와 트립신은 12지장 안에서 각각 탄수화물을 엿당으로, 단백질을 아주 작은 단백질 조각으로 분해합니다. 하지만 분명한 것은 **이자 아밀레이스와 트립신 두 효소가 탄수화물과 단백질을 최종적으로 분해하는 것이 아니라는 점**입니다. 이에 비해 지질 분해 효소인 리페이스는 쓸개즙이 만들어놓은 아주 작은 지방 분자를 최종적으로 분해하지요.

위에서 언급했듯이 단백질과 탄수화물은 아직 최종적으로 분해되지 않았습니다. 이 물질의 최종 분해는 소장 자체에서 생산된 효소들에 따라 일어납니다. 쌤

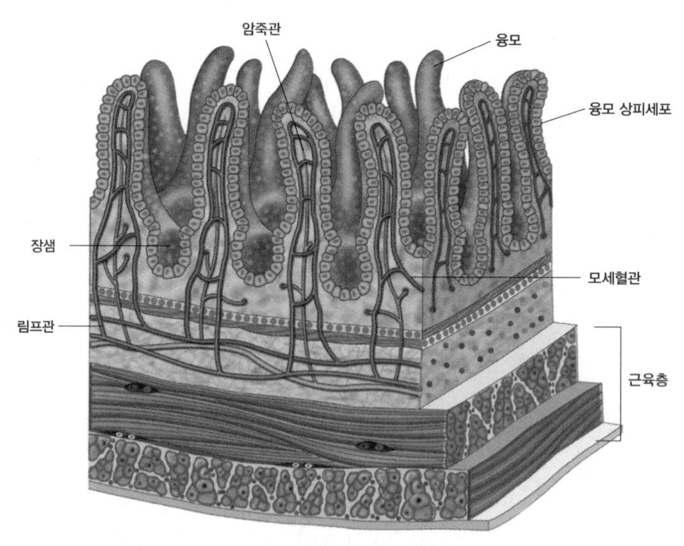

융털돌기의 구조

은 앞에서 "소장 벽 안쪽에는 주름이 아주 많다"고 했습니다. 소장의 내부는 큰 주름이 잡혀 있고, 다시 또 주름이 잡혀 있는 겹주름의 구조인데 이를 융털(융모)돌기라고 합니다. 융털돌기에는 아주 많은 세포들이 연결되어 있으며, 이 세포들의 표면에 다시 주름이 잡혀 있는 무수한 미세융모가 자리 잡고 있습니다. 이 미세융모를 구성하는 세포막에 최종 소화를 담당하는 효소들이 존재합니다. 다시 말해, 이당류 분해 효소와 펩티드 결합을 분해하는 효소들의 작용으로 주 영양소의 최종 소화 산물인 포도당과 아미노산이 만들어집니다.

이렇게 해서 우리가 먹은 음식물이 최종적으로 분해가 완료되었습니다. 이 최종 소화 산물의 운명은 어떻게 될까요? 최종 소화 산물의 흡수는 대부분이 소장에서 일어나는데, 최종 소화 산물들은 크기가 매우 작아 소장 벽을 구성하는 세포 속으로 들어갈 수 있습니다. 세포 속으로 들어간 최종 소화 산물인 포도당, 아미노산, 지방산과 글리세롤, 그리고 부영양소인 물, 무기질, 비타민은 수용성[8] 또는 지용성에 따라 서로 다른 경로를 통해 심장으로 이동합니다.

먼저 수용성 영양소부터 살펴볼까요?

포도당, 아미노산, 물, 무기질은 수용성이며 비타민 중에는 비타민 B, C가 수용성입니다. 나머지는 지용성 영양소이지요. **수용성 영양소들은 소장 벽 세포를 통해서 융털돌기 내부에 분포되어 있는 모세혈관으로 들어갑니다.**

융털돌기의 모세혈관으로 흡수된 수용성 영양소들은 곧바로 간으로 통하는 혈관으로 들어가지요. 이 혈관의 이름은 간으로 들어가는 문이라는 의미로 '간문맥'이라고 합니다. 따라서 음식을 섭취하면 간문맥에서 포도당의 양이나 아미노산의 양이 증가하지요.

8 어떤 물질이 물에 잘 녹는 성질을 뜻하며, 지용성은 물에 녹지 않고 기름에 녹는 성질을 뜻한다.

조금 더 알아보기

• 최종 소화 산물

우리가 먹은 음식물은 몸속으로 흡수되기 전에 분해되어야 한다. 분해는 기계적(물리적)·효소적(화학적) 방법에 따라 일어나는데 최종적인 분해는 효소로 완성된다. 음식물의 효소적 분해 과정을 정리해보자.

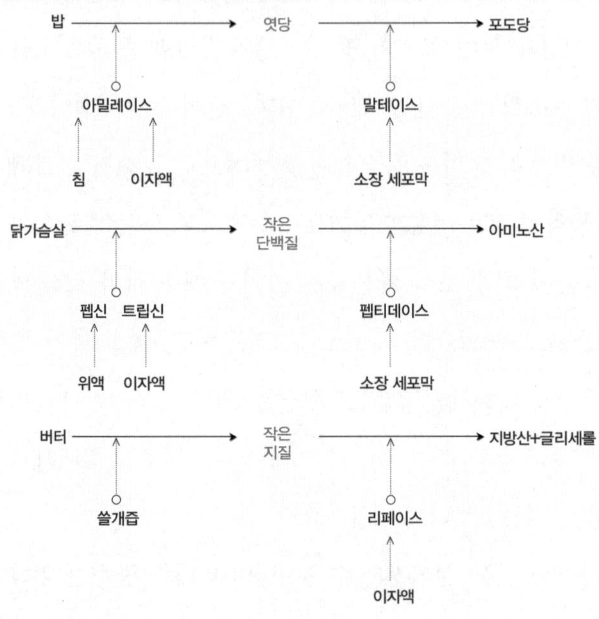

※ 주의 : 쓸개즙의 작용은 효소에 따른 것이 아니다.

간문맥을 지난 수용성 영양분은 간으로 들어가는데, 바로 이 간에서 중요한 일들이 벌어집니다. 간은 영어로 'liver'입니다. 얼마나 중요하면 '삶'이라는 의미를 가졌을까요? 간은 우리 몸에서 해독작용을 담당하고, 단백질의 합성과 양분 저장 같은 중요한 일도 함께 합니다. 또 쓸개즙을 만들기도 하지요. 수용성 영양소 가운데 특히 포도당은 간에서 철저하게 조절됩니다. 따라서 **포도당이 지나치게 섭취되면 여분의 포도당은 글리코젠으로 합성되어 간에 저장**되지요. 보통 간에 저장된 글리코젠의 양은 하루치 정도입니다. 몸속의 포도당이 지나치게 많을 경우 포도당이 지질로 전환되기 때문에 탄수화물 음식물을 지나치게 섭취하면 뚱뚱해집니다. 음식물과 함께 들어온 나쁜 물질도 대부분 간에서 처리됩니다. 아무튼 간을 거쳐서 영양소들은 심장으로 이동하고, 심장의 힘찬 고동과 함께 몸 전체로 배달되지요. 이러한 과정은 **소장은 물건을 받고, 간은 들어온 물건을 검사하고, 심장은 배달하는 기능을 가지고 있다고 할 수 있습니다.**

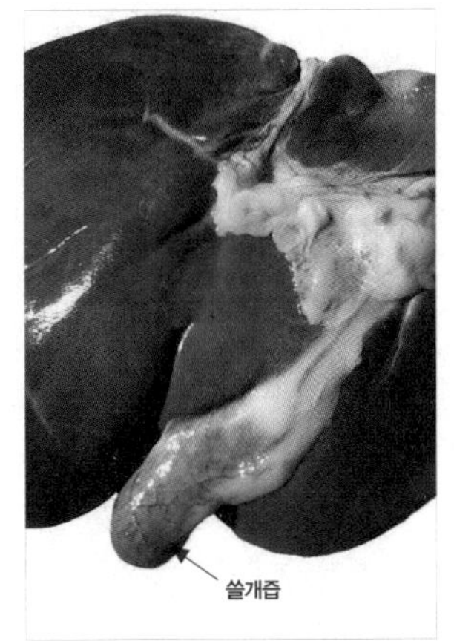

간의 구조

이제 지용성 영양소의 운반에 대해 알아볼까요? 여기에는 지방산, 글리세롤, 지용성 비타민이 지용성 영양소에 해당됩니다. 지용성 영양소는 융털돌기 내부의 작은 림프관으로 흡수됩니다(이 림프관의 이름을 '암죽관'이라고 합니다). 림프관에 대해 잠깐 소개하면, 면역을 담당하는 체액인 림프가 흐르는 관을 말합니다. 림프관으로 흡수된 지용성 영양소는 가슴을 지나 혈관으로 들어갑니다. 이 말은 림프관이 혈관과 만나는 장소가 있다는 뜻이지요. 림프관과 혈관이 만나는 장소는 바로 가슴 윗부분의 쇄골 아래입니다. 쇄골이 어딘지는 알고 있지요? 요즘은 '쇄골이 아름다워야 미인'이라고들 많이 하잖아요. 이 부위의 혈관을 쇄골하정맥이라고 합니다. 말 그대로 쇄골 아래에 있는 정맥이라는 뜻입니다. 이 혈관이 림프관과 연결되어 있어 림프관으로 흡수된 지용성 영양소가 혈액으로 들어가 마침내 심장으로 이동됩니다.

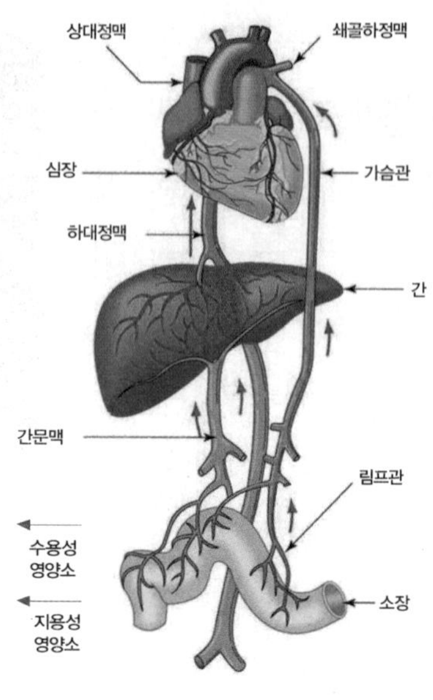

영양소의 흡수 경로

설명이 좀 길었나요?

자, 기운내서 마지막 코스인 대장(큰창자)을 정복해봅시다. 대장은 길이가 약 1.5m입니다. 대장의 주요 기능은 수분 흡수, 일부 비타민 흡수, 쓸개즙의 흡수입니다. 수분 흡수는 매우 정교하게 조절됩니다. 만약 대장에서 수분을 지나치게 많이 흡수하면 변비에 걸리고, 흡수가 잘 안 되면 설사를 합니다. 재미있는 것은 대장에 우리 인간과 아주 오랫동안 함께 살아온 생물체들이 살고 있다는 점입니다. 이 생물체는 세균 종류인데, 대표적인 세균이 바로 대장균이지요. 대장에 살고 있는 세균 종류는 무려 400여 종이 넘는다고 합니다.

모두가 좋은 세균은 아니지만, 좋은 세균은 나쁜 세균들이 함부로 우리 몸을 공격하지 못하게 합니다. 이 대장에 있는 세균들은 건강을 유지하는 데 꼭 필요한 비타민을 만들며, 미처 소화하지 못한 탄수화물이나 단백질을 소화시킵니다.

최근에는 이 장내 세균이 비만에도 관계있다는 사실이 밝혀져 화제를 모으기도 했지요. 소장과 대장의 연결 부위에는 맹장이 퇴화된 구조인 충수돌기가 있습니다. 이곳에 염증이 생기면 잘라서 제거하는데(맹장 수술) 건강에는 크게 영향을 주지 않는다고 합니다.

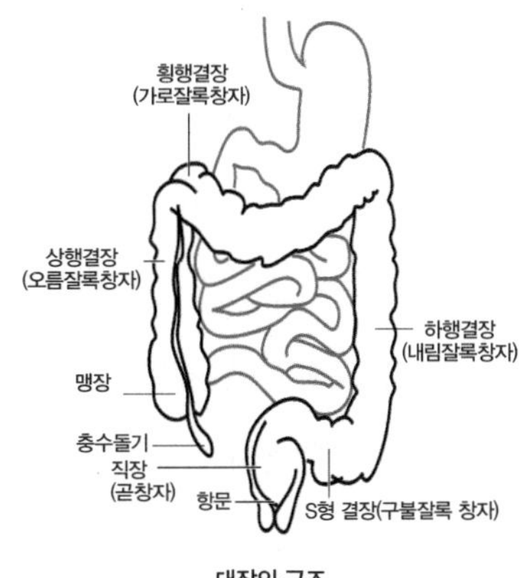

대장의 구조

조금 더 알아보기

• 유산균

유산균은 당을 발효시켜 유산을 만드는 균으로 막대기 모양이다. '젖산균'이라고도 한다. 시중에 판매되는 제품에 들어 있는 비피더스균도 유산균에 포함된다. 이 유산균은 장내 세균 가운데 나쁜 균의 번식을 억제하고 소화 흡수를 돕는다. 최근 연구에 따르면, 암세포에 대한 저항력을 증가시키는 등 좋은 일을 많이 하는 것으로 알려졌다. 특히 요즘 사람들에게서 많이 나타나는 아토피 피부염 등 면역 관련 질병에도 도움이 된다고 한다. 유산균은 우리나라 발효 음식인 청국장, 김치 등에 풍부하다.

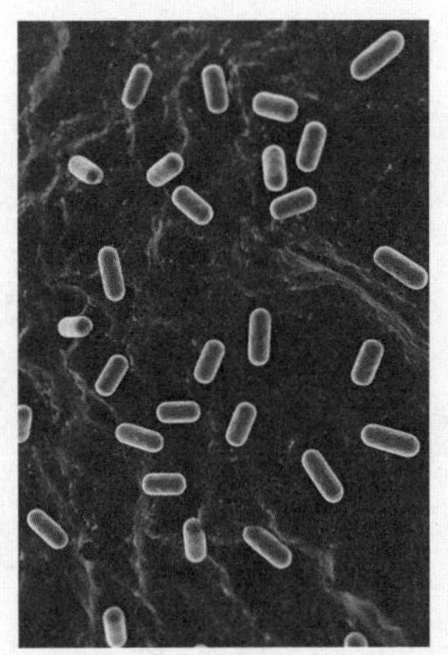
유산균

동물에서의 물질 수송 - 순환

동물 체내에서 일어나는 물질 수송은 순환계를 통해 이루어집니다. 순환계는 우리 일상생활에서의 수도관 또는 택배 시스템과 비슷합니다. 몸에서 요구하는 특정한 물질을 그 물질이 꼭 필요한 장소로 운반하는 것이지요. 특히 덩치가 큰 생물체의 경우 이러한 운반 체계는 매우 중요합니다. 빠르고 정확하게 필요한 물질을 운반해야 생물체가 건강하게 살아갈 테니까요.

우리 몸의 순환계는 크게 심장, 혈관, 혈액으로 나뉩니다. 심장은 물질 운반의 원동력을 제공하고, 혈관은 통로를 제공하고, 혈액은 물질을 운반하는 기능을 하지요. 하나씩 좀 더 자세하게 알아보겠습니다.

먼저 심장에 대해 생각해볼까요?

우리는 심장이라는 단어를 다양하게 사용합니다. 무엇인가를 보고 흥분하면 "심장이 두근거린다"고 말하고, 무서운 것을 보았을 때는 "심장이 멈추는 줄 알았다"고 합니다. 그리스 신화에 나오는 것처럼 심장이 '큐피드의 화살'에 맞아 사랑에 빠지기도 하지요. 그만큼 심장은 인간의 삶에서 자주 오르내리는 매우 중요한 기관입니다. 심장은 근육질로 둘러싸여 있습니다. 영화를 보면 심장이 왼쪽에 있는 것처럼 묘사하지만 실제로 심장은 가슴의 중심 부위에 위치합니다. 인간의 경우 심장은 2개의 방과 2개의 침실로 구성되어 있는데 이를 '2심방 2심실'이라고 합니다.

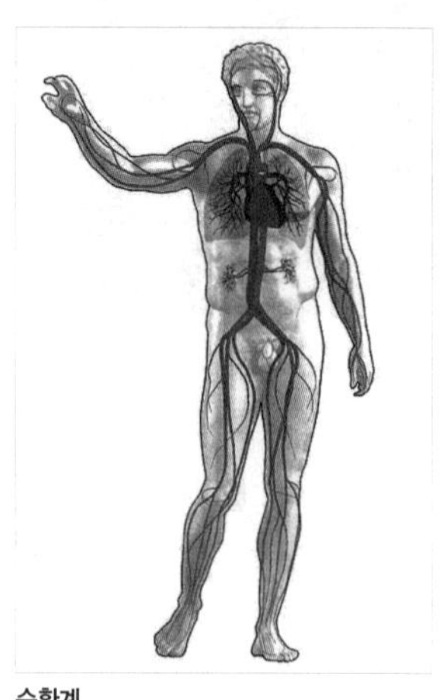
순환계

심장의 각 구조를 혈액의 순환과 연관 지어 설명하도록 하지요. 혈액순환은 순환 경로에 따라 체순환과 폐순환으로 나뉩니다.

폐순환은 심장과 허파 사이의 혈액순환을 말합니다. 온몸을 순환한 혈액은 마지막으로 대정맥을 통해 심장의 우심방으로 들어옵니다. 우심방으로 들어온 혈액은 심방을 구성하는 근육 수축에 따라 우심실로 이동하고, 이어서 심실 근육의 수축에 따라 폐동맥을 통해 허파로 이동합니다.

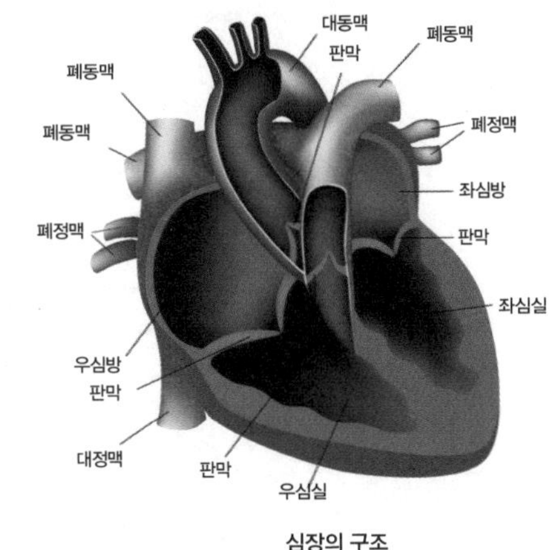

심장의 구조

허파에는 수많은 모세혈관이 존재하는데, 혈액이 이 모세혈관을 통과할 때 산소가 들어오고, 반면 이산화탄소는 방출됩니다. 따라서 **대정맥, 우심방, 우심실, 폐동맥의 혈액은 이산화탄소가 많고 산소는 적은 정맥혈**이라고 할 수 있습니다. 허파에서 이산화탄소를 방출하고 산소가 많이 유입된 혈액인 동맥혈은 폐정맥을 통해 좌심방으로 들어갑니다. 그 동맥혈이 좌심실로 들어가고 이어서 대동맥으로 흘러 들어가지요. 여기까지의 과정을 **폐순환**, 또는 **허파순환**이라고 합니다.

정리하면, 허파순환은 우심실 → 폐동맥 → 허파 모세혈관 → 폐정맥 → 좌심방으로 혈액이 흐르는 것을 말합니다. 우심실과 폐동맥에는 정맥혈이 흐르고, 폐정맥과 좌심방에는 동맥혈이 흐릅니다. **허파 모세혈관에서 정맥혈이 동맥혈로 바뀌는 것**이지요.

자, 이번에는 체순환에 대해 알아보도록 하겠습니다. 체순환은 말 그대로 온몸 순환을 말합니다. 순환의 출발 지점은 좌심실입니다. 이어서 대동맥, 동맥을 거쳐 각 조직에 퍼져 있는 모세혈관을 지나 정맥, 대정맥을 거쳐 마지막으로 우

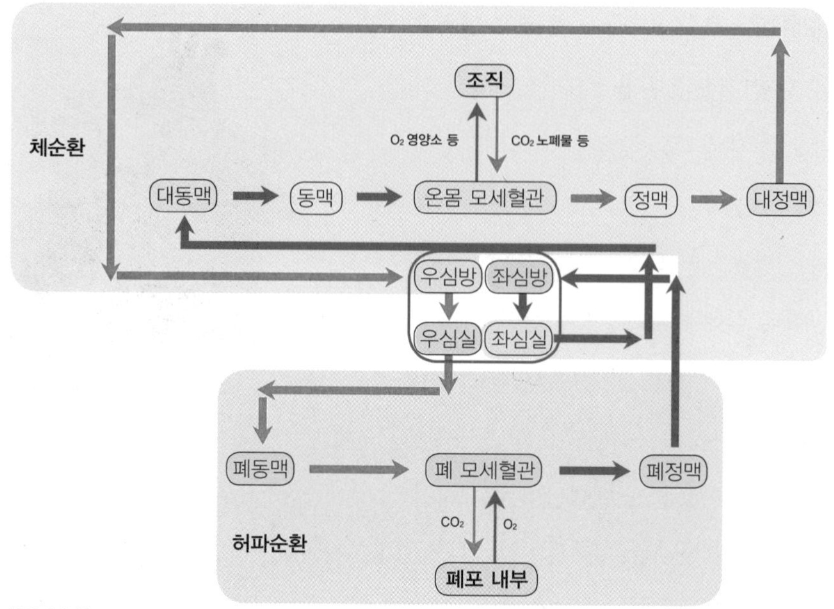

혈액의 순환

심방까지 가는 것이 체순환의 경로입니다. **좌심실·대동맥·동맥에는 동맥혈이 흐르고, 정맥·대정맥·우심방에는 정맥혈이 흐릅니다.** 허파 모세혈관에서처럼 **조직 모세혈관에서는 동맥혈이 정맥혈로 바뀌는데,** 그 이유는 동맥혈에 들어 있는 산소가 조직으로 퍼져나가고, 반대로 조직에서 만들어진 이산화탄소가 혈액으로 들어오기 때문입니다.

각각의 심방과 심장은 펌프 역할을 합니다. 허파순환과 체순환에서 혈액이 이동할 수 있는 것은 이 원동력 덕분이지요. 하지만 체순환이 허파순환보다 순환이 힘들기 때문에 펌프의 힘도 다릅니다. 다시 말해, **우심실은 허파순환을 책임지고, 좌심실은 체순환을 책임지는데, 좌심실의 근육 수축력이 훨씬 더 세다**는 것을 알 수 있습니다. 그래서 좌심실이 수축할 때 나는 소리가 더 크고 왼쪽 가슴에서 울리기 때문에 우리가 귀를 가슴에 대면 심장이 왼쪽에 있는 것처럼 느끼지요. 좌심실의 힘은 엄청납니다. 덕분에 **혈액은 좌심실의 높은 압력에 따라 대동맥으로 들어가게 됩니다.** 이렇게 해서 동맥에 흐르는 혈액은 압력이 높은데, 자칫 잘못해서 혈관이 파열되면 매우 위험한 상황이 벌어집니다. 동맥 혈관들이 근육 속 깊이 자리를 잡고, 동맥 혈관 자체도 두꺼운 근육으로 둘러싸여 있는 것은 이 같은 이유 때문입니다. 하지만 우리 몸에는 근육이 거의 없는 부위가 있습니다. 어딜까요? 바로 관절 부위입니다. 따라서 관절 부위에는 동맥 혈관이 근육에 보호받지 못하므로, 우리는 이러한 부위에서 맥박을 느낄 수 있지요.

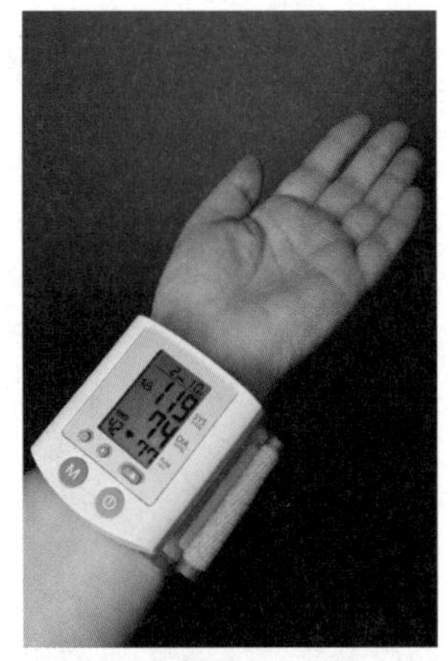

손목관절 부위에는 근육이 발달되어 있지 않아 맥박이 잘 잡힌다.

맥박은 보통 1분당 60회에서 80회 정도 뛰는데, 이는 좌심실의 수축과 이완이 60에서 80번 정도 일어난다는 것을 의미합니다. 이에 비해 정맥에 흐르는 혈액의 압력은 매우 낮습니다. 이렇게 낮은 압력으로는 혈액이 심장까지 되돌아가기가 어렵습니다. 그래서 그 대안으로 정맥을 둘러싼 근육의 힘을 빌립니다. 문제는 근

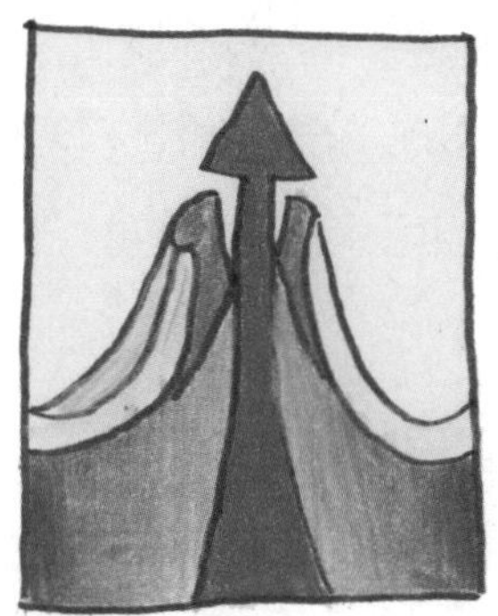

피가 위로 올라감
〈정상〉

판막이 닫혀 피가 아래로 새지 않음
〈정상〉

정맥에서의 혈액 이동

육이 수축할 때 혈액이 올라가다가 이완할 때 다시 거꾸로 내려올 수 있다는 점입니다.

하지만 걱정 마세요. 이러한 문제를 해결해주는 기관이 있으니까요. 바로 정맥 혈관에 있는 '판막'입니다. 열심히 걷고, 움직이면 정맥에서 혈액이 이동하기가 수월해집니다. 정맥 혈관은 우리 피부에서 쉽게 볼 수 있는데, 바로 링거액 등을 주사하는 혈관이지요. 정맥으로 들어간 약물이 심장을 거쳐 온몸으로 운반됩니다.

다음은 모세혈관에 대해 알아보겠습니다. 이미 눈치챘겠지만 **모세혈관에서 혈액의 종류가 바뀝니다.** 다시 말해, 허파 모세혈관에서는 정맥혈이 동맥혈로, 다른 조직들에 퍼져 있는 모세혈관에서는 동맥혈이 정맥혈로 바뀝니다. 영양소와 노폐물의 교환도 모세혈관에서 일어납니다. 동맥과 정맥은 근육이 둘러싸고 있는 데 비해 모세혈관은 그렇지 않은데다 틈새가 많아 이러한 교환이 가능합니다. 이름에서 알 수 있듯이, 모세혈관은 매우 가늘어 적혈구 한 개가 겨우 통과할 수 있을 정도입니다. 우리 몸에 퍼져 있는 모세혈관의 전체 길이는 평균 12만km입니다. 서울에서 부산까지의 거리가 대략 400km이니 그 구간을 거의 150번 왕복할 수 있는 길이이지요. 따라서 모세혈관은 우리 몸에 아주 빽빽한 그물처럼 퍼져 있다고 할 수 있습니다.

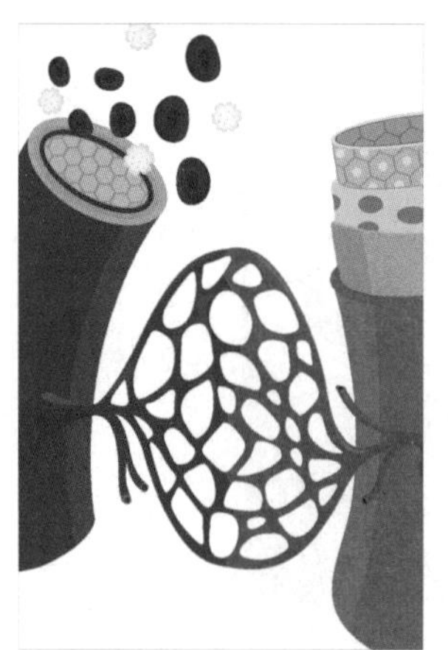
모세혈관은 동맥과 정맥을 연결하는 혈관으로 혈액은 동맥에서 정맥 쪽으로 흐른다.

이제 혈액으로 넘어갈까요?

우리 혈액은 액체 성분으로 여러 조직들 가운데 결합조직에 속합니다. 혈액을 뽑아서 시험관에 담아 원심분리를 하면 옆의 그림에서처럼 붉은색 부분이 가라앉으면서 두 개의 층으로 나뉩니다. **위층의 노르스름한 부분이 혈장이고, 아래층의 붉은 부위에는 적혈구 세포들이 모여 있습니다.** 위층과 아래층의 경계 부위(그림에서 회색으로 나타난 부분)에는 백혈구와 혈소판이 많이 존재하지요. **혈장은 다시 혈청과 피브린 섬유단백질로 나뉩니다.** 피부에 상처가 나면 피딱지가 생기는데, 피딱지가 살짝 떨어져 나가면 그 자리에서 투명한 진물이 나옵니다. 이 진물이 바로 혈청입니다.(피브린에 대해서는 잠시 뒤 혈소판을 설명할 때 알아보기로 하지요.)

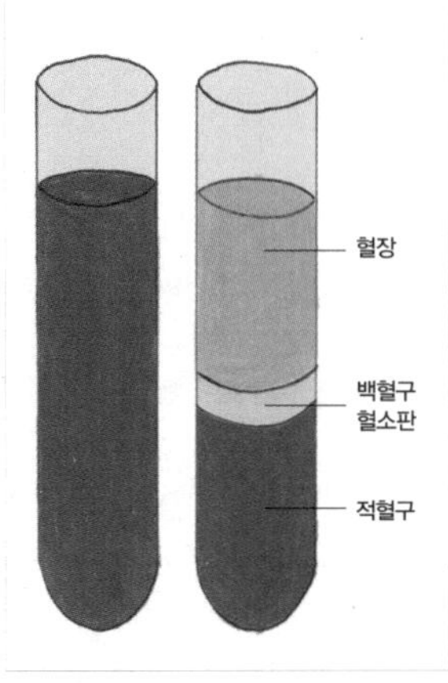

혈액의 구성

조금 더 알아보기

• 원심분리

축을 중심으로 물질을 회전시켜 발생한 원심력으로 물질을 분리하는 방법. 원심력이란 물체가 회전할 때 회전의 중심에서 바깥쪽으로 작용하는 힘을 말한다. 세탁기가 탈수할 때 몸통이 회전하는 것과 같다. 시험관에 여러 물질을 섞은 용액을 담아 회전시키면 가장 무거운 것부터 시험관 바닥에 가라앉는데, 이러한 원리를 이용해서 물질을 분리한다.

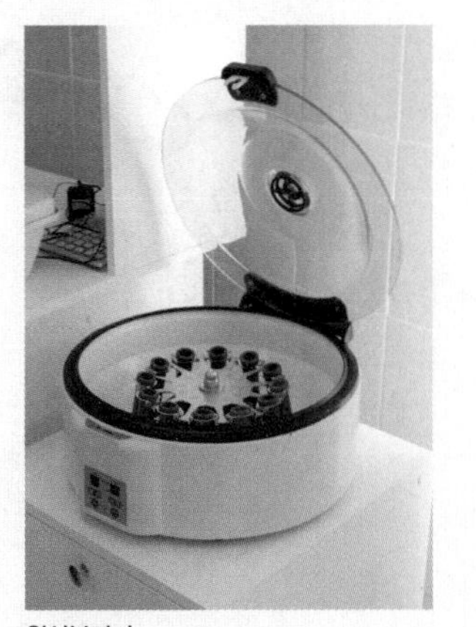
원심분리기

이번에는 혈액세포(혈구)들에 대해서 자세히 알아볼게요.

적혈구는 붉은색의 세포를 말합니다. 인간을 비롯해 많은 동물들의 몸속에서 산소를 실어 나르는 세포이지요. 주의할 점은 적혈구가 산소 운반뿐만 아니라 이산화탄소 운반에도 중요한 역할을 한다는 것입니다. 먼저 모양을 살펴보겠습니다. **적혈구는 둥근 원반 모양이며 가운데가 오목한 구조**로 되어 있습니다. 적혈구 세포 안에 핵이 없기 때문인데, 그에 따라 적혈구의 표면적이 넓어져서 보다 많은 산소를 운반할 수 있게 됩니다. 적혈구 안에는 헤모글로빈이라는 색소가 엄청 많이 존재합니다. 헤모글로빈은 워낙 유명해서 모두 알고 있을 거예요. **헤모글로빈 안에는 철이 존재**하는데, 이 철은 산소와 결합합니다. 철이 산소와 결합하는 것은 녹이 스는 것과 같은 원리입니다. 피의 색깔이 붉게 보이는 것도 이런 이유 때문이며, 녹슨 못이 붉게 보이는 것과 같은 이치이지요. 어떤 동물은 철 대신에 구리를 가지고 있습니다. 이 경우에는 녹슨 구리를 생각하면 이해가 되겠지요?

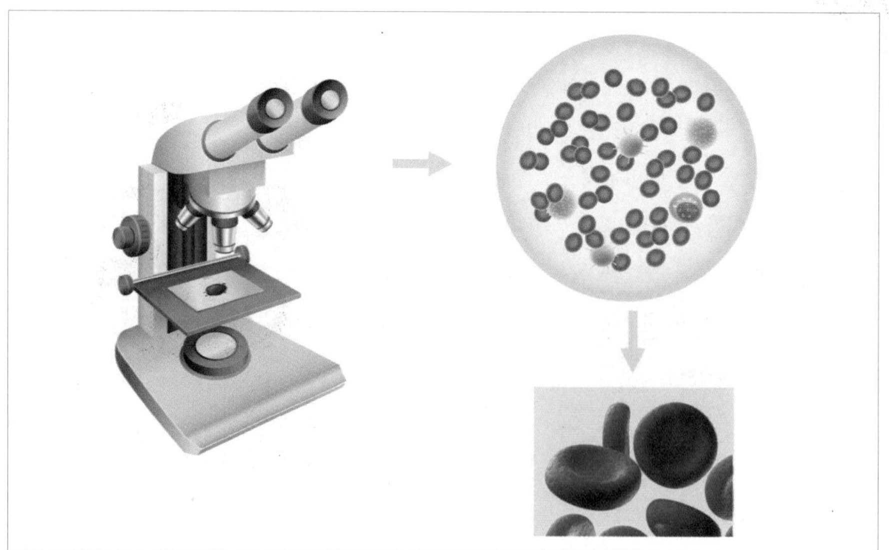

현미경으로 관찰한 적혈구

여러분, 어디를 가면 녹슨 구리를 볼 수 있지요? 그래요, 박물관입니다. 박물관에 가면 청동기 시대의 유물이 전시되어 있으니까요. 혹시 녹슨 구리의 색을 기억하나요? 무슨 색이었지요? 푸른색이었다고요? 그렇다면 녹이 슨 구리는 왜 푸른색을 띨까요? 철 대신 구리에 있는 색소(이 색소의 이름은 헤모시아닌이라고 합니다)가 적혈구에 들어 있는 동물의 피는 파란색을 띠게 됩니다.

헤모시아닌을 가진 오징어 색깔

다음은 백혈구입니다. 백혈구는 기본적으로 우리 몸을 방어해주는 혈액세포입니다. 적혈구와 달리 크고 우람한 핵을 가지고 있습니다. 우리나라 군대가 육군, 해군, 공군 등으로 나뉘는 것처럼 백혈구의 종류

세균을 무찌르는 백혈구

도 다양합니다. 적이 누구냐에 따라 가장 잘 싸우는 백혈구들이 있기 때문에 우리 몸은 적의 침공에 잘 견딜 수 있지요. 어떤 백혈구 종류는 수많은 적을 삼켜버리고, 또 림프구라고 하는 백혈구 종류는 특수부대처럼 특정 병원균에 대항하여 우리 몸을 지켜주기도 합니다. 림프구의 놀라운 전투력을 이용해서 우리는 다양한 예방접종을 하지요.

예방접종이란 어떤 질병을 미리 예방하는 것입니다. 그러기 위해서는 우리 몸에 약간의 자극을 주어 우리 몸속에 존재하는 특수부대인 림프구를 준비 태세 상태로 만들 필요가 있습니다. 자극을 주는 방법으로 거의 죽어가는 병원균이나 이미 죽은 병원균을 이용합니다. 이러한 병원균은 사실 병원균으로서의 능력을 상실했으므로 우리 몸에 들어와도 크게 상관이 없습니다. 바로 이 병원균을 우리 몸에 주사하는데, 그 과정이 예방접종이지요. 우리 몸에 들어온 비실비실한 병원균을 경험한 특수부대 림프구들은 이 병원균의 특성을 잘 기억하고 있다가, 팔팔한 병원균이 침범하면 초전에 박살냅니다. 그래서 우리는 이런 병원균에 감염되어도 아프지 않고 견딜 수 있지요.

혈액세포 가운데 마지막으로 혈소판에 대해 알아보겠습니다.

혈소판은 정상 세포라고 보기에는 조금 구조가 어설픕니다. **세포들이 조각난 구조로, 핵도 가지고 있지 않지요. 혈소판의 주요 기능은 혈액 응고입니다.** 혈관의 일부가 손상되어 생기는 출혈을 멎게 하는 작용이 혈액 응고입니다. 물론 출혈이 심할 경우에는 혈액 응고 작용만으로는 멎게 할 수 없습니다. 이럴 때는 붕대를 감거나 불로 지지는 방법 등으로 출혈을 멎게 합니다.

혈액 응고 과정을 간단하게 살펴보겠습니다. 혈액 응고는 매우 복잡한 과정입니다. 혈액 속에 존재하는 수많은 단백질과 기타 물질들이 참여하면서 단계적으로 일어나지요. 혈액 응고 과정의 순서를 알아볼까요? **먼저, 손상된 부위에 혈소판 마개가 만들어집니다. 이어서 여러 단계로 일어나는 반응을 거쳐 실모양의 피브린이 그물처럼 혈소판 마개를 조여서 더욱 단단하게 해주고, 적혈구 등이 그곳에 달라붙어 혈액이 응고됩니다.** 혈소판은 이렇게 직접 혈액 응고 과정에 참여하거나, 몇몇 단계에 참여하는 여러 가지 물질 가운데 일부를 만들어서 혈액 응고가 정상적으로 일어나도록 도와줍니다. 이러한 혈액 응고 관련 인자들 가운데 일부가 잘 만들어지지 않을 때 혈우병이 발생합니다. 혈우병은 피가 비처럼 내리면서 멎지 않는 질병입니다. 일반적으로 가족에게 유전되는 유전병에 속하지요.

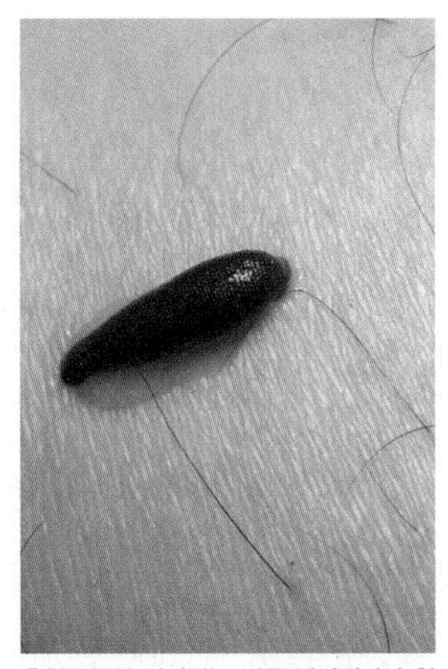

흡혈동물인 거머리는 피를 빨아먹다가 혈액이 응고되는 것을 막기 위해 혈액 응고 방지 성분인 히루딘을 분비한다. 모기 또한 이 성분을 분비한다.

혈액 응고가 일어나지 않도록 조절하는 것도 중요합니다. 아무 때나 혈액 응고가 일어나면 안 되기 때문이지요. 따라서 우리 몸에는 비정상적인 혈액 응고를 막는 방법도 존재합니다. 여러분이 잘 알고 있는 허준 선생은 혈액이 잘못 응고된 환자를 치료하기 위해 상처 부위에 거머리를 붙였다고 합니다. 거머리처럼 흡혈을 해서 생명을 부지하는 생물은 혈액이 응고되지 않게 하는 성분을 분비하는데, 허준 선생은 이 특성을 이용했던 것이지요.

이제 혈장에 대해서 간단히 알아본 다음, 인간의 순환계에 관한 학습을 마무리하겠습니다. 혈장은 볏짚처럼 누르스름한 색을 가진 액체 성분입니다. 대부분이 물이며 다양한 단백질, 포도당, 무기 이온, 호르몬, 이산화탄소 등이 존재합니다. 혈장은 이처럼 다양한 물질들을 운반하고 혈압 조절과 삼투압 조절에 참여합니다. **여러분, 혈압 조절이 어떻게 일어나는지 궁금하지 않나요? 이 책을 읽는 학생들 가운데 고혈압으로 고생하시는 부모님이 있을 것입니다.** 고혈압 환자는 음식을 짜게 먹으면 안 된다고 합니다. 왜 그럴까요? 짠 음식을 먹으면 소금 섭취량이 많아지겠지요? 소금을 구성하는 나트륨(Na) 이온과 염소(Cl) 이온이 소화기관에서 흡수되어 혈액 속으로 들어갑니다. 이때 자연히 혈액의 농도가 높아지고 삼투현상으로 혈액보다 농도가 상대적으로 낮은 조직 부위에 있는 물이 혈액 속으로 이동하게 되겠지요. 이렇게 혈액량이 증가하면서 혈압이 높아져 결국 고혈압 환자는 위험에 처하게 됩니다. 왜 혈압이 높아지냐고요? **혈압은 혈관 속에 흐르는 혈액의 양에 비례하기 때문**입니다. 고무호스에 흐르는 물의 양이 증가하면 고무호스가 터지기 쉬운 것과 같은 이치이지요.

조금 더 알아보기

• 혈액세포

혈액세포(혈구)는 같은 종류의 엄마 세포에서 만들어진다. 이 엄마 세포를 조혈모세포라고 하는데 이는 피를 만드는 엄마 세포라는 뜻이다. 주로 긴 뼈의 골수에서 혈액세포가 만들어진다. 긴 뼈란 다리뼈와 팔뼈 등을 가리키며, 골수는 뼈 속을 가리킨다. 절단된 닭 뼈 부위를 관찰하면 뼈 속에 붉게 보이는 부분이 있다. 그 부위가 바로 골수이다. 혈액세포에 문제가 있는 경우 골수이식을 한다. 골수이식은 정상적인 조혈모세포를 수혈하는 것과 마찬가지로 몸에 조혈모세포를 주입하여 이 세포들이 골수에 자리 잡게 해서 병을 고치는 방법이다.

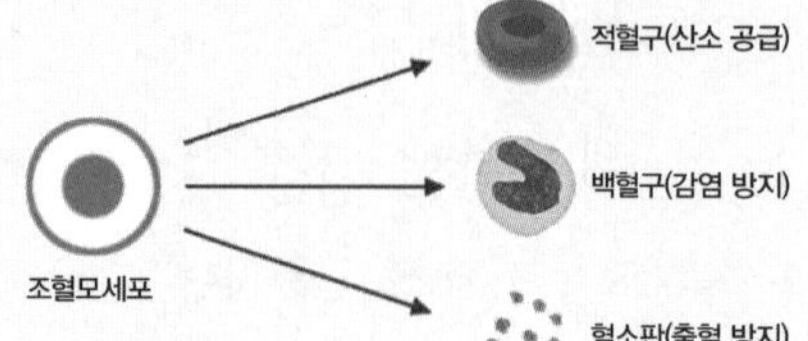

이것만은 꼭!

혈액의 구성

혈액 = 혈장 + 혈액세포(혈구)

혈장 = 혈청(진물) + 피브린

혈액세포 = 적혈구 + 백혈구 + 혈소판

쓸모없는 물질 내보내기 – 배설

지금까지 먹고 소화시키고, 양분과 산소를 흡수하여 몸 구석구석으로 운반했습니다. 이제는 쓰레기를 수거할 차례입니다. 우리 몸의 중앙 쓰레기 처리장은 바로 콩팥(신장)입니다. 동네에 있는 소규모의 쓰레기 처리장 역할은 땀샘이 하고 있지요. 하지만 우리 몸에서 만들어지는 쓰레기는 여러분이 사는 동네에서 배출되는 쓰레기처럼 종류가 다양하지 않습니다. **몸에서 만들어지는 쓰레기를 노폐물이라고 합니다.** 여기서 여러분이 오해하면 안 되는 한 가지 사실을 알려줄게요. 대변은 노폐물이 아니라는 점입니다. 대변은 그저 소화기관을 통해서 나온 배설물일 뿐입니다.

자, 이제부터 노폐물에 어떤 종류들이 있는지 알아보겠습니다. 나중에 배울 호흡작용에서는 에너지를 얻기 위해 연료를 태워야 하는데, 마치 자동차가 달리기 위해서 휘발유를 태우는 것과 비슷하지요. 생물체에서 연료는 바로 주 영양소인 단백질, 지질, 탄수화물입니다. 여러분은 이미 화학 원소를 배웠습니다. 단백질은 탄소, 수소, 산소, 질소로 이루어져 있고, 탄수화물과 지질은 탄소, 수소, 산소로 이루어져 있습니다. 따라서 이 연료들을 태우면(여기에서 태운다는 것은 산소와 결합시킨다는 뜻입니다) 탄소와 산소가 만나서 이산화탄소(CO_2)를 만들고, 수소와 산소가 만나서 물(H_2O)을 만듭니다. 질소는 수소와 만나 암모니아(NH_3)가 됩니다. 이렇듯 노폐물이란 우리 몸이 에너지를 얻기 위해 영양소를 태우는 과정에서 나오는 부산물들이지요. 이 가운데 이산화탄소는 주로 호흡기관을 통해 배출되고, 물은 배설기관인 콩팥과 땀샘, 그리고 호흡기관을 통해 배출됩니다. 어떻게 물이 호흡기관을 통해 배출되느냐고요? 우리가 입을 벌리고 있을 때마다 수분이 날아가지요? 아마 입김을 생각하면 이해하기가 훨씬 쉬울 것 같네요. 문제는 암모니아입니다. 암모니아가 얼마나 무서운 물질인지는 중학교 과정에서 배웠을 것입니다. **암모니아는 강한 염기성 물질로 우리 몸을 구성하는 단백질을 녹여버리는 독성 화학물질입니다.** 그래서 생물체는 노폐물로 생긴 암모니아를 몸속에 오랫동안 가지고 있지 않는 쪽으로 진화를 거듭했지요.

이것만은 꼭!

노폐물

탄수화물 : [C, H, O] + 산소 = 이산화탄소(CO_2) + 물(H_2O)

지 질 : [C, H, O] + 산소 = 이산화탄소(CO_2) + 물(H_2O)

단 백 질 : [C, H, O, N] + 산소 = 이산화탄소(CO_2) + 물(H_2O) + 암모니아(NH_3)

예를 들어, 물속에 사는 물고기는 암모니아가 몸속에 생기는 즉시 몸 밖으로 배설합니다. 이때 배설된 암모니아는 강물이나 바닷물에 희석되기 때문에 수중 생물에게 큰 피해를 입히지는 않습니다. 하지만 수족관이나 집에 있는 어항에서 사는 물고기는 자기가 배설한 암모니아 때문에 위험에 빠지기 쉽습니다. 수족관이나 어항의 물을 때맞춰 갈아주는 것은 이런 이유 때문이지요. 그렇다면 물속에서 살지 않는 우리 인간이나 새들은 어떤 방법을 택할까요? 그 비밀은 바로 암모니아를 생명체에 해롭지 않은 요산이나 요소라는 물질로 바꾸는 데 있습니다. 먼저, 새들은 요산을 선택했습니다. 요산은 결정을 구성하는 물질로, 배설할 때 물을 조금밖에 쓰지 않습니다. 그래서 물을 구하기 어려운 생물들은 암모니아를 요산으로 바꾸어 배설합니다. 아마 여러분도 본 적이 있을 거예요. 우리가 흔히 새똥이라고 부르는 하얀색 비슷한 덩어리가 바로 요산입니다. 대부분의 포유류는 암모니아를 요소로 전환합니다. 그 전환은 우리 몸의 거대한 해독 기관인 간에서 일어나는 현상입니다. 말 그대로 나쁜 암모니아를 괜찮은 요소로 바꾸는 것이므로 해독작용이라고 할 수 있습니다.

구아노는 새의 배설물(요산) 등이 쌓인 것으로, 비료로도 사용된다. 흰색 부분이 구아노이다.

포유류에 속하는 우리 인간은 암모니아를 모두 요소로 전환하여 배설할까요? 아닙니다. 인간은 대부분의 암모니아를 요소로 배설하지만 일부는 그냥 암모니아와 요산 형태로 배설합니다. 소변에서 나는 독특한 냄새가 바로 암모니아 냄새이고, 청소를 자주 하지 않는 소변기에서 흔히 보는 찌든 노란색 때는 요산의 결정입니다. 요산의 결정은 발가락 관절 등 사이에 쌓여서 살을 콕콕 찌르는 관절염의 원인이 되기도 하지요.

쌤이 앞에서 배설 기능을 하는 기관으로 '땀샘과 콩팥'이 있다고 했지요? 먼저 땀샘의 기능을 생각해보기로 하겠습니다. 사실 땀샘은 배설보다는 체온을 조절하는 데 더 중요한 역할을 합니다. 땀샘에서 만들어진 땀은 오줌과 달리 물의 양이 더 많기 때문에 물의 증발열을 이용하여 우리 몸을 식혀줍니다. 더운 여름철,

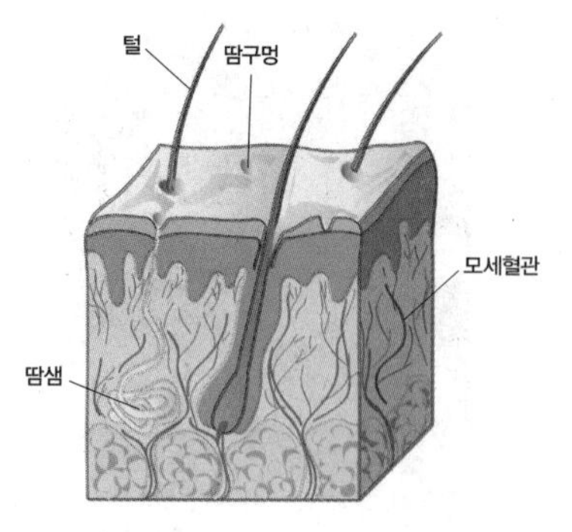

땀샘에서 만들어진 땀은 털을 타고 피부 표면으로 나온다.

마당에 물을 뿌리면 시원해지는 원리와 비슷하지요. 액체 상태인 물이 주변에서 에너지를 흡수하여 기체 상태인 수증기로 변하기 때문에 주변의 온도가 내려가는 원리입니다.

콩팥은 우리 아랫배 등 쪽으로 좌우 1개씩 한 쌍이 존재합니다. 많은 혈액들이 콩팥으로 모여 이곳에서 혈액 속에 들어 있는 노폐물들이 오줌으로 만들어집니다. 오줌의 구성 성분은 땀과 거의 비슷하지만 들어 있는 양은 차이가 큽니다. 주요 구성 성분으로 물, 요소, 무기염류 등이 있는데, 이 성분들의 양은 우리 몸의 상태에 따라 달라집니다. 예를 들어, 수박을 많이 먹으면 몸속에 물의 양이 많아져서 오줌 양이 많아지거나 소변보는 횟수가 잦아지지요. 반대로 오랫동안 물을 먹지 못해서 몸속의 수분이 부족해지면 덩달아 오줌의 양이 적어지고 색깔도 진해집니다. 이처럼 **콩팥은 우리 몸속의 수분 균형과 노폐물의 제거에 아주 중요한 기능**을 합니다. 따라서 콩팥에 문제가 생기면 몸에 쌓인 노폐물들을 제대로 배설하지 못해 위험하게 되고, 이 문제를 해결하기 위해 병원에서 콩팥 투석을 하는 것이지요. 투석은 작은 구멍이 있는 막을 통해 입자를 분리하는 방법이랍니다.

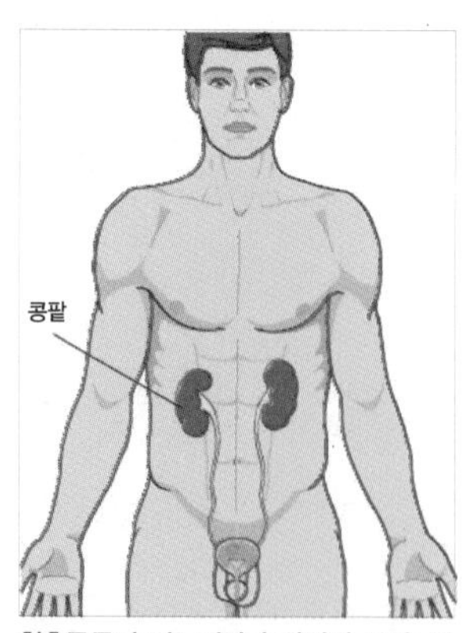

척추동물의 비뇨기관과 관련된 콩팥. 사람의 경우 강낭콩 모양으로 좌우 한 쌍이 있다.

노폐물 중에 요소가 있다고 했지요? 재미있는 것은 요소가 노폐물에 속하기는 해도 콩팥에서 100% 배설되지 않는다는 점입니다. 이유가 궁금하지요? 요소라는 물질이 워낙 작아서 세포막을 쉽게 통과하기 때문이기도 하지만, 우리 몸의 정상적인 농도를 유지하는 데 필요하기 때문입니다. 뭐랄까, '적과의 동침'[9]이라고 해야 하나요? 어쨌든 **우리 체액을 건강하게 유지하기 위해서는 혈액에 일정량의 요소가 있어야 합니다.**

홍어는 연골어류에 속하는 물고기이다.

이와 달리, 바다에 사는 일부 물고기들은 상황이 심각합니다. 상어, 가오리, 홍어 등의 체액 농도는 바다와 거의 비슷합니다. 보통 생물들의 체액 농도에 비해 바다의 농도가 훨씬 높기 때문에 위에서 말한 물고기 종류들은 혈액 속에 요소가 아주 많습니다.

여러분, 혹시 어른들이 삭힌 홍어를 드시는 것을 본 적이 있나요? 아마 여러분은 그 음식에서 암모니아 냄새가 지독하다고 코를 막으면서 어떻게 그 음식을 먹는지 고개를 절레절레 흔들었을 것입니다. 홍어를 삭히면 홍어 몸속에 들어 있는 요소 등의 질소 함유 물질이 분해되면서 강한 암모니아가 발생합니다. 이 때문에 삭힌 홍어는 우리 몸에 해로운 세균의 침입을 막아주는 역할뿐만 아니라 기운을 북돋아준다 하여 어른들이 즐겨 먹는 발효 음식이지요. 이처럼 기발한 음식을 많이 개발한 우리 조상들은 최고의 셰프라고 할 수 있겠지요?

지금까지 우리가 먹은 음식이 몸속으로 어떻게 들어오고 운반되는지, 노폐물은 어떤 과정을 거쳐 어떻게 배출되는지 알아보았습니다. 이제부터는 우리가 먹은 음식들이 실제로 어떻게 사용되는지 공부해볼까요?

9 1991년에 제작된 조지프 루벤이 감독하고 줄리아 로버츠가 주연한 영화

먹어야 사는 이유

여러분, 어른들이 가끔 한숨을 쉬면서 "먹고 살려면……"이라고 말씀하시는 것 들어봤지요? 또 어떤 때에는 집안일에 지친 어머님이 "오늘은 또 뭘 해먹나? 알약 같은 것만 먹고 살 수는 없나?" 하고 푸념하시는 소리를 들었을 것입니다. 하지만 음식이든 알약이든 형태만 다를 뿐, '먹어야 한다'는 사실에는 변함이 없습니다. 사람만 그런 것이 아닙니다.

우리 인간을 포함해서 생물들이 먹어야 하는 이유는 몸에 필요한 재료와 여러 가지 활동을 하는 데 필요한 에너지를 얻기 위해서입니다. 특히 음식물에서 에너지를 얻는 과정은 매우 중요하지요. 물론 여러분이 정확히 그 과정을 이해하기란 조금 어려울 것입니다. 하지만 어렵다고 포기하면 '대반전'을 이루지 못하겠지요? 지금부터 이 과정을 차근차근, 쌤과 함께 알아보기로 해요.

호흡의 종류

호흡이라고 하면 우리는 단순히 숨 쉬는 모습을 생각합니다. 틀린 말은 아닙니다. 하지만 여러분은 이제 고등학생이 되었으니 호흡에 대해 좀 더 자세하게 이해할 필요가 있습니다. '호흡'이라는 말을 들을 때 흔히 떠올리는 숨쉬기는 외호흡에 해당합니다. 좀 더 자세히 표현하면, 허파의 공기와 모세혈관 사이에서 기체 교환이 일어나는 것이지요. 이에 비해 세포 안으로 들어간 산소를 이용해서 영양소의 산화가 일어나는 것을 내호흡 또는 세포호흡이라고 합니다.

호흡의 종류

외호흡 : 허파에서 일어나는 기체 교환

내호흡 : 세포 안에서 일어나는 기체 교환, 에너지가 만들어진다.

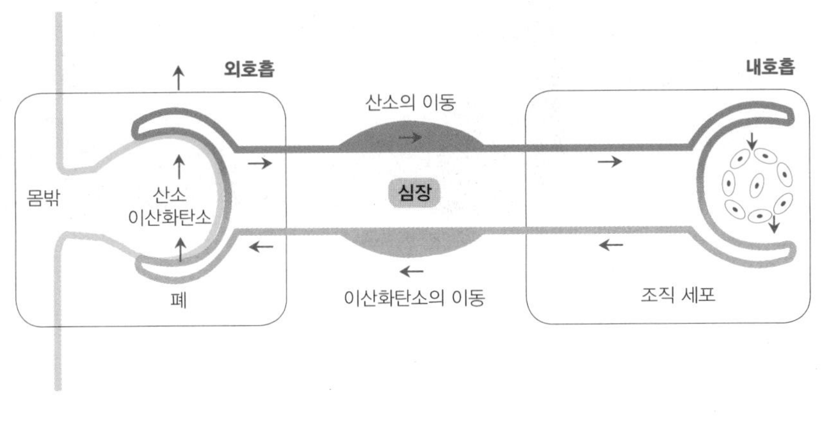

기체 교환의 과정 – 외호흡

외호흡에서 가장 중요한 신체 기관은 허파입니다. 허파는 **몸통 윗부분을 대부분 채우고 있는 얇은 막으로 둘러싸인 구조**입니다. 물론 풍선 같은 구조는 아닙니다. 얇은 막으로 둘러싸여 있지만 그 내부에는 아주 작은 공기주머니가 있지요. 이 공기주머니를 허파꽈리라고 합니다. 허파 속에 포도송이처럼 달려 있는 3~5억 개의 허파꽈리를 펼치면 허파의 표면적이 테니스 장 면적과 거의 맞먹습니다. 정말 놀라운 사실이지요?

이러한 엄청난 면적 때문에 우리는 산소를 충분히 몸속으로 넣을 수 있고, 반면 이산화탄소를 아주 빠르게 몸 밖으로 내보낼 수 있습니다. 몸 밖의 공기는 코와 입 그리고 기관지를 통해 허파로 들어오는데, 기관지는 다시 작은 기관지로 나

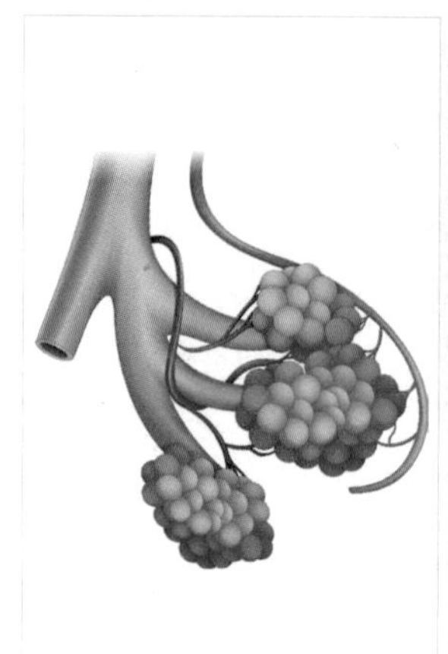

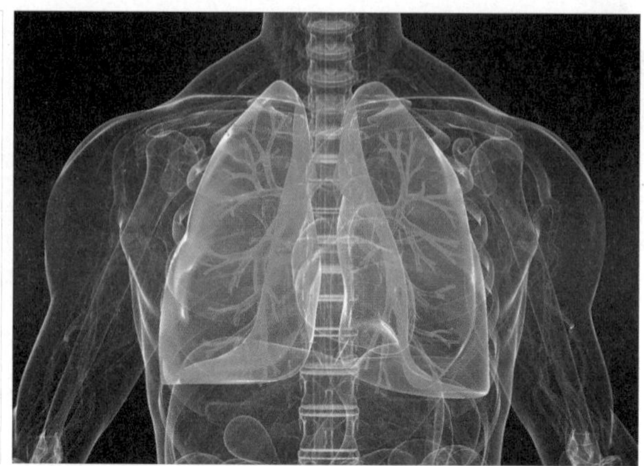

허파꽈리(좌) 허파(우)

뉘고, 가장 작은 기관지 끝에 작은 포도송이처럼 생긴 허파꽈리가 달려 있지요. 각 허파꽈리는 모세혈관에 둘러싸여 있어 허파꽈리 속에 있는 산소가 모세혈관 속의 혈액으로 확산되고, 혈액 속에 존재하는 이산화탄소는 반대로 허파꽈리로 확산됩니다. 기체 교환은 이처럼 단순하게 확산작용에 따라 일어납니다.

공기를 허파로 들여보내는 운동을 들숨(흡기)이라고 하고, 이와 반대로 공기가 허파에서 나가는 운동을 날숨(호기)이라고 합니다. 들숨이 일어날 때 우리의 가슴통은 커지고, 날숨이 일어날 때는 작아집니다. 다시 말해, 허파의 크기가 변하면서 외호흡이 일어난다는 뜻이지요. **허파는 얇은 막으로 이루어졌을 뿐 근육이 없어서 스스로 운동하지 못하고 다른 구조의 도움을 받아야 합니다.** 허파의 부피 변화에 도움을 주는 구조가 바로 **갈비뼈**(늑골)와 **횡격막**입니다. 갈비뼈에도 근육은 없습니다. 하지만 갈비뼈를 움직일 수 있는 근육이 있

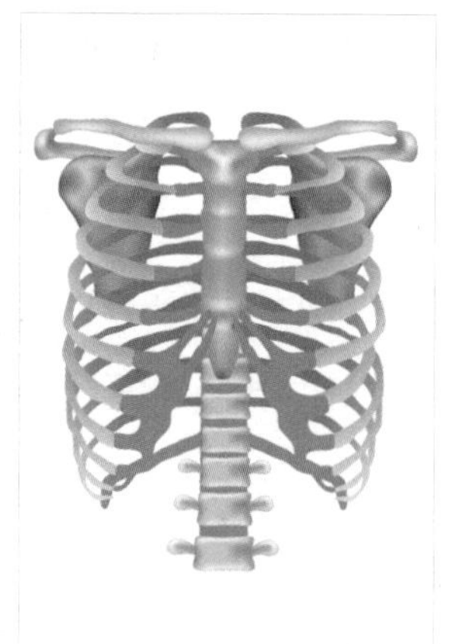

우리 몸에는 갈비뼈가 12쌍이 있다. 맨 아래 2쌍에서 한 개가 없는 경우도 있다.

는데 이것을 늑간근이라고 합니다. 갈비뼈 사이를 연결해주는 근육이라는 뜻이지요. 늑간근은 허파의 부피 변화에 영향을 줍니다. 이를테면 갈비뼈 바깥쪽을 연결해주는 근육이 수축하면 갈비뼈들이 위로 들리게 되어 가슴통 부피가 커집니다. 횡격막은 가슴통과 배를 나누는 근육의 일종입니다. 우리가 먹는 돼지고기 부위 가운데 갈매기살과 쇠고기의 안창살이 바로 횡격막이지요. 횡격막이 수축하면 아래로 내려가면서 가슴통의 부피가 커지게 됩니다.

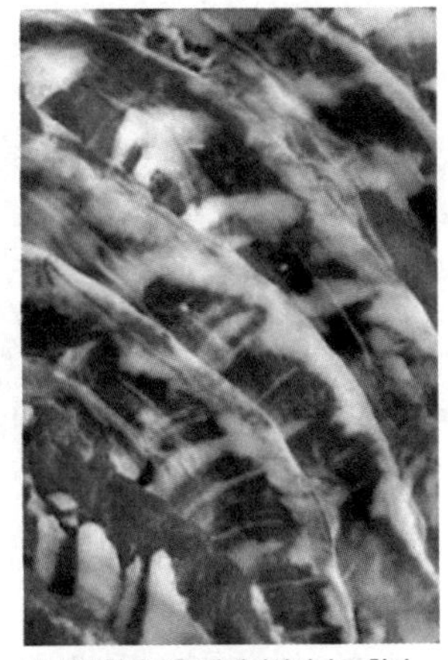
돼지의 횡경막을 갈매기살이라고 한다. 한 마리당 그 분량은 매우 적다.

여기서 잠깐!

근육의 수축과 이완 상태를 쉽게 정리해보기로 하지요. **근육이 수축한다는 것은 근육의 길이가 짧아지고 두께는 두꺼워진다는 것을 의미**합니다. 반대로 **근육의 길이가 길어지고 두께가 얇아지는 것을 이완**이라고 합니다.

우리는 흔히 숨을 내쉬면 가슴통이 작아지고, 숨을 들이마시면 가슴통이 커지는 것으로 생각하지만, 이는 잘못된 생각입니다. 앞뒤가 바뀌었지요. 다시 말해, 가슴통이 작아졌기 때문에 숨을 내쉬는 것이고, 반대로 가슴통이 커졌기 때문에 숨을 들이마시는 것이지요.

순서에 따라 호흡작용을 따져보겠습니다.

날숨(호기) : 늑간근 이완/횡격막 이완 → 가슴통이 작아짐(부피가 작아짐) → 압력이 커짐 → 공기가 밖으로 나감

들숨(흡기) : 늑간근 수축/횡격막 수축 → 가슴통이 커짐(부피가 커짐) → 압력이 작아짐 → 공기가 안으로 들어옴

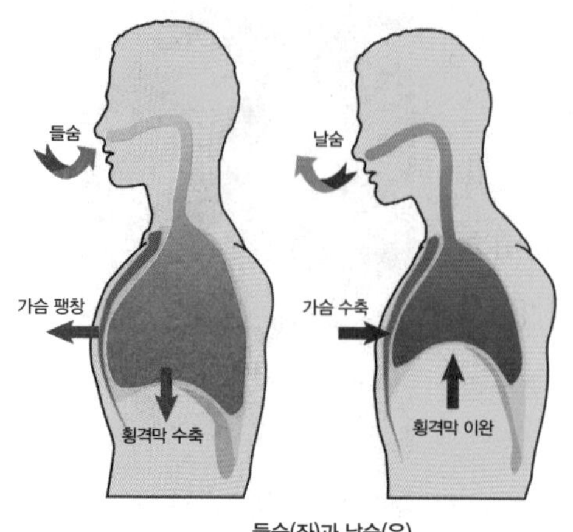

들숨(좌)과 날숨(우)

숨이 차면 외호흡 속도가 빨라지는 것을 경험한 적이 있을 것입니다. 호흡 속도는 우리가 마음대로 조절하기 어렵지만, 몸속에서 정밀하게 조절되는 작용이지요. 우리 몸속에는 혈액에 이산화탄소가 얼마나 되는지 농도를 측정하는 장치가 있습니다. 혈액 속의 이산화탄소 농도가 높아지면 이 정보를 머리 뒤쪽, 목과 연결되는 부위인 **연수**라는 뇌의 일부로 보내고, 다시 연수는 호흡을 빨리하라는 명령을 늑간근과 횡격막에 전달합니다.

이러한 과정은 우리가 물속에 오래 있으려고 준비운동을 할 때 경험할 수 있지요. 평소처럼 숨을 쉰 뒤 물속에 들어가는 것보다 짧은 호흡을 반복한 뒤 물속에 들어가면 더 오래 숨을 참을 수 있습니다. 짧게 호흡을 반복하면 혈액 속의 이산화탄소 농도가 낮아져 호흡 속도가 느려지기 때문입니다!

에너지를 만드는 작용 – 내호흡

이제 내호흡 과정에 대해 알아볼까요?

내호흡이야말로 진정한 의미에서 에너지를 만드는 작용이라고 할 수 있습니다. 외호흡에서 허파를 둘러싼 모세혈관의 혈액으로 들어온 산소 기체는 적혈구 속에 있는 엄청나게 많은 헤모글로빈과 결합하여 우리의 온몸으로 운반됩니다. 몸을 구성하는 세포들은 계속 산소를 소비하기 때문에 산소의 농도가 낮아져 자연스럽게 혈액 속의 산소는 몸 구성 세포 쪽으로 확산되고, 반대로 이산화탄소는 몸 구성 세포에서 혈액 속으로 확산됩니다.

세포 속으로 들어온 산소는 마침내 세포 안에 있는 소기관인 미토콘드리아로 들어가며, 바로 이곳에서 에너지를 생산하는 화학반응이 일어납니다. **미토콘드리아 안에 산소가 들어간 것만으로 에너지가 만들어지는 것은 아닙니다.** 연료가 되는 영양소들도 미토콘드리아 안으로 들어가야 합니다. **연료로 사용되는 영양소는 주 영양소이며 가장 대표적으로 사용되는 영양소는 포도당**입니다. 미토콘드리아 안에서 포도당이 분해(산화)되는 과정에 대해서는 3장에서 자세히 다루도록 하지요.

조금 더 알아보기

• 인공호흡과 심폐 소생

스스로 숨을 쉬지 못하는 경우에 호흡 장치가 없을 때는 인공호흡을 해야 한다. 요즘에는 예전과 다르게 심장마비나 응급사고로 쓰러진 사람을 발견하면 그 즉시 심폐 소생술을 한다.

- 예전 순서 : 기도 개방 → 호흡 확인 및 인공호흡 → 가슴 압박
- 바뀐 순서 : 가슴 압박 → 기도 개방 → 호흡 확인 및 인공호흡

새로 바뀐 심폐 소생술 순서

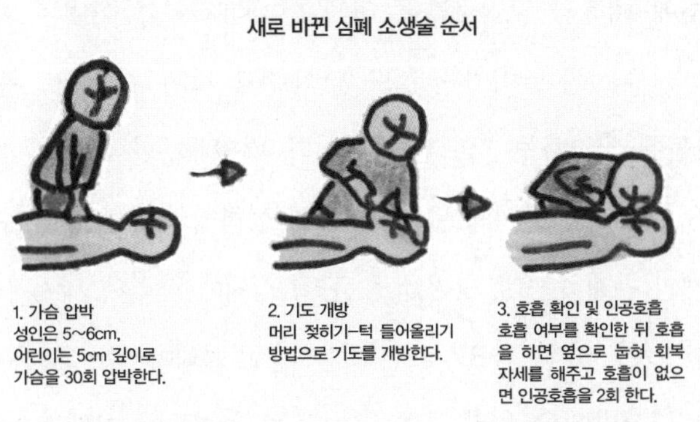

우리 몸은 어떻게 방어할까?

우리 몸은 끊임없이 병균들과 전쟁을 벌입니다. 우리가 느끼든 느끼지 못하든 우리의 몸은 지금 이 순간에도 우리를 지키기 위해 수많은 전투를 치르고 있지요. 그 덕분에 우리는 아무 일도 없는 것처럼 잘 지내고 있습니다. 나라를 지키는 군인이 있듯이 우리의 몸속에도 몸을 지켜주는 세포들이 있습니다. 그뿐만 아니지요. 휴전선에 설치된 철책이나 담벼락처럼 적으로부터 우리 몸을 방어하기 위한 다양한 방어벽도 있습니다. 이러한 방어 체제가 무너지면 별것도 아닌 질병에 감염되어 목숨까지 잃을 수 있지요. 이번 꼭지에서는 우리 몸을 지켜주는 군인들과 방어작용에 대해 공부하겠습니다.

휴전선에 설치된 철책

우리 몸을 지켜주는 군인들과 방어벽

먼저 방어벽에 대해서 알아보도록 하지요. 대표적인 방어벽은 **피부**입니다. 피부는 몸에서 물(수분)이 날아가는 것을 막아주고 체온 조절에도 관여하지만, 외부 병원체가 몸에 침입하는 것도 막아줍니다. 병원체뿐만 아니라 자외선을 막아주기도 하지요. 또 다른 방어벽은 끈적끈적한 **점액**입니다. 몸속에 수많은 관들의 안쪽에는 점액이 존재하는데, 병원균 등은 이 점액에 잡혀서 제거됩니다.

어떻게 그런 일이 벌어질까요? 그 비밀은 바로 점액이 함정 같은 기능을 한다는 데 있습니다. 그밖에도 우리 몸을 구성하는 조직들이 기본적으로 방어벽 역할을 합니다.

이번에는 군인 역할을 하는 조직에 대해서 이야기해보지요. 우리 몸을 지키는 군인들을 일반적으로 **백혈구**라고 합니다. 적이 침입하면 무조건 싸워야 하는 군인들처럼 우리 몸에도 그런 역할을 하는 백혈구 종류가 있습니다. 하지만 특수부대 요원들처럼 아주 특별한 훈련을 받은 백혈구도 있지요. 이러한 백혈구를 **림프구**라고 합니다. 특수부대 요원인 림프구는 다시 전문적으로 폭탄을 투여하는 B 림프구와 육박전을 벌이는 T 림프구가 있으며, 이 두 요원들을 도와주는 헬퍼 림프구로 나뉩니다. 헬퍼 림프구는 B 림프구와 T 림프구에 절대적으로 필요하기 때문에 만약 헬퍼 림프구가 잘못되면 특수부대 요원들은 제대로 싸우지 못합니다.

예를 들어볼게요. 여러분은 에이즈라는 무시무시한 질병에 대해 들어보았지요? 에이즈에 감염되면 우리 몸의 방어 능력이 거의 잃어버리기 때문에 별것 아닌 병에도 감염되어 죽을 수 있습니다. 마치 나라를 지키는 군인이 없어지면 다른 나라가 침입했을 때 무기력하게 점령되는 것과 비슷한 상황이 벌어지지요. 에이즈를 일으키는 바이러스(HIV, Human Infection Virus, 인간 감염 바이러스)가 헬퍼 림프구를 죽이는 탓입니다.

일반 군인들처럼 일단 우리 몸에 들어온 병원균들과 싸우는 과정을 선천적(타고난) 방어작용이라고 합니다. 이에 비해 특수부대 요원인 림프구들처럼 특별한 병원균에 맞서 싸우는 과정은 후천적 방어작용이라고 하지요. 후천적이라는 말은 태어난 이후에 얻는 것을 뜻합니다. 다시 말해, 림프구들의 전투력은 훈련에 따라 향상된다는 뜻입니다. 처음 보는 병원균에 감염되어 선천적인 방어선마저 무너지면 그 병원균에 대한 정보가 없기 때문에 림프구들은 효과적으로 싸우지 못하고 결국 우리 몸이 아프게 되지요. 하지만 어느 정도 시간이 흐르면 적들에 대해 이것저것 파악하고, 그때부터는 이 적들을 효과적으로 무찌를 수 있

우주전쟁. 2005년 개봉된 스티븐 스필버그 감독의 영화

는 림프구들이 활약하면서 아픈 데가 낫습니다.

여러분! 「우주전쟁War of The Worlds」이라는 영화를 보았나요?

외계 생물체들이 침공하여 지구가 멸망 직전까지 이르렀지만, 지구에 존재했던 바이러스로 말미암아 외계 생물체들이 죽으면서 마침내 지구가 극적으로 되살아난다는 내용의 영화입니다. 첨단 무기도 소용없던 일을 바이러스가 해낸 것이지요. 어떻게 그럴 수 있냐고요? 쌤이 바로 앞에서 말했던 내용처럼요! 거칠 것 없던 외계 생물체는 지구 바이러스를 처음 접하는 순간 아무런 대처 능력이 없었을 것입니다. 그러니 자기 몸에 침입한 지구 바이러스와 제대로 싸움 한번 해보지도 못하고 당할 수밖에요.

이처럼 병원균과 싸우는 것은 『삼국지』에 나오는 '지피지기면 백전백승'[10]이라는 상황과 비슷합니다. 앞에서 간략하게 설명했던 예방접종이라는 방법도 그래서 나온 것이지요. 여러분도 어렸을 적에 다양한 백신 주사를 맞았지요? 예방접종이란 전염병을 예방하기 위해 백신을 투여하여 면역성을 인공적으로 생기도록 하는 일입니다. 따라서 예방접종은 림프구들을 미리 훈련시키는 것이라고 할 수 있습니다. 특별한 무기를 가진 적군의 침입에 대비해서 우리 군인들이 부지런히 훈련하는 것과 마찬가지이지요.

그렇다면 림프구들은 어떤 식으로 훈련을 받을까요? 방법은 의외로 간단합니

10 '적을 알고 나를 알면 모든 싸움에서 이긴다'라는 뜻. 중국의 유명한 병법서인 『손자병법』에 실린 글귀이다.

다. 거의 죽어가는 병원균을 우리 몸속에 넣는 것이지요. 처음으로 이 방법을 개발한 사람은 영국의 의사인 제너(Edward Jenner, 1749~1823)[11]입니다. 열이나 화학약품으로 거의 죽인 병원균을 우리 몸속에 넣으면, 림프구들이 몸속에서 이 병원균에 대항하기 위한 훈련을 합니다. 그러다가 진짜 팔팔한 병원균이 우리 몸에 들어오면, 훈련이 잘된 림프구들이 바로 작전을 개시하여 병원균들을 죽입니다.

제너

조금 더 알아보기

• 림프구의 종류

림프구는 백혈구의 한 종류이다. 전체 백혈구 가운데 약 25% 정도를 차지하는 세포로 면역을 담당한다. 림프구는 크게 세 종류로 나뉘는데 이 가운데 자연 살해 세포의 크기가 가장 크다.

자연 살해 세포 : 선천적 면역에 관여하며, 암세포와 바이러스에 감염된 세포를 공격한다.

T 림프구 : 후천적 면역에 관여하며, 다시 두 종류로 나뉜다.

*킬러 T 림프구 : 특정한 병원균을 알아채서 직접 죽이는 림프구

*헬퍼 T 림프구 : 특정한 병원균을 알아채서 킬러 T 림프구와 B 림프구가 활발하게 작용하도록 도와주는 림프구

B 림프구 : 후천적 면역에 관여하며, 항체를 만들어 백혈구가 병원균들을 쉽게 공격하도록 해준다.

11 제너 박사가 발명한 방법이 바로 종두법이다. 소에서 뽑아낸 우두(牛痘)의 고름을 인간에게 접종하면 천연두의 예방법으로 효과가 있음을 여러 실험으로 증명했다. 제너의 발명은 그후 모든 백신 개발의 기초가 되었으며, 이에 따라 제너를 면역학의 원조라고 일컫는다.

우리 주변에는 암으로 고통받는 사람들이 많습니다. 다음 이야기로 넘어가기 전에 간단하게 암에 대해 알아보겠습니다.

암은 암세포로 말미암아 발생하는 질병입니다. **암세포**는 무엇일까요? 일반적인 정상세포는 우리 몸의 균형과 항상성 유지에 맞게 모든 것이 조절되지만 암세포는 통제 불능 상태로 존재합니다. 어찌 보면 사회의 질서를 어지럽히는 나쁜 사람과 비슷하지요. 특히 자기 욕심만 채우려는 고약한 성질이 있어요. 그래서 많은 영양소를 차지하려고 엄청난 혈관들을 자기 주변에 만들어놓습니다. 주변의 세포들과 조화롭게 공존하지 못하고 혼자 제멋대로 살아가는 성질이 있어 결국 주변 조직을 파괴하고, 다른 조직으로 자리를 옮겨서(이러한 현상을 '전이'라고 합니다) 다시 새로운 조직을 파괴합니다. 이런 식으로 끝내 사람의 목숨을 앗아가고 말지요.

암세포는 정상세포와 어떻게 다를까요?

첫 번째 특성은 영원히 살 수 있다는 점입니다. 두 번째 특성으로는 정상세포가 이웃 세포와 접촉하면 여러 가지 활동이 억제되는 반면, 암세포는 그렇지 않다는 점입니다. 다시 말해, 주변 환경에 대한 고려가 전혀 없다는 뜻이지요. 마지막 특성은 정상세포가 분열하려면 붙어 있어야 할 어떤 지지물질이 필요하지만, 암세포는 특별한 지지물질 없이도 분열할 수 있다는 점입니다. 이러한 특성을 가진 암세포가 우리 몸에서 자라면 정상적인 조직들이 파괴되겠지요?

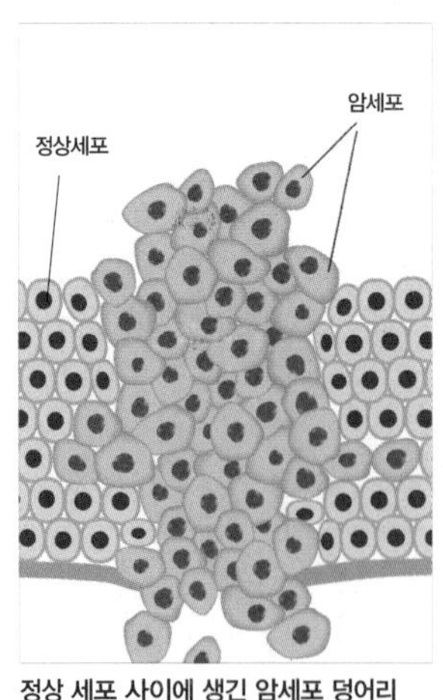

정상 세포 사이에 생긴 암세포 덩어리

암세포가 생기는 원인은 매우 다양합니다. 유전적인 부분도 있고, 음식과 스트레스가 원인이 되기도 합니다. 평소 건강에 좋은 음식을 먹으려고 노력하며, 스트레스를 받지 않도록 마인드 컨트롤을 하면서 몸과 마음을 늘 쾌적한 상태로 유지하려고 노력하는 것이 좋습니다. 무엇보다 어느 정도 나이를 먹으면 꾸준히 정기 검진을 받는 것이 필요합니다.

혈액형 이야기

방어작용에 대해 공부하다가 갑자기 혈액형 이야기가 나오니 조금 당황스럽지요? 하지만 쌤이 이 이야기를 꺼낸 데는 이유가 있어요. 바로 혈액형과 건강한 삶의 관계가 밀접하기 때문입니다. 임신과 출산 과정이 정상적으로 이루어지지 않을 경우나 수술 도중 수혈이 필요할 경우에 혈액형은 중요합니다. 간혹 정확한 검증이나 진단 없이 수혈하다가 오히려 질병에 감염되거나 사망하는 일까지 벌어지니까요.

혈액형에서 중요한 대상은 앞에서 배운 '적혈구'와 혈장에 존재하는 '응집소'입니다. 적혈구라는 세포의 세포막에 응집원이라는 물질이 붙어 있는데, 이 응집원과 혈장의 응집소는 마치 항원과 항체[12]처럼 특별하게 결합할 수 있습니다. 혈액형은 응집원의 종류와 응집소의 종류에 따라 결정되며, 혈액형의 종류는 매우 다양하지만 수혈에서 중요한 것은 ABO식 혈액형과 Rh식 혈액형입니다. 지금부터 하나씩 알아보도록 하지요.

먼저 ABO식 혈액형을 살펴볼까요? 우리는 대부분 자신의 혈액형이 무엇인지

12 항원이란 생물체에 침입하여 항체를 형성하는 단백질 물질이며, 항체는 항원의 자극에 따라 생물체 안에서 만들어져 항원과 특이하게 결합하는 단백질

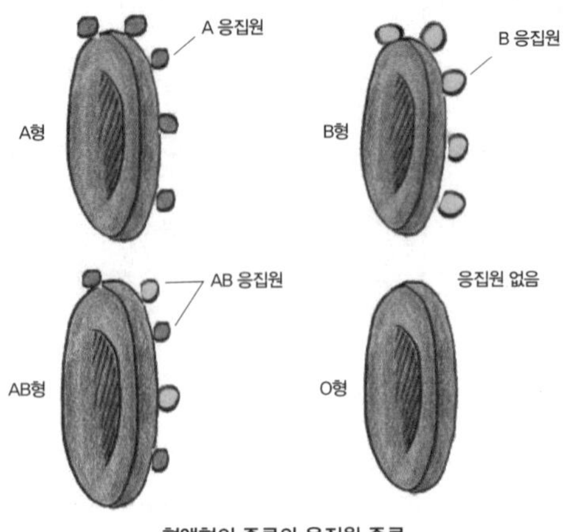

혈액형의 종류와 응집원 종류

알고 있습니다. 쌤의 혈액형은 O형입니다. 여러분 가운데는 A형도 있고, B형이거나 AB형도 있을 것입니다. A형은 적혈구의 세포막에 붙어 있는 응집원의 종류가 A이고, B형은 응집원의 종류가 B, AB형은 응집원 A와 B 모두를 가지고 있으며, O형은 응집원 A와 B 모두 없는 경우입니다.

그렇다면 응집소의 종류는 무엇이 있을까요? A형의 혈장에는 β라는 응집소가 존재하고, B형의 혈장에는 α라는 응집소가, AB형의 혈장에는 응집소 α와 β가 모두 없고, O형의 혈장에는 두 응집소가 모두 있습니다. A 응집원과 α 응집소, B 응집원과 β 응집소는 서로 결합하며, 이러한 현상을 응집이라고 합니다. 그래서 A형인 사람의 혈액을 B형이나 O형에게 수혈하면 응집현상이 일어나 모세혈관이 막히게 되어 위험해지지요. 이는 B형의 혈액을 A형이나 O형에게 수혈하는 경우와 AB형의 혈액을 O형에게 수혈하는 경우도 마찬가지입니다. O형의 혈액은 소량으로 수혈하는 경우 모든 혈액형에게 수혈이 가능합니다.

좀 이상하지 않나요? O형의 혈장에는 α와 β 응집소가 모두 존재하는데 어떻게 가능하다는 뜻일까요? O형의 피를 소량 수혈하는 경우 O형의 혈장에 존재하는 두 응집소의 양이 적어서 위험할 정도의 응집현상이 일어나지 않기 때문입니다. 당연한 일이지만, 대량으로 수혈하는 경우에는 서로 같은 혈액형끼리 수혈하는 것이 원칙이지요.

그럼 또 다른 중요한 혈액형인 Rh식 혈액형에 대해 알아보겠습니다. Rh라는 말이 어렵지요? 붉은털원숭이의 혈액을 연구하다가 발견된 혈액형으로, 이 단어는 '붉은털원숭이'의 이름에서 따왔습니다. 붉은털원숭이의 생물학적 이름은 *Rhesus macaque*인데, 맨 앞의 두 글자를 따서 Rh라고 합니다. 이 원숭이의 적혈구에 존재하는 Rh 응집원과 같은 응집원을 적혈구에 가지고 있을 때 Rh^+형이라고 부르고, 없는 경우는 Rh^-형이라고 부릅니다. 이 혈액형은 ABO식 혈액형과는 다른 몇 가지 특성을 가지고 있습니다. ABO식 혈액형에 등장하는 응집소인 α와 β는 태어날 때부터 우리 혈액 속에 존재하지만 Rh 응집원에 대한 응집소는 그렇지 않습니다. 물론 Rh 응집소는 Rh^-형에게서 생깁니다. Rh^-형이 Rh^+형의 피를 한번도 수혈받지 않으면 평생 Rh 응집소를 가지지 않지요. ABO식 혈액형의 α, β 응집소는 Rh 응집소보다 크기가 크기 때문에 태반을 통과하지 못하지만, Rh 응집소는 통과할 수 있어서 문제를 일으킵니다. 특히 Rh^-형인 여자가 Rh^+형인 남자와 결혼하면 자식에게서 **적아세포증**이라는 질환이 생길 수 있는데, 이 내용을 좀 더 자세히 알아보면 다음과 같습니다.

붉은털원숭이

두 사람이 결혼해서 Rh^+형인 아이를 임신했다고 가정하겠습니다. Rh^-형인 엄마는 이전에 Rh^+형인 사람의 혈액을 수혈받은 적이 없으므로 혈액에 Rh

응집원에 대한 응집소를 가지고 있지 않습니다. 출산 과정에서 Rh^+형인 아이의 혈액이 엄마의 혈액으로 들어오면 엄마의 입장에서는 새로운 물질이 들어왔으므로 이를 제거하기 위해 Rh 응집소를 만듭니다. 이때 Rh^+형인 아이는 무사히 태어나지만 엄마의 혈액에는 Rh 응집소가 존재하게 되지요. 문제는 Rh^-형인 엄마가 둘째아이를 가졌을 때입니다. 엄마가 Rh^+형인 아이를 다시 임신하면 엄마 혈액에서 형성된 Rh 응집소가 태반을 통해 Rh^+형인 태아에게 흘러들어가서 태아의 적혈구와 응집반응을 일으켜 태아는 결국 사산되거나 유산됩니다. **적아**(어린 적혈구라는 뜻입니다)**세포증이라는 이름은 태아의 적혈구가 응집반응으로 못 쓰게 되어 계속해서 어린 적혈구를 생산하기 때문에 붙여진 것입니다.** 물론 이러한 사실을 미리 알고 있는 경우에는 엄마의 혈액으로 흘러들어간 Rh 응집원을 제거하는 방법으로 적아세포증을 예방할 수 있습니다.

이것만은 꼭!

혈액형의 종류

실제 혈액의 종류는 적혈구의 세포막에 존재하는 응집원의 종류에 따라 수백 개가 넘는다. 그중 수혈에 중요한 혈액형은 ABO식 혈액형과 Rh식 혈액형이다.

다른 동물들의 혈액형은 어떨까? 원숭이는 사람처럼 ABO식 혈액형을 가지고 있

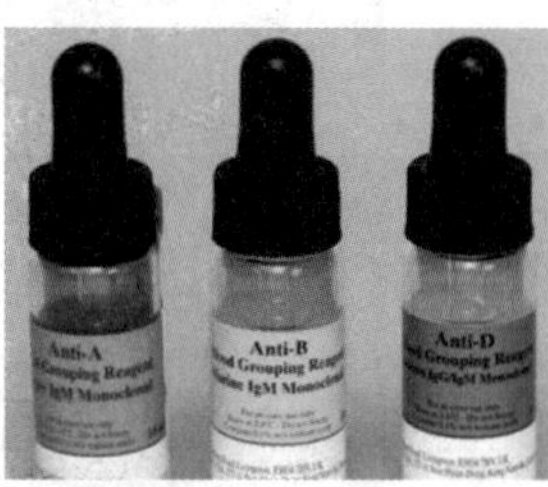

혈액형 판정시약(왼쪽부터 항A 혈청, 항B 혈청, 항D 혈청[Rh 응집소])

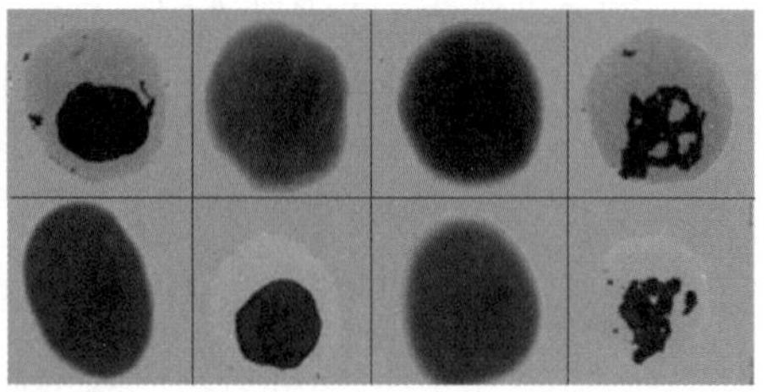

ABO식 혈액형의 판정(위는 항A 혈청, 아래는 항B 혈청을 사용한 결과).

다. 침팬지의 혈액형은 A형과 O형, 오랑우탄은 A형, B형, AB형, 고릴라는 모두 B형이다. 개나 그 이외의 가축들은 조금씩 다르기는 해도 보통 10개 이상의 혈액형을 가지고 있다.

앞의 그림은 ABO식 혈액형을 판정하는 실험 결과를 나타낸다. 항A 혈청은 표준B 혈청이라고 하며 응집소 α를 가지고 있고, 항B 혈청은 표준A 혈청이라고 하며 응집소 β를 가지고 있다.

그렇다면 맨 왼쪽에서 첫 번째 판정 결과는 무슨 혈액형을 의미할까? 항A 혈청에서 응집이 일어났고, 항B 혈청에서는 응집이 일어나지 않았으므로 A형이다. 당연히 그 다음의 결과는 B형, 세 번째는 둘 다 응집이 일어나지 않았으므로 O형, 맨 오른쪽 결과는 AB형으로 판정할 수 있다.

조금 더 알아보기

• 혈액형은 누가 처음 발견했을까?

오스트리아 생물학자 란트슈타이너(Karl Landsteiner, 1868~1943) 박사는 1901년에 ABO식 혈액형을, 1927년에 또 다른 혈액형 종류인 MN형을 발견하였고 1930년에 노벨 생리의학상을 수상했다. 이후 1941년에 Rh 혈액형을 추가로 발견하여 혈액형과 혈액 안에 존재하는 다양한 구성 성분에 대해 연구했다.

란트슈타이너

우리 몸은 어떻게 느끼고, 반응할까?

류현진 선수의 투구 모습

미국 LA 다저스 팀의 류현진 선수는 최근 약 153km의 속도로 공을 던졌습니다. 투수와 타자와의 거리가 18m 정도로, 류현진 선수가 던진 공이 타자에게 가는 데 걸린 시간은 0.5초 이하가 되지요. 정말 놀라운 속도가 아닐 수 없습니다. 그런데 더 놀라운 사실은 그 짧은 순간에 타자가 공을 보고 쳐 낸다는 점입니다.

어떻게 이런 일이 가능할까요? 투수가 공을 던지는 것을 눈으로 보고 야구 방망이를 휘두르는 순간까지 우리 몸 안에서는 대체 어떤 일들이 벌어지는 것일까요? 결론부터 말하면, 이 모든 일은 **우리 몸에 퍼져 있는 신경계의 도움**으로 가능합니다. 외부에서 오는 자극을 감각기관이 받아들이고, 그 자극에 대한 적절한 반응이 운동기관을 통해 나타나는 것이지요. 감각기관과 운동기관 사이에 있는 복잡한 신경계가 정보를 전달해주는 셈입니다. 지금부터 우리 몸의 중요한 감각기관과 운동기관, 그리고 이 둘 사이에서 신속하게 정보를 전달해주는 신경계에 대해서 알아볼까요?

감각기관과 운동기관

감각기관은 외부 또는 내부에서 발생한 물리적 자극(소리, 빛, 압력 등)이나 화학적 자극(냄새 등의 화학물질)을 감지하는 특수한 세포들이 모인 구조를 말합니다. **대표적인 감각기관으로는 시각을 담당하는 눈, 청각을 담당하는 귀, 후각을 담당하는 코, 미각을 담당하는 입, 촉각을 담당하는 피부**가 있습니다.

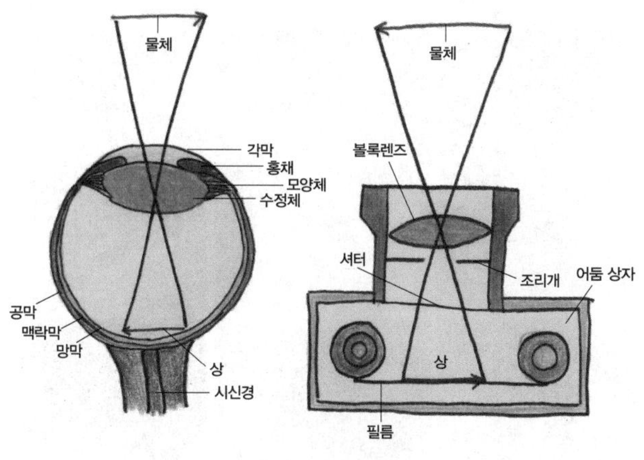

눈과 카메라의 비교

먼저 시각을 담당하는 눈에 대해 알아보겠습니다.

사람의 눈은 흔히 '카메라 눈'이라고 말합니다. 렌즈 역할을 하는 수정체와 필름 역할을 하는 망막, 카메라 케이스 역할을 하는 맥락막, 조리개 역할을 하는 홍채를 가지고 있기 때문이지요. 홍채에는 멜라닌[13]이라는 색소가 있어 사람의 눈동자 색깔을 결정합니다. 우리나라 사람들의 눈동자 색깔은 검은색에 가깝지만 서양 사람들은 푸른색, 회색, 녹색 등 색깔이 다양합니다. 홍채에 있는 멜라닌 색소가 적어서 다른 색들이 나타나는 것이지요.

사람의 눈과 카메라의 다른 점은 무엇일까요? 바로 원근 조절이 일어날 때 카메라의 경우에는 렌즈가 앞뒤로 움직이지만 사람의 눈은 렌즈 역할을 하는 수정체의 두께로 조절한다는 점입니다. 따라서 수정체의 두께 조절에 실패하면 근시나 원시가 생기지요. 우리 눈이 물체를 인지하는 경로를 볼까요? 각막[14]과 수정

13 검은색 색소로 맥락막, 홍채, 피부, 머리카락 등에 있다.

14 수정체 밖에 있는 투명한 막으로 맥락막이 확장된 부분이다. 각막이 매끈하지 못하고 울퉁불퉁하면 근시 및 원시와 달리 난시 현상이 나타난다. 특히 각막은 조직이식 거부 현상을 일으키지 않기 때문에 이식이 쉬워 각막 기증 활동에 많은 사람들이 참여하고 있다.

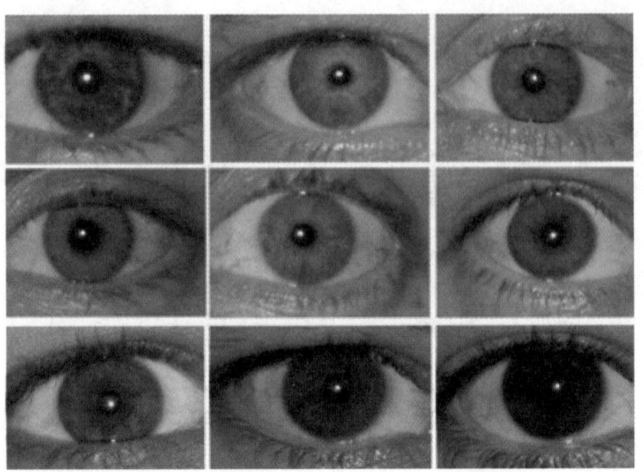

눈동자는 홍채에 존재하는 멜라닌의 양에 따라 색깔이 다양하게 결정된다.

체를 통과한 빛은 망막에 상을 거꾸로 맺히게 합니다. 하지만 망막에 거꾸로 맺힌 상이라 해도 이것을 해석하는 대뇌에서는 정정하여 받아들이기 때문에 우리가 대상을 바르게 볼 수 있습니다.

이것만은 꼭!

사람의 눈과 카메라 비교

작용	눈	카메라
빛의 굴절	수정체	렌즈
빛의 양 조절	홍채	조리개
상 맺음	망막	필름
퍼짐 방지	맥락막	어둠상자
빛의 차단	눈꺼풀	셔터

이번에는 청각을 담당하는 귀에 대해 알아볼까요? 사실 우리 귀에는 청각을

담당하는 감각기관만 있는 것이 아닙니다. 청각 이외에 평형감각을 담당하는 감각기관도 함께 있습니다. **달팽이관은 청각을 담당하고, 전정기관**(안뜰기관)**은 평형감각을 담당**합니다. 소리는 파동의 형태로 전달되지요. 사람이 들을 수 있는 소리는 진동수[15]가 약 20Hz에서 2만Hz 정도입니다. 사람은 나이 들수록 높은 주파수에 대한 감각이 떨어집니다. 그래서 보청기를 착용하여 감각기능이 제 역할을 하도록 돕지요. 외부에서 들어온 소리는 외이도(바깥귀길)를 통해 중이(가운뎃귀)의 고막을 두들기고 고막에 연결된 청소골(귓속뼈)들이 진동하여 달팽이관으로 연결된 얇은 막을 두들깁니다. 이때까지는 공기로 소리가 전달되는 경로이지만 달팽이관에서는 액체 속으로 소리가 전달됩니다. 진동에 따라 달팽이관 안의 액체가 흔들리고 이 흔들림에 따라 청각세포가 흥분하면서 소리가 대뇌로 전달되어 소리를 구별하고 들을 수 있게 되지요.

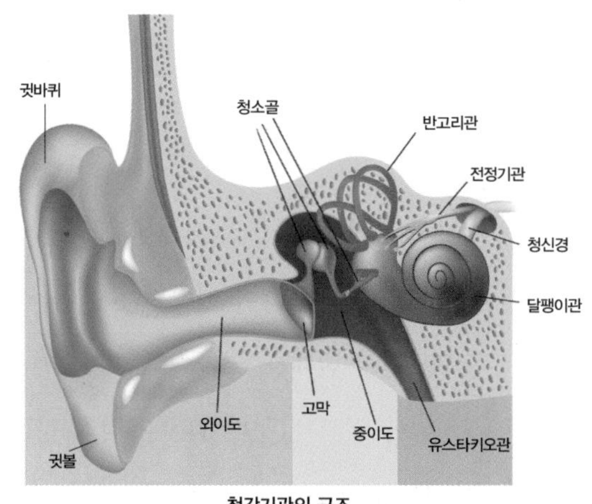

청각기관의 구조

우리의 **귀는 유스타키오관으로 코와 연결**됩니다. 유스타키오관에서 중이와 대기의 공기 압력이 조절되는데, 비행기가 이륙하거나 착륙할 때처럼 갑작스럽게 공기의 압력 변화가 생기면 중이의 압력과 공기 압력이 서로 달라 고막이 어느 한쪽으로 밀리게 되어 소리를 잘 못 듣거나 귀에 통증을 느끼지요. 달팽이관 위에 있

15 일정 시간 동안에 움직이는 횟수. Hz는 진동수의 단위로, 1초 동안에 몇 번 진동하는지를 나타낸다.

는 반고리관은 회전을 담당하고, 반고리관과 달팽이관 사이에 있는 주머니 모양의 기관에서는 중력 변화를 감지하여 우리 몸의 평형을 조절합니다.

이제 후각을 담당하는 코에 대해 알아보겠습니다. 우리 코에는 후각을 담당하는 세포가 아주 많이 있습니다. 기체 상태의 화학 분자들이 이 세포에 결합하여 흡수되면서 냄새를 느끼는데, 기체 상태의 화학 분자를 녹이기 위해 이 세포들은 끊임없이 점액을 분비합니다. 점액 분비량과 흡수량은 균형을 이루지만 코감기 등으로 흡수하는 데 문제가 생기면 냄새를 잘 맡지 못하지요. 우리 코의 후각 능력은 매우 예민하여 시간이 조금만 지나도 쉽게 피로해지는 특성이 있습니다.

다음은 미각을 담당하는 입입니다. **미각은 혀, 입천장 등에서 감각**하는데 주로 혀가 담당합니다. 혀의 표면에는 구멍들이 많은 맛봉오리(미뢰)가 있고, 구멍으로 들어간 액체 상태의 물질들이 구멍 속에 존재하는 미각세포에 결합합니다. 예전에는 네 가지 기본 맛이 있다고 했지만 지금은 다섯 가지 기본 맛으로 미각을 설명하지요. 다섯 가지 기본 맛이란 단맛, 짠맛, 신맛, 쓴맛, 감칠맛입니다. 실제로

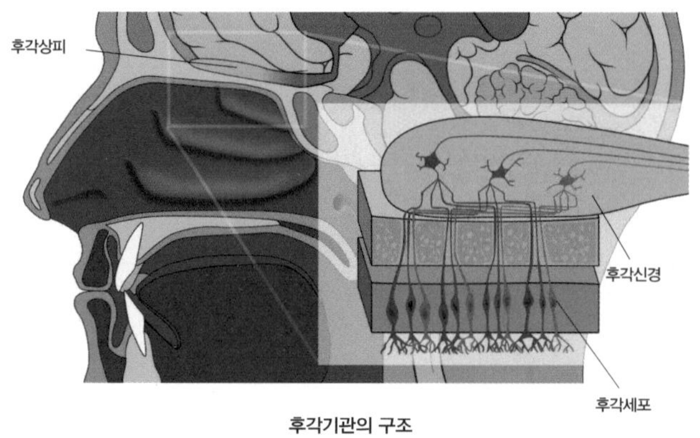

후각기관의 구조

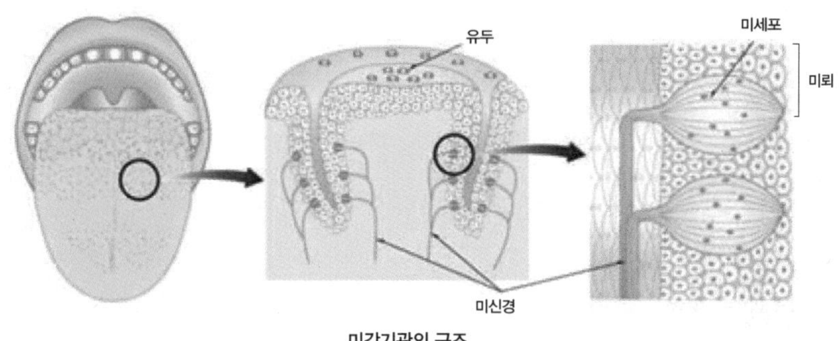

미각기관의 구조

혀는 모든 맛을 감각하지만 특정한 맛을 더 잘 감각하는 부위가 구분되어 있습니다. 단맛과 감칠맛은 혀끝, 신맛은 혀의 양쪽 부위, 짠맛은 혀 전체에서 골고루 감각하고, 쓴맛은 혀뿌리에서 잘 감각합니다.

지금까지 여러 감각기관이 각각의 자극을 감각할 때 특정한 감각세포가 흥분한다는 것을 알았습니다. **감각세포의 흥분은 감각신경(뉴런)에서 대뇌로 전달되고 분석된 뒤 적절한 반응이 일어나게 됩니다.**

이제 뉴런에 대해 자세히 알아볼까요?

이것만은 꼭!

감각기관의 감각 경로

시각 : 가시광선 → 수정체 → 망막 → 시(각)세포 → 시(각)신경 → 대뇌

청각 : 가청주파수 → 고막 → 청소골 → 달팽이관 → 청(각)세포 → 청(각)신경 → 대뇌

후각 : 기체 화학물질 → 후각상피조직 → 후(각)세포 → 후(각)신경 → 대뇌

미각 : 액체 화학물질 → 미뢰 → 미(각)세포 → 미(각)신경 → 대뇌

신경계의 구성

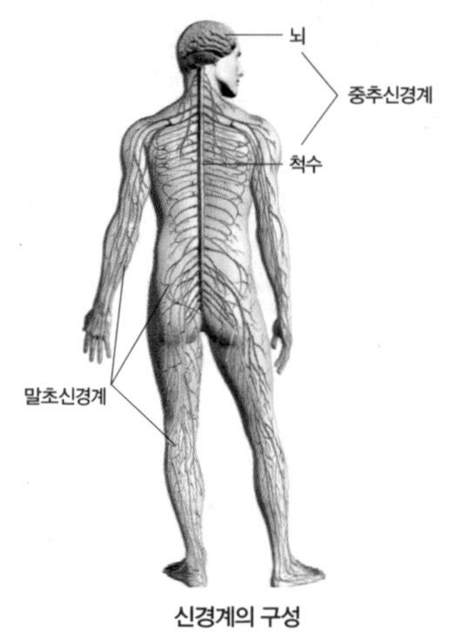

신경계의 구성

신경계의 기본 단위는 뉴런이라는 세포입니다. 이 세포들은 흥분을 전달하는 능력을 가졌지요. 우리 몸을 구성하는 신경계는 크게 중추신경과 말초신경으로 나뉘는데 중추신경은 우리 몸의 중앙에 위치한 뇌와 척수이고, 말초신경은 뇌와 척수에서 나온 신경입니다. 말초신경은 대뇌의 명령을 받는 체성신경과 대뇌의 명령을 받지 않고 우리 몸의 내장기관에 영향을 주는 자율신경으로 나뉩니다.

이것만은 꼭!

신경계의 구성

신경계	중추신경계	뇌	대뇌
			소뇌
			중뇌
			간뇌
			연수
		척수	
	말초신경계	체성신경	뇌신경
			척수신경
		자율신경계	교감신경
			부교감신경

이제 뇌에 대해서 탐색해볼까요? **대뇌는 정신 활동과 감각, 운동의 중추 역할**을 합니다. 주로 뇌의 표면 부분에서 이러한 일들을 하며 기능에 따라 감각령, 운동령, 연

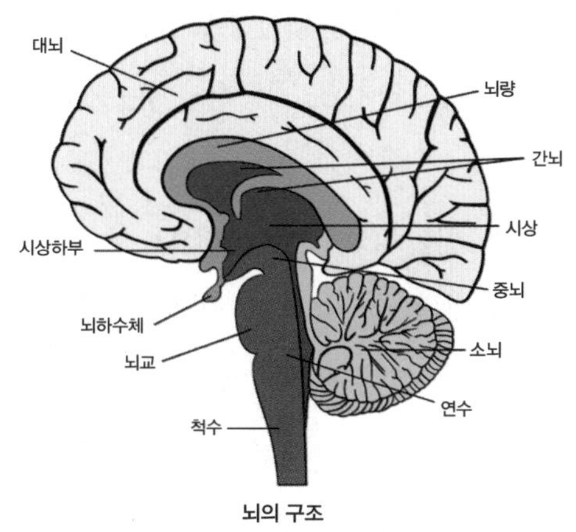

뇌의 구조

합령으로 구분합니다.

소뇌는 대뇌 뒤쪽에 위치하며 대뇌처럼 좌우 2개의 반구로 나누어집니다. 직접적인 수의운동(맘대로 운동)은 대뇌가 담당하지만 대뇌를 돕고 몸의 평형을 유지하며, 내이(속귀)의 전정기관과 반고리관에서 전달하는 정보를 받아 분석하지요.

간뇌는 대뇌 아래쪽과 중뇌 사이에 있으며 시상과 시상하부로 구성됩니다. 간뇌는 자율신경의 조절 중추로, 항상성 유지에 중요한 역할을 합니다.

중뇌는 간뇌 아래쪽에 있으며 소뇌와 함께 몸의 평형을 조절하고 눈의 운동과 동공 반사 등을 조절합니다.

연수는 중뇌와 척수 사이에 있으며 신경의 좌우가 교차되는 장소이며, 심장박동, 호흡운동, 소화운동, 소화액 분비 등의 중추이자 기침, 재채기, 하품, 눈물 분비 등 감각 자극을 신경에 전달하여 반사운동을 일으키는 반사중추이지요.

척수는 연수에 이어져 척추 속으로 뻗어 있으며 말초신경계와 연결됩니다. 감각신경에서 전달받은

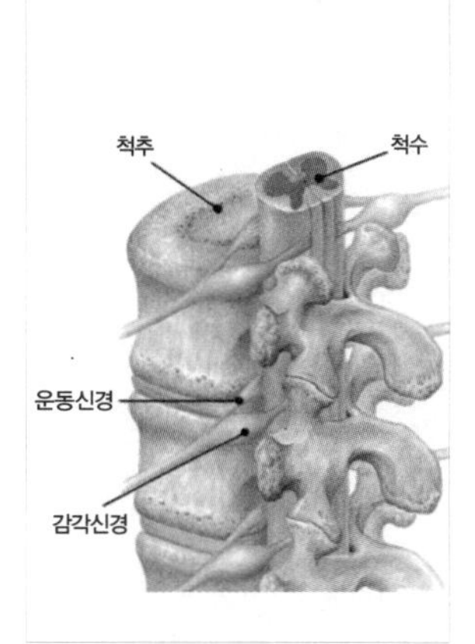

척수의 구조

자극을 뇌로 보내고, 뇌의 명령을 운동신경에 전달하는 역할을 합니다. 또 신경의 통로이고, 반사중추이기도 하지요. 척수반사에는 젖과 땀 분비, 무릎반사, 배뇨반사 등이 있습니다.

지금까지 쌤이 여러 번 '반사'라는 말을 했지요?

여기에서 잠깐 반사에 대해 알아볼까요? 반사란 어떤 자극에 대해 즉각적으로 반응하는 것을 말합니다. 반사에는 크게 **조건반사**와 **무조건반사**가 있습니다. 조건반사의 예로 러시아의 생리학자 파블로프(Ivan Petrovich Pavlov, 1849~1936) 박사의 개 실험이 자주 거론됩니다. 개에게 음악의 박자를 맞추는 메트로놈 소리를 들려줄 때마다 먹이를 주는 일을 반복하면, 나중에는 먹을 것 없이 개에게 메트로놈 소리만 들려주어도 소화액을 분비하는 현상을 관찰한 실험이지요. 이 실험 결과가 바로 조건반사입니다. 이렇듯 조건반사에서는 대뇌의 기억이 중요합니다. 이에 비해 무조건반사는 대뇌와 상관없이 자극에 대해 반응하는 것을 말합니다. 갑자기 손에 뜨거운 물체가 닿았을 때 머리로 생각하기 전에 손이 알아서 먼저 움츠러드는 것이 바로 무조건반사의 예입니다. 우리 몸에서는 본능적인 무조

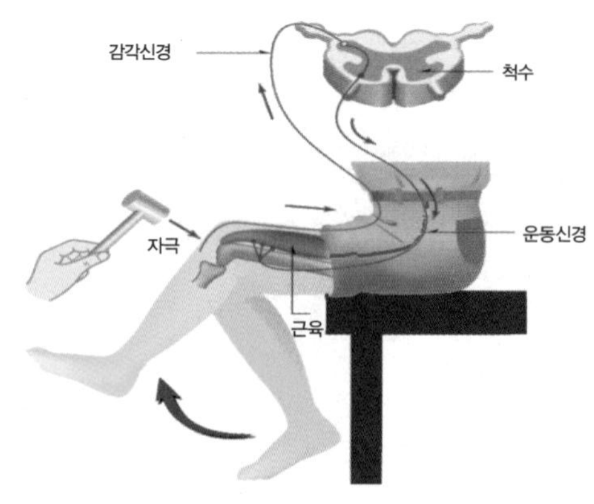

무조건반사의 예인 무릎반사

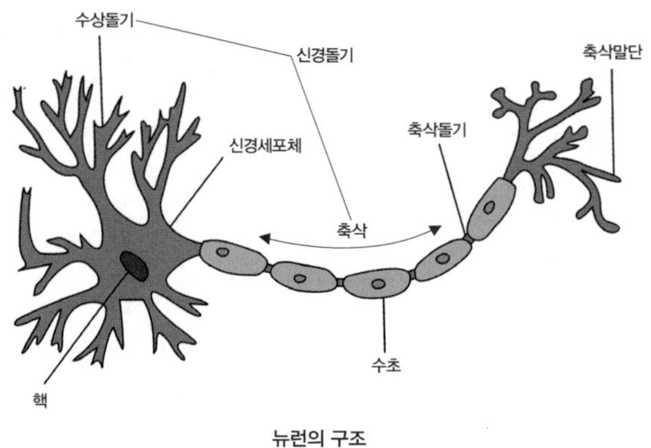

뉴런의 구조

건반사의 예를 많이 찾아볼 수 있습니다. 앞에서 언급한 동공반사, 침 분비, 눈물 분비, 하품, 재채기 등이 모두 무조건반사에 속합니다.

이제 뉴런을 통해 흥분이 전달되는 과정을 생각해보도록 하지요. 뉴런은 흥분을 전달하는 데 적합한 구조를 가지고 있습니다. 위의 그림에서 신경세포체는 정보를 받아들이는 곳입니다. 정보가 신경세포체에 들어오면 세포 내부와 외부의 전하[16]가 바뀝니다. 이때 축삭돌기 내부에서 활동 전위가 흐르게 됩니다. 정확히 표현하면 "흥분이 전도되는 것"이지요. 흥분이 뉴런의 마지막 부위에 이르면

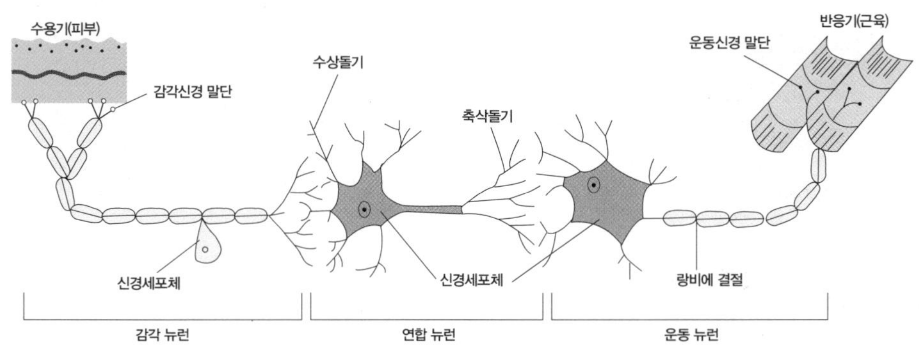

자극 → 감각기관 → 감각 뉴런 → 연합 뉴런 → 운동 뉴런 → 운동기관(근육, 분비샘)

16 물체가 띠고 있는 정전기의 양. 전하에는 양전하와 음전하가 있으며, 전하가 이동하는 것을 전류라고 한다. 전위는 전하가 갖는 위치 에너지이다.

그 부위에서 신경전달물질이 분비되고, 이 물질이 다음 뉴런의 신경세포체의 세포막에 결합하면서 흥분이 다른 뉴런으로 전달되지요.

항상성을 유지하는 두 가지 방법

우리가 살아가려면 우리 몸의 내부 환경을 비교적 일정하게 유지해야 합니다. 만약 겨울에 기온이 영하일 때 우리 체온도 덩달아 영하가 되면 어떻게 될까요? 아마도 목숨을 잃을 것입니다. 1장에서 배웠듯이 이렇게 체온, pH, 혈당량[17] 등은 매우 좁은 범위이지만 일정하게 유지되어야 합니다. 이런 과정을 항상성 유지라고 합니다. 항상(恒常), 다시 말해 늘 일정한 상태를 유지한다는 뜻이지요.

항상성을 유지하는 방법은 두 가지입니다. **호르몬에 따른 방법과 신경계에 따른 방법**입니다. 신경계에 대해서는 이미 배웠으므로 호르몬에 대해서 간단하게 살펴본 후 항상성을 조절하는 방법을 생각해보도록 하지요. 호르몬은 우리 몸의 내분비기관이 만들어내는 물질입니다. 대표적인 내분비기관에는 간뇌의 시상하부, 뇌하수체, 갑상선, 이자, 정소와 난소 등이 있습니다. 이 내분비기관에서 분비된 호르몬은 혈액을 타고 흐르다가 표적기관(호르몬을 받아들이는 기관으로, 기관을 구성하는 세포의 세포막에 호르몬과 결합하는 특별한 수용체가 존재합니다)에 이르러 다양한 기능을 합니다.

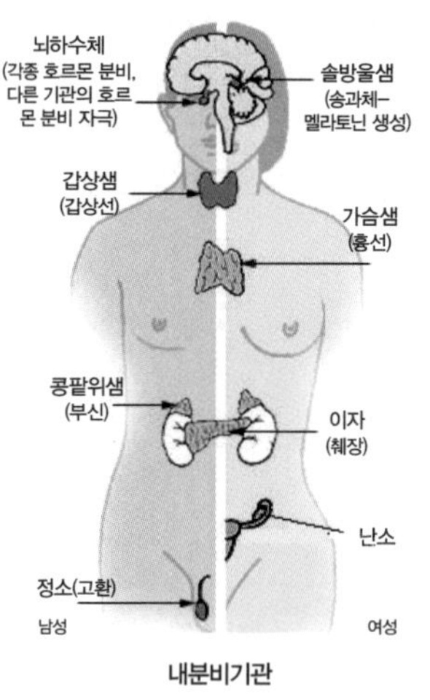

내분비기관

호르몬의 중요한 특징은 다음과 같습니다. 첫째, 내분비샘에서 합성되어 혈관으로 분비되고 혈액을

17 혈액 속에 포함된 포도당의 양. 보통 정상인의 혈당량은 100mg/100ml이며, 백분율로는 0.1%(0.1g/100ml)이다.

통해 이동합니다. 둘째, 표적세포나 표적기관에만 작용합니다. 셋째, 아주 적은 양으로 생리작용을 조절하며, 결핍증과 과다증이 나타날 수 있습니다. 넷째, 척추동물의 경우 일반적으로 종의 특이성이 없어 다른 동물의 호르몬을 이용할 수 있습니다. 다섯째, 일반적으로 체내에 유입할 때 항원으로 작용하지 않으며, 따라서 항체가 형성되지 않습니다.

호르몬과 신경에 따른 항상성 조절 전략에는 **피드백 작용**과 **길항작용**이 있습니다.

이것만은 꼭!

신경계와 호르몬의 비교

구분	신경계	호르몬
전달 속도	빠르다.	다소 느리다.
작용 범위	좁다.(뉴런이 연결된 기관이나 조직에만 작용)	넓다.(혈액을 통해 온몸으로 전달됨)
효과 지속성	빨리 사라진다.	오래 지속된다.
전달 방법	뉴런	혈액
특성	일정한 방향으로 자극이 전달된다.	표적기관에만 작용한다.

조금 더 알아보기

• 피드백 작용과 길항작용

피드백 작용

여러 단계로 이루어진 반응단계에서 마지막으로 생산된 물질에 따라 앞 단계들의 작용이 영향 받는 것을 말한다. 작용이 억제되는 경우를 '음성 피드백 작용'이라고 하며, 작용이 촉진되는 경우를 '양성 피드백 작용'이라고 한다. 항상성 조절에 참여하는 작용은 음성 피드백 작용이다.

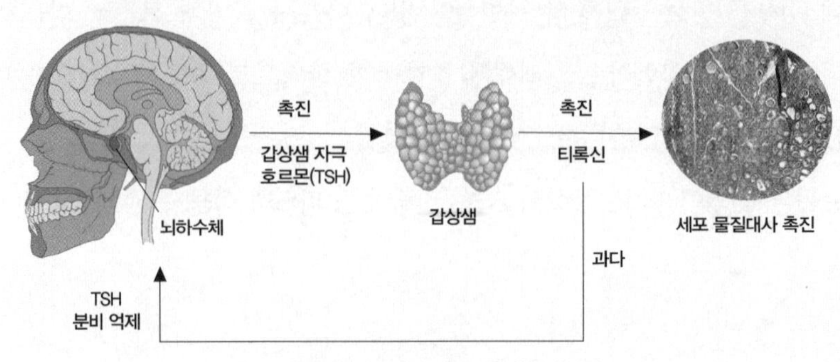

음성 피드백 작용에 따른 티록신 분비 조절

길항작용

동일한 표적기관에 작용하여 서로 반대되는 일을 하는 것을 말한다. 교감신경과 부교감신경의 작용, 혈당량에 관여하는 호르몬인 인슐린과 글루카곤의 작용이 대표적인 길항작용에 속한다.

몇 가지 예를 통해 항상성이 조절되는 경우를 살펴볼까요?

먼저 **혈당량 조절**입니다. 포도당은 가장 널리 사용되는 에너지원으로, 호르몬과 자율신경에 따라 혈액 속에서 농도가 일정하게 유지됩니다. 혈당량이 높을 때는 이자에 있는 특별한 세포가 직접 감지하여 인슐린 분비(호르몬적 조절)가 촉진되거나, 시상하부에서 감지하여 부교감신경을 통해 이자에서 인슐린 분비(신경적 조절)가 촉진됩니다. 분비된 인슐린에 따라 포도당은 간에서 글리코젠으로 저장(동화작용)되고, 각 세포에서 혈중 포도당의 흡수가 촉진되어 혈당량이 감소하게 되지요. 반대로 저혈당일 때는 저혈당 상태를 특정 세포가 직접 감지하여 혈당량을 높이는 글루카곤 분비(호르몬적 조절)가 촉진되거나, 시상하부에서 감지하여 교감신경을 통해 이자에서 글루카곤 분비가, 부신[18]에서는 에피네프린 분비(신경적 조절)가 촉진됩니다. 글루카곤과 에피네프린에 따라 간에 저장된 글리코젠이 포도당으로 분해(이화작용)되어 혈액에 방출되므로 혈당량이 증가하지요.

이제 **삼투압**[19] **조절**에 대해 알아볼까요?

삼투압 조절이란 체내에서 물과 무기염류의 농도 조절을 의미합니다. 보통 체내의 삼투압은 0.9% 염화나트륨(NaCl) 농도와 같게 유지됩니다. 체내 수분량의 조절은 ADH(항이뇨 호르몬)에 따라 조절되는데, 수분량이 부족(삼투압이 높을 때)한 경우 시상하부의 명령으로 뇌하수체 후엽에서 ADH의 분비가 증가하지요. 이에 따라 콩팥에서 수분의 재흡수량이 증가하게 되어 오줌량이 감소합니다. 여름철에 수박이나 물을 많이 먹어서 수분량이 많은(삼투압이 낮을 때) 경우에는 뇌하수체 후엽에서 ADH의 분비가 감소합니다. 따라서 콩팥의 수분 재흡수량이 감소하므로 오줌의 양은 증가하고, 덕분에 화장실에 자주 가지요.

마지막으로 **체온 조절**에 대해 알아볼까요?

우리의 몸은 체온을 36.5℃로 일정하게 유지합니다. 체온이 단 1℃만 올라가거나 내려가면 몸이 매우 힘들어합니다. 체온의 변화를 감지하는 것은 간뇌의 시상하부이지요. 대뇌의 의식적인(자각한다는 의미입니다) 작용도 체온 조절에 관여합니다. 추울 때는 기본적으로 열 발생(생산)량을 높이고, 열 발산(방출)량은 낮춰야

18 콩팥 위에 붙어 있는 내분비기관
19 세포막과 같은 반투과성 막을 경계로 농도가 다른 두 용액이 있을 때, 용질의 농도가 낮은 쪽에서 높은 쪽으로 용매인 물이 이동(확산)하는 현상(삼투)에 따라 나타나는 압력을 말하며, 삼투압은 용액의 농도와 비례한다.

합니다. 바깥 기온이 떨어질 때 집 보일러를 켜고 창문을 꼭 닫는 것과 같은 이치이지요. 열 발생량의 증가는 에피네프린[20]과 당질 코르티코이드 분비량의 증가로 혈당량이 높아지고, 티록신 분비량의 증가로 간과 근육에서 물질대사가 촉진됩니다. 이와 아울러 교감신경의 흥분으로 심장박동이 촉진되고 골격근이 수축되어 몸이 떨리는 반응으로 나타납니다. 반면에 열 발산량의 감소는 교감신경에 따라 입모근(털을 둘러싼 근육)이 수축하면서 피부 모세혈관도 수축하여 피부 표면으로 흐르는 혈액의 양이 감소할 때 일어납니다.

더울 때는 추울 때와 반대로 열 발생량이 감소되어야 하고, 열 발산량이 증가되어야 합니다. 정리하면 열 발생량의 감소는 티록신 분비가 줄어들어 간과 근육에서의 물질대사가 억제될 때 일어나고, 열 발산량의 증가는 교감신경이 흥분하지 않아 입모근이 이완되고, 피부 모세혈관이 확장되어 피부 표면으로 흐르는 혈액 양이 증가함에 따라 체외로 방출되는 열이 증가할 때 일어납니다. 아울러 땀 분비가 촉진되므로 기화열에 따른 열 발산량 역시 증가하는 것이지요.

팥 심은 데 팥 나고, 콩 심은 데 콩 난다

생물학적인 관점에서 보면 우리 인간의 역사는 자식을 낳고, 그 자식이 성장하여 다시 자식을 낳는 과정의 반복이라고 할 수 있습니다. 이처럼 인간뿐만 아니라 모든 생물의 생존 이유는 자손을 낳는 것이라고 말할 수 있지요. 흥미로운 것은 자식들이 항상 부모를 닮는다는 점입니다. 겉모습은 물론 성격까지도요. 이런

20 에피네프린을 비롯해 당질 코르티코이드, 티록신은 각각 호르몬의 일종이다.

엄마 소와 송아지

현상을 우리는 '유전'이라고 합니다. 결국 자식을 낳는다는 것은 자신의 여러 가지 특성을 자식에게 물려준다는 뜻이겠지요? 여러분이 잘 아는 속담인 "팥 심은 데 팥 나고, 콩 심은 데 콩 난다"처럼 말이지요.

이제부터 쌤과 함께 생물들이 어떤 방식으로 자식을 낳는지, 유전 현상은 어떻게 일어나는지 자세히 알아볼까요?

생식의 종류와 방법

생식의 사전적 의미는 "생물이 자기와 닮은 개체를 만들어 종족을 유지함. 또는 그런 현상"입니다. 간략하게 표현하자면 "새끼를 낳는 것"이지요. 새끼를 낳는 방법은 생물의 종류에 따라 다양합니다. 생식 방법은 크게 무성생식과 유성생식으로 나누어집니다. 무성생식은 암컷과 수컷의 구분 없이 생물들이 새끼를 낳는 방법이고 유성생식은 암컷과 수컷으로 구분되는 생물들이 새끼를 낳는 방법입니다. 조금 엉뚱한 예이긴 하지만, 성경에 등장하는 성모 마리아의 예수 수태와 출산은 생물학적으로 볼 때 엄연히 무성생식에 속하지요.

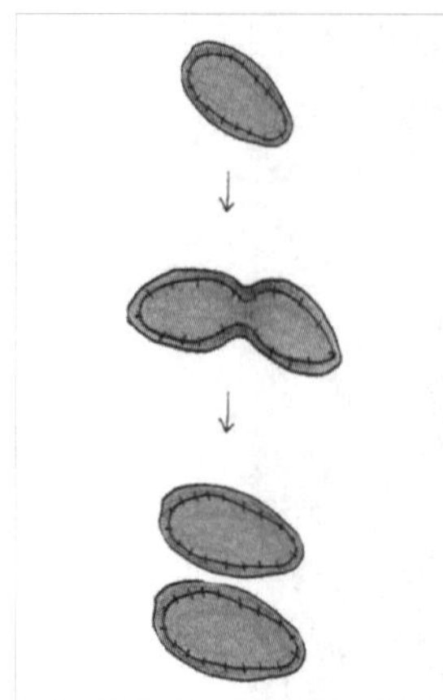

짚신벌레의 이분법. 짚신벌레는 원생생물에 속하는 단세포성 생물로 하천·연못에 많이 살고 있다(좌). 히드라의 출아 과정. 히드라는 동물에 속하며, 몸은 속이 비어 있는 구조이다(우).

여러분이 중학교 때 배운 작은 생물들은 무성생식을 통해 자손을 번식합니다. 짚신벌레는 몸이 두 개로 갈라지는 **이분법**으로 자손을 번식하고, 히드라는 작은 몸체가 떨어져 나가는 **출아법**으로 자손을 번식하지요. 이분법과 출아법은 무성생식의 대표적인 예입니다. 물론 우리 주변에서 자주 접하는 식물에서도 무성생식을 관찰할 수 있습니다. 아파트 베란다에서 흔히 키우는 베고니아라는 식물이 가장 대표적입니다. 베고니아는 잎을 칼로 잘라서 흙에 꽂으면 살아납니다. 잎에서 뿌리가 나오기 때문이지요. 개나리도 마찬가지입니다. 줄기를 잘라서 흙에 심으면 뿌리가 나와 잘 자랍니다. 이러한 방법들을 '꺾꽂이'라고 하는데, 식물의 생식기관인 꽃과 씨를 이용하지 않고 영양기관[21]인 잎이나 줄기를 이용하기 때문에 영양생식이라고 합니다. 영양생식은 무성생식에 속하지요.

유성생식은 인간의 남성과 여성처럼, 다른 성(性)을 가진 생물들이 만나서 자

21 식물을 구성하는 기관은 크게 생식기관과 영양기관으로 나뉜다. 생식기관은 꽃과 종자이고, 영양기관은 뿌리, 줄기, 잎이다.

식을 낳는 방법입니다. 쌤이나 여러분은 유성생식으로 이 세상에 나왔습니다. 수술에서 만들어진 꽃가루가 암술에 붙어서 씨를 만드는 식물은 유성생식에 속합니다.

베고니아의 잎꽂이는 영양생식에 속하는 무성생식 방법이다.

무성생식과 유성생식에는 어떤 차이가 있을까요?

가장 중요한 것은 유전적 다양성의 차이입니다. 무성생식으로 낳은 자식의 유전자는 부모(부모라고 말하는 것은 사실 옳지 않습니다. 왜냐하면 생물체 하나가 무성생식을 하기 때문입니다. 다시 말해, 생물체 하나가 자손을 낳는 것이지요)의 유전자와 완전히 똑같지만, 유성생식으로 낳은 자식의 유전자에는 부모의 유전자가 섞여 있습니다. 여러분도 아빠와 엄마의 유전자를 나누어 물려받았잖아요?

그렇다면 다양한 환경 변화에 유리한 생식 방법은 무엇일까요? 답은 유성생식입니다. 유전자가 다양한 자손을 만드는 유성생식이야말로 환경 변화에 적응력이 뛰어난 생물체를 생산할 확률이 높기 때문입니다. 물론 환경이 거의 변화하지 않는다면 생식 과정이 덜 복잡한 무성생식 방법이 유리하겠지요.

조금 더 알아보기

• 생식 방법

생식 방법에는 무성생식과 유성생식이 있으며, 생식 방법과 그에 따른 각각의 특성은 다음과 같다.

무성생식의 특성

- 부모가 하나이다.
- 자손의 유전자는 부모의 유전자와 같다.
- 환경 변화에 적응하는 데 매우 불리하다.

예) 이분법, 출아법, 영양생식법(꺾꽂이, 휘묻이 등)

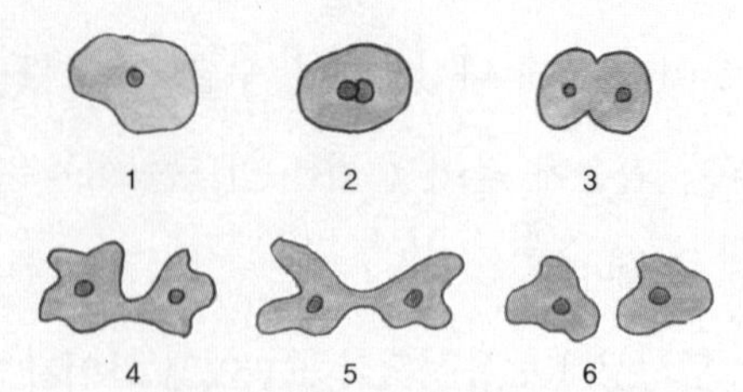

무성생식은 하나의 개체에서 자손이 생긴다.

유성생식의 특성

- 부모가 둘이다.
- 자손의 유전자에는 부모의 유전자가 반씩 섞여 있다.
- 환경 변화에 적응하는 데 훨씬 유리하다.

예) 진화한 생물들은 대개 유성생식을 한다.

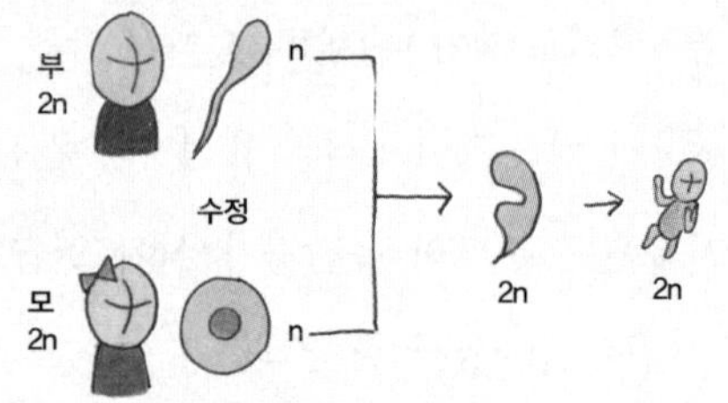

유성생식은 두 개체에서 자손이 생긴다.

그럼 지금부터 여러분이 중학교 때 배운 유성생식 과정에 대해 좀 더 자세히 알아보도록 하지요.

유성생식이 일어나려면 먼저 생식세포가 만들어져야 합니다. 인간의 경우 생식세포는 정자와 난자입니다. 생식세포가 만들어지는 과정은 일반 세포가 만들어지는 과정과 다릅니다. 일반 세포가 만들어질 때에는 염색체 수가 원래의 세포 수와 같지만, 생식세포의 경우에는 원래의 세포가 가진 염색체 수의 절반만 가집니다. 두 개의 생식세포(정자와 난자)가 합쳐지기 때문이지요. 이렇게 염색체 수를 반으로 줄이는 분열 방법을 감수분열이라고 합니다. 감수분열은 생식세포가 만들어지는 과정에서 염색체 수가 감소한다는 뜻이지요. 다른 표현으로 **생식세포 분열**이라고 합니다.

조금 더 알아보기

• 세포분열 방법

새로운 세포를 형성하는 과정은 세포분열을 통해서 일어난다. 세포분열 방법은 크게 체세포[22] 분열과 생식세포분열(감수분열)로 나눌 수 있다.

왼쪽 그림에서 보는 것처럼 감수분열에서는 4개의 생식세포가, 체세포분열에서는 2개의 체세포가 만들어진다. 생식세포의 염색체 수는 n이지만, 체세포의 염색체 수는 2n이다. 생식세포의 염색체 수가 체세포의 절반인 이유는 정자(n) + 난자(n) = 수정란(2n)이 되기 때문이다.

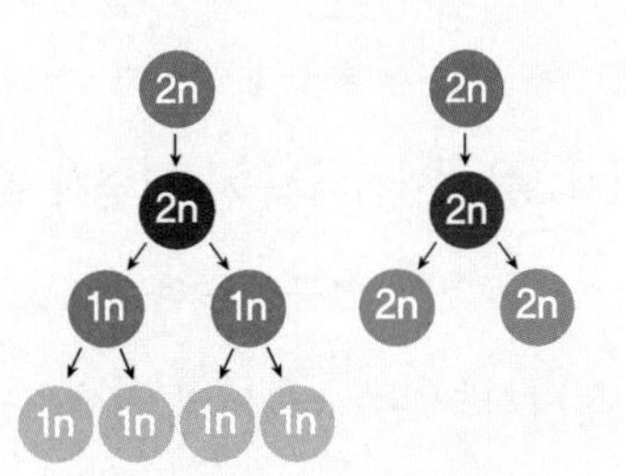

감수분열(왼쪽)과 체세포분열(오른쪽)

이와 같은 생식세포가 만들어지는 곳은 어디일까요? 동물의 경우 정자는 정소에서, 난자는 난소에서 만들어지고, 식물의 경우에는 정자의 역할을 하는 화분(꽃가루)은 수술에서, 난자의 역할을 하는 배낭[23]은 암술에서 만들어집니다.

정자와 난자 또는 화분과 배낭이 만나서 합쳐지는 과정을 수정이라고 합니다. 정자와 난자가 만나려면 우선 성행위가 이루어져야 합니다. 물론 모든 유성생식

22 정자나 난자 이외의 일반 몸을 구성하는 세포
23 암술의 씨방 안에서 만들어지는 생식세포

에서 성행위가 필요한 것은 아닙니다. 일반적으로 성행위는 **태생**[24] 을 하는 동물들에서 볼 수 있습니다. **난생**[25] 을 하는 동물 중 조류는 구애 행동과 성행위를 하지만, 어류는 구애 행동을 하는 경우는 있어도 직접적인 성행위는 하지 않습니다. 이를테면, 암컷이 알을 낳는 동안 수컷이 그 위에 정액을 뿌리는 것이지요.

수정이 일어날 확률과 수정란이 살아남을 확률은 태생하는 생물에서 매우 높고, 난생을 하는 동물의 경우는 매우 낮습니다. 그래서 난생을 하는 동물들은 엄청난 양의 알을 낳지요(엔젤피시는 1회 산란 수가 약 1000개 정도, 고등어는 약 3만 개, 무시무시한 황소개구리는 4만 개 정도입니다). 이에 비해 태생하는 동물들은 한 번에 낳는 새끼의 수가 그렇게 많지 않습니다(사람은 평균 1명, 기타 포유류는 새끼의 수가 어미의 젖꼭지 수의 1/2 정도입니다).

사랑하는 남녀 사이의 성행위는 자식을 낳는 종족 보존의 의미 외에도 정서적인 행복감을 줍니다. 지금 많은 사람들이 우려하듯이, 잘못된 성 의식과 성 문화는 본질을 왜곡하여 불행한 결과를 가져옵니다. 성에 대한 올바른 지식과 건전한 성 문화의 필요성을 강조하는 것은 이와 같은 이유 때문이지요. 진정한 사랑은 일방적인 즐거움이나 혼자만의 만족감을 얻기 위한 것이 아닙니다.

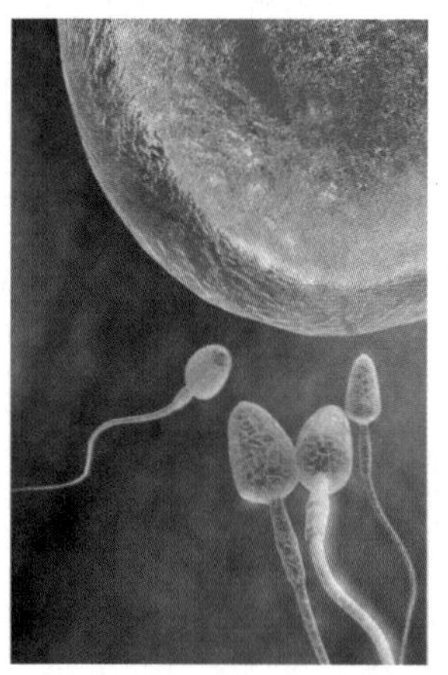
수정 과정

자, 다시 본론으로 돌아갈까요?

인간의 성행위를 통해 여성의 생식기관으로 들어간 수억 마리의 정자는 난자가 뿜어내는 독특한 냄새에 이끌려 난자가 있는 쪽으로 헤엄쳐 갑니다. 수억 마리의 정자 가운데 대부분은 이동 과정에서 여

24 어미의 몸 안에서 발생한 뒤 출생하는 것. 우리 인간도 태생이다.
25 어미에게서 알로 나와 발생한 뒤 알 속의 영양만으로 발육하여 알을 깨고 나오는 것

러 가지 장애물에 부딪혀 죽어버리고, 마침내 정자 하나만이 난자와 만나 수정함으로써 수정란이 됩니다. 수정은 수란관(자궁관)에서 일어나며, 일주일 정도 지나 자궁에 자리를 잡습니다.

수정란이 자궁에 자리를 잡는 과정을 착상이라고 합니다. 이때부터 수정란은 수많은 세포분열을 거쳐 점점 커집니다. 그러다가 세포 수가 어느 정도 채워지면 서서히 우리 몸을 구성하는 기관들이 만들어지고 마침내 인간의 모습을 갖추게 되지요.

수정란이 세포분열과 분화를 통해 인간의 모습을 갖춰가는 과정을 발생이라고 합니다. 수정된 뒤 한 달 정도 지나면 크기는 비록 1cm밖에 안 되어도 심장이 뛰기 시작하고 눈이 만들어집니다. 7주 정도 지나면 인간의 모습과 거의 비슷한데 이때부터 '태아'라고 부릅니다. 사람의 임신 기간은 평균 40주(약 280일)입니다. 임신 기간이 끝날 무렵이면 임산부는 출산할 준비를 하지요. 출산에 필요한 호르몬(옥시토신)이 분비되면서 아기가 태어나는데, 출산하는 방법에는 자연분만과 제왕절개가 있습니다.

자연분만은 아기가 여성의 생식기관인 질을 통해 나오는 것이고, 제왕절개는 외과적으로 산모의 복부를 열어 아기를 꺼내는 것을 말합니다. 이 같은 시술 과정을 제왕절개라고 하는 이유로 흔히 "로마 시대의 유명한 장군이자 정치가인 카이사르(영어식의 이름은 '시저')가 절개술로 태어났기 때문이다"고 합니다. 그래서 제왕절개의 영어 단어 뜻이 'Cesarean section(시저의 절개)'이지요. 그런데 당시의 의술로는 제왕절개를 하면 산모 대부분이 사망했다고 합니다. 역사적으로 카이사르의 어머니는 오랫동안 생존했다고 하네요. 그러니까 솔직히 이 말은 속설에 지나지 않을지도 모릅니다.

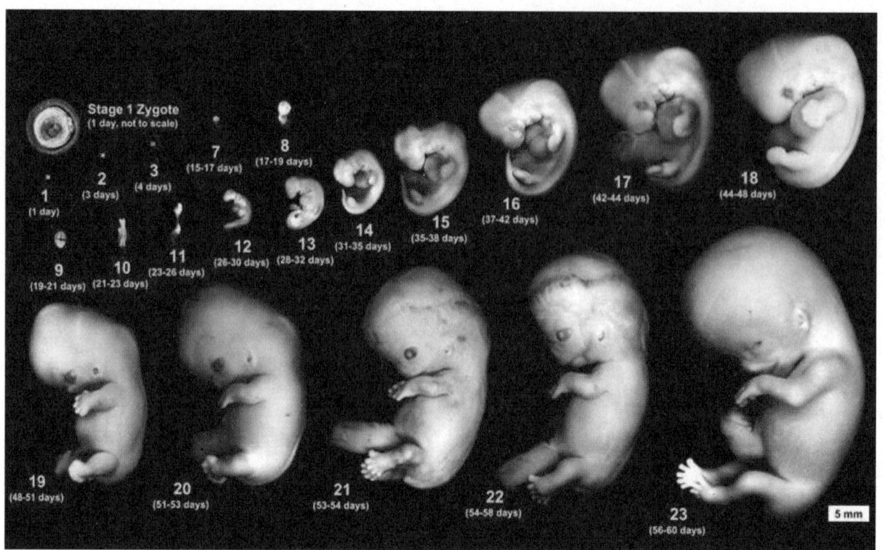

사람의 발생 과정

이것만은 꼭!

사람의 생식기관

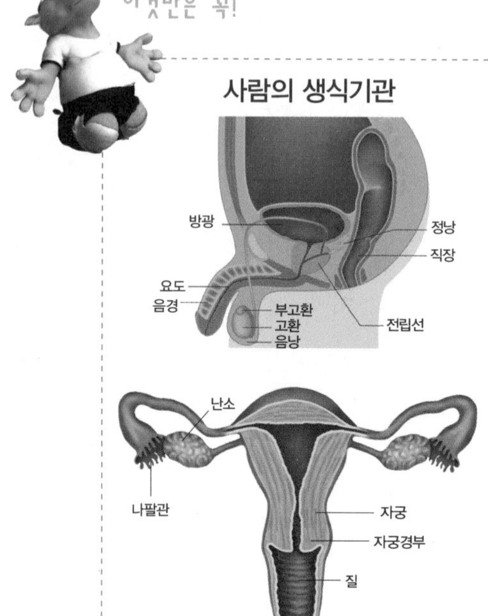

남성

정자는 정소에서 감수분열에 따라 형성된 후 부정소(부고환)와 수정관에 저장되었다가 체외로 방출된다. 이때 다른 분비액이 함께 방출되는데 그 분비액을 정액이라고 한다.

여성

난자는 난소에서 평균적으로 한 달에 하나 만들어진다. 이 과정을 배란이라고 한다. 배란 과정에서 자궁 안에 아기가 자랄 수 있는 환경이 만들어지는데, 만약 임신하지 않으면 이 환경은 소멸되어 월경 현상이 일어난다.

아기를 낳는 것은 신이 주신 선물이라고 할 만큼 축복받을 일입니다. 요즘 우리나라에서는 출산율 감소를 우려하는 목소리가 높습니다. 정부에서도 출산을 장려하기 위해 다양한 정책을 내놓고 있는 실정이지요. 출산율 감소의 원인으로 결혼 인구의 감소와 인위적인 피임 문제를 들 수 있지만, 불임 부부의 숫자가 늘어나는 것도 한몫합니다. 이 불임 부부들은 아기를 가지려고 수많은 노력을 기울이고 있습니다. 대표적인 방법인 '시험관 아기'에 대해 잠시 소개하기로 하지요. 2010년 10월 5일, 스웨덴 노벨위원회는 시험관 아기의 아버지인 영국 케임브리지 대학의 로버트 에드워즈(Robert G. Edwards) 명예교수에게 노벨 생리의학상을 수여했습니다. 불임으로 고통받는 수많은 부부에게 길을 열어주었기 때문입니다.

에드워즈 박사

에드워즈 박사는 여성의 난소에서 꺼낸 성숙한 난자와 남성의 정자를 시험관

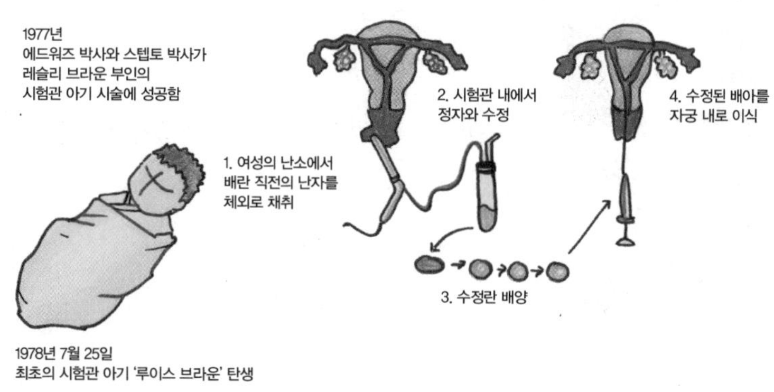

시험관 아기의 시술 방법

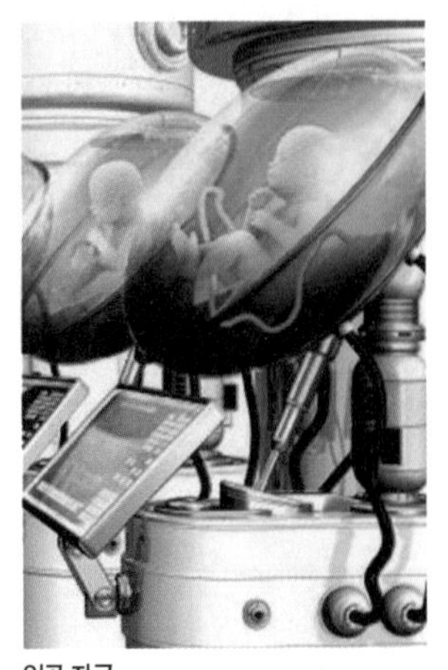
인공 자궁

에서 인공수정을 시킨 다음 여러 차례의 세포분열을 거친 뒤 여성의 자궁에 이식했습니다. 그의 노력에 힘입어 1978년에 최초의 시험관 아기가 제왕절개로 태어났지요. 이 아기는 현재 성인이 되어 건강하게 잘살고 있다고 합니다. 실제 시험관 아기 시술을 원하는 여성은 호르몬 투여를 여러 차례 인위적으로 받기 때문에 체력적으로 매우 힘들다고 합니다. 여러분은 이렇듯 소중하고 귀하게 세상에 태어났습니다. 그러니 항상 행복하고 즐겁게, 또 누구보다 더 자신을 소중히 여겨야 합니다. 또한 자신이 소중한 만큼 다른 친구들도 소중한 사람이라는 점을 잊어서는 안 됩니다.

먼 미래에는 아기가 태어나는 과정이 어떻게 변할까요? SF 영화에서 보는 것처럼 간단한 조작으로 사람이 태어나게 될까요? 현실에서 접할 수 있는 새로운 방법으로 과학자들은 '인공 자궁'과 '유전공학 기술의 적용'을 제시합니다. 많은 사람들이 인공 자궁이 개발되면 진정한 남녀평등 사회가 이루어질 것이라고 이야기하기도 하지요. 여러분은 어떻게 생각하나요? 친구들과 한 번쯤 토론해 볼 필요가 있겠지요? 인공 자궁이란 수정부터 시작해서 출산까지의 모든 과정이 사람이 아닌 기계에서 이루어지도록 하는 장치입니다.

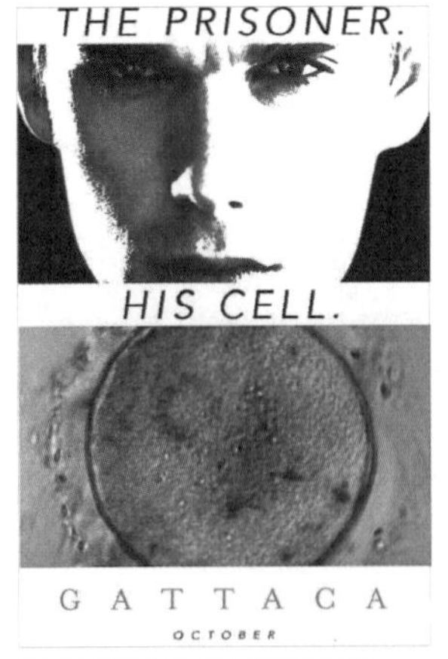

1998년 개봉된 미국 SF 영화 「가타카」

임신과 출산에서 유전공학의 적용 기술을 잘 보여주는 영화로 「가타카Gattaca」를 들 수 있겠네요. 이 영화에서는 수정란의 유전자를 미리 검사하여 안 좋은 유전자를 좋은 유전자로 바꾸는 기술을 보여줍니다. 만약 여러분이 자식을 낳으려는데 누군가 이러한 기술의 혜택을 받으라고 권한다면 어떤 선택을 하겠습니까?

유전자, 유전물질, 유전

생식에 관련한 내용을 학습하면서 '유전자'라는 말을 많이 접했지요? 이제 본격적으로 유전자와 유전물질, 유전에 대해 배워보기로 하겠습니다.

요즘 많이 입에 오르내리는 말 가운데 하나가 '유전자'와 'DNA'입니다. 영화나 드라마는 물론, 일반 사람들도 은연중에 DNA라는 말을 공공연하게 사용합니다. 쌤과 생식 부분을 공부할 때도 염색체라는 단어가 많이 등장했지요? DNA와 염색체, 유전물질, 유전자라는 단어들은 서로 어떤 관계일까요? 이제부터 함께 공부할 내용들은 조금 어려울 수도 있고 자칫 어색하게 들릴 수도 있겠지만, 우리가 일상에서 자주 사용하는 개념이니만큼 제대로 이해하고 정확하게 사용할 수 있도록 집중해서 살펴보기로 하겠습니다.

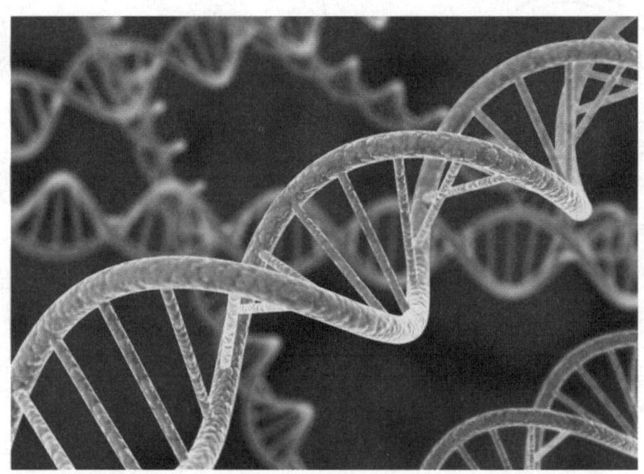

DNA는 사다리가 회전하는 모양을 띤 구조이다.

먼저 유전물질, DNA, 유전자, 염색체를 비교하겠습니다. 유전자는 영어로 'gene'이라고 합니다. 유전자는 간단히 말해 유전의 기본 단위입니다. 물질의 기본 단위를 원자, 생물체의 기본 단위를 세포라고 하듯이, 유전의 기본 단위를 유전자라고 하지요. 그렇다면 유전자가 하는 일은 무엇일까요? 유전자에 들어 있는 정보로 생물체의 부위를 구성하거나 특별한 기능을 하는 효소 또는 호르몬의 성분인 단백질을 만드는 일을 합니다. 그러니까 단백질의 종류를 결정하는 정보를 가진 유전물질이 바로 유전자입니다.

자, 여기서 '유전물질'이라는 용어가 등장했네요. 유전물질은 유전을 담당하는 물질로, 이 물질의 화학명[26]은 핵산입니다. 핵산이란 세포의 핵 속에서 산성을 띠는 물질이라는 뜻이지요. **핵산에는 DNA와 RNA 두 종류**가 있습니다. 대부분 생물의 유전물질은 DNA이지만, 일부 바이러스는 유전물질로 RNA를 가지고 있습니다(앞에서 살펴보았듯이 에이즈 바이러스의 유전물질은 RNA이지요). 유전물질인 DNA는 세포 속에 혼자 존재하지 않고, 다른 단백질들과 결합하여 보호받습니다. 이

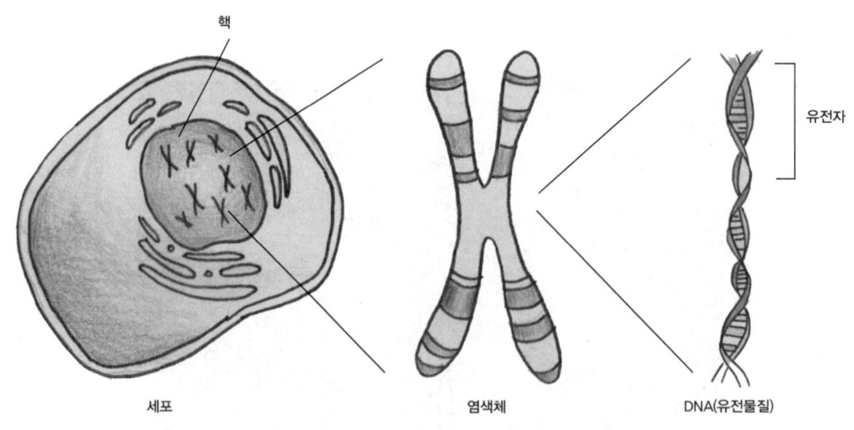

DNA–유전자–유전물질–염색체의 관계

26 화학물질의 이름. 물, 산소, 에탄올, 메탄올 등이 화학명이다.

렇게 DNA와 단백질들이 결합하여 만들어진 큰 구조물을 염색체라고 합니다.

사람이 가지고 있는 염색체에 대해 알아볼까요?

염색체의 수는 생물의 종류에 따라 다릅니다. 사람은 46개의 염색체를 가지고 있지요. 체중이 70kg인 사람의 총세포 수는 약 80조 개이며, 각각의 세포 속에 46개의 염색체가 들어 있습니다. 물론 생식세포인 정자나 난자는 반만 가지고 있으니까 염색체의 수는 23개가 되겠지요? 이번에는 DNA의 길이를 따져보겠습니다. 쌤이 앞에서 "DNA 구조는 사다리 모양이다"라고 말했지요? DNA 구조에서 사다리 사이의 간격은 0.34×10^{-9}m(이 수치를 0.34nm라고 표시하기도 합니다)입니다. 하나의 체세포에 들어 있는 46개 염색체 속의 DNA를 전부 이으면 사다리 수가 무려 60억 개이지요. 따라서 세포 하나에 들어 있는 DNA의 전체 길이는 $0.34\times10^{-9}\text{m}\times6\times10^{9}$개=2.04m로 계산할 수 있습니다. 이처럼 약 2m에 해당하는 DNA 분자에 유전자가 2만 5천 개가량 존재합니다. 유전자를 구성하는 DNA 안에 아무런 유전정보를 갖지 않은 DNA가 있는데, 바로 정크 DNA(junk DNA, 쓰레기 DNA라고 부르지만 진짜 쓰레기는 아니며, 여러 가지 조절 과정 등에 참여하는 것으로 추측되지요)들이지요. 이 유전자들은 다른 목적으로 사용된다고 하네요.

몸무게가 70kg 되는 사람의 총세포 수가 약 80조 개라고 했지요? 이 사람의 몸속에 존재하는 DNA의 전체 길이는 2.04m×80조로 계산하면 됩니다. 정말 놀라운 길이이지요?

다른 생물들의 염색체는 어떨까요?

만물의 영장이라는 인간이 46개인데, 다른 생물은 그보다 적은 수의 염색체를 가질까요? 그렇지 않습니다. 염색체의 수와 생물체의 지적 수준과는 상관이 없는 것 같습니다. 예를 들면 오랑우탄, 고릴라, 침팬지, 감자, 담배의 염색체는 48개, 파

고사리 일종인 '작은 독사의 혀'

인애플은 50개, 양은 54개, 말은 64개, 닭은 78개이지요. 현재까지 염색체 수가 가장 많은 것으로 알려진 생물은 양치식물의 일종인 '작은 독사의 혀(*Ophioglossum reticulatum*)'라는 식물로, 염색체 수가 무려 1260개나 됩니다.

"부모에게서 자식에게 유전된다"는 표현은 유전물질을 가지고 있는 염색체가 부모에게서 자식에게 전달되는 것을 뜻합니다. 아버지의 생식기관에서 만들어진 정자에는 46개 염색체 가운데 23개 염색체가 들어 있고, 어머니에게서 만들어진 난자에는 각 상동염색체가 하나씩 총 23개의 염색체가 들어 있습니다. 정자와 난자가 합쳐지면서 핵상(염색체의 수를 뜻합니다)이 46개가 되지요.

조금 더 알아보기

핵형과 핵상

'핵형'과 '핵상'이라는 용어를 알아보자.

핵형 : 염색체의 수와 모양, 크기를 뜻한다.

핵상 : 염색체의 수를 뜻한다.

따라서 핵상은 핵형에 포함되는 개념이라고 이해하면 된다. 생물체의 염색체 수를 표현할 때 사용하는 2n, n이라는 말은 핵상을 의미한다. 인간의 체세포의 핵상은 2n이고, 생식세포의 핵상은 n이다.

다음의 그림은 인간의 체세포 1개에 들어 있는 46개의 염색체를 보여준다. 염색체 수

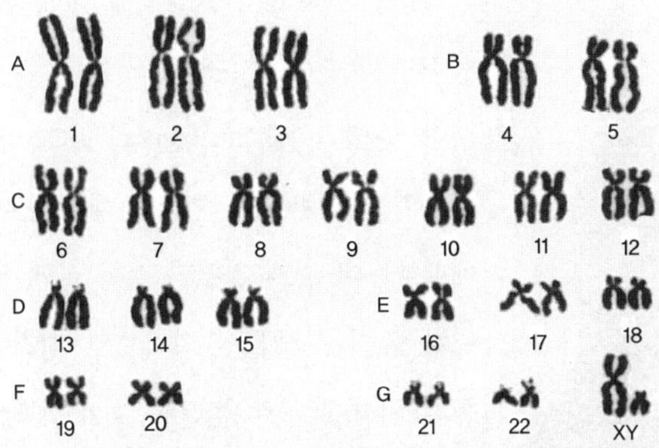

인간의 체세포의 핵형 분석. 염색체의 수, 모양, 크기를 분석한다.

뿐만 아니라 모양과 크기까지 보여주는 것으로, '핵형 분석'이라고 한다. 46개의 염색체는 2개씩 쌍을 이루고 있다. 이렇게 **쌍을 이루는 염색체를 상동염색체**라고 한다.

1번 염색체를 좀 더 자세히 살펴보자. 1번 염색체는 모양이 약간 이상하다. 2개의 상동염색체인데, 각 염색체가 두 가닥으로 보인다. 이유가 무엇일까? 핵형을 분석하기 위해서는 가장 뚜렷한 염색체 구조 상태가 필요한데, 체세포분열 중간 단계에서 염색체를 뽑아내기 때문이다. 분열 중간 단계에서는 염색체가 복제된 상태이므로 그림에서처럼 'X자' 모양으로 존재한다. 다시 그림을 보자. 염색체 번호가 커질수록 염색체의 크기가 조금씩 작아지는 것을 볼 수 있다(물론 뒷부분에서는 구별하기 힘들다). 1번부터 22번까지는 상동염색체의 관계를 쉽게 알 수 있는데, 맨 마지막 염색체는 23번이라는 번호 대신 'XY'라고 표기되어 있다. 이 'XY염색체'가 바로 성을 결정하는 염색체이다. 따라서 인간의 염색체는 다음과 같이 구분할 수 있다.

2n = 46개
= 44개(22쌍) + 2개(남자 : XY, 여자 : XX)
(상염색체) (성염색체)

* 상염색체는 성염색체가 아닌 보통의 염색체를 말한다.

완두콩의 교배 실험을 통해 유전 현상을 처음으로 규명한 멘델.(1865년 식물잡종에 대한 연구 논문 발표)

지금부터 유전되는 방법에 대해 공부하겠습니다. 유전 현상을 과학적으로 처음 밝힌 사람은 멘델입니다. 멘델(G. Johann Mendel, 1822~1884)은 오스트리아의 수도원에서 성직자 생활을 하며 완두콩을 재배했는데, 오랜 관찰과 실험 끝에 처음으로 그 유명한 유전 현상을 수학적으로 정리했지요. 멘델이 유전 현상에 관한 논문을 발표할 당시에는 사람들의 호응과 관심을 얻지 못했다고 합니다. 하지만 멘델의 실험 결과는 훗날 다른 과학자들이 다시 검증했으며, 마침내 중요한 발견으로 기록되었지요. 이것을 '멘델 법칙의 재발견'이라고 합니다. 어찌 보면 멘델은 시대를 너무 앞서간 비운의 천재인지도 모릅니다.

멘델의 실험을 잠시 살펴볼까요?

멘델은 완두콩의 교배 결과를 해석하기 위해 몇 가지 유전 원칙을 세웠습니다.

1. 모든 생물의 유전형질[27]은 유전자에 따라서 나타나며, 각각의 개체는 유전자를 쌍으로 가지고 있다. 예를 들면, 완두의 모양에는 둥근 것과 주름진 것이 있는데 둥글게 나타나게 하는 유전자를 R, 주름지게 하는 유전자를 r로 표시할 수 있으며, 이 실험에서 순종 둥근 콩은 RR, 주름진 콩은 rr, 잡종 둥근 콩은 Rr로 표시한다.
2. 한 쌍의 유전자는 부모에게서 물려받은 것이며, 각각의 유전자는 생식세포

27 유전형질에서 형질이란 일반적으로 유전자에 따라 표현되는 특성을 말한다. 예를 들면 완두의 키, 종자 모양, 색이며, 사람을 예로 들면 쌍꺼풀, 곱슬머리 등등이 형질이다.

를 만들 때 분리되어 생식세포로 들어간다. 그리고 부모가 가지고 있는 한 쌍의 유전자 가운데 하나만 자손에게 전달된다고 가정한다. 예를 들면, 둥근 완두콩(RR)과 주름진 완두콩(rr)을 교배시키면 생식세포 R과 r이 자손에게 전달되어 둥근 완두콩(Rr)이 나타난다.

3. 한 가지 형질은 한 쌍의 유전자를 가지며, 서로 다른 대립 유전자가 만나면 두 가지 대립 형질 가운데 한 가지 형질만 나타난다. 나타난 형질을 우성, 나타나지 않은 형질을 열성이라고 한다.

위와 같은 가정 아래, 멘델은 첫 번째로 순종 형질을 가진 두 종류의 완두콩을 교배하여 잡종 형질을 가진 자손을 얻었습니다. 다시 말해, 순종 둥근 종자 완두(RR)×순종 주름진 종자 완두(rr)를 교배하여 잡종 둥근 종자 완두(Rr)을 얻었지요. 두 번째로 잡종 둥근 종자인 Rr끼리 교배했습니다. Rr는 유전자 R과 r을 가지고 있으므로 자손에게 전달되는 유전자는 R, r이 되고 따라서 Rr끼리 교배시키면 자손은 RR, Rr, rR, rr이 나타나게 되지요. 다시 말해, 둥근 것(RR, Rr, rR) 3개와 주름진 것(rr) 1개가 생겨난 것입니다. 이렇게 해서 멘델은 자신이 생각해낸 유전의 법칙으

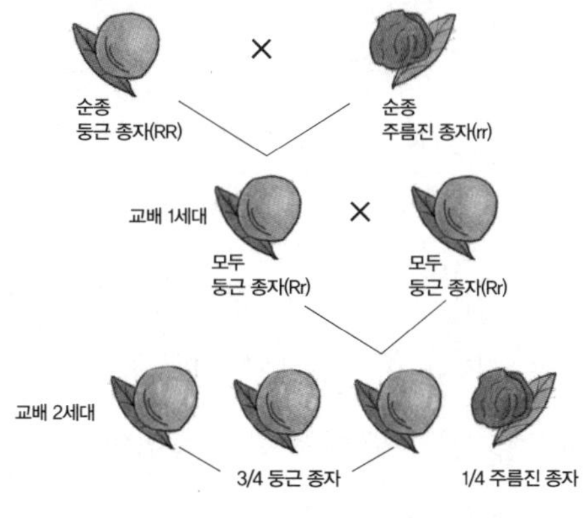

멘델의 순종교배 실험(완두콩)

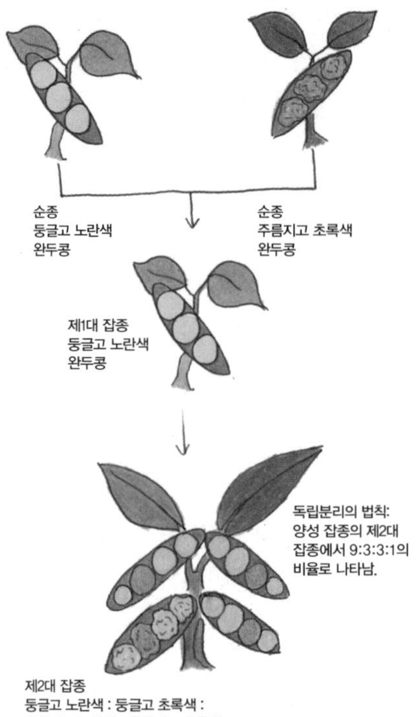

양성 잡종 교배. 두 형질에 대해 유전자형이 잡종인 개체들 사이의 교배를 말한다.

로 유전 현상을 설명할 수 있음을 확인했습니다.

멘델은 앞의 그림과 같은 실험을 다른 형질에 대해서도 실험한 결과 '분리의 법칙'을 발견합니다(실제 '분리의 법칙'을 포함해서 '우열의 법칙', '독립의 법칙' 등의 용어는 멘델이 정한 것이 아니라 나중에 다른 과학자들이 정리한 것입니다). 분리의 법칙이란 생식세포가 만들어질 때 부모가 가지고 있는 한 쌍의 대립 유전자가 생식세포에 하나씩 들어가는 것을 말합니다. 잡종 둥근 종자를 생산한 부모 완두의 유전자는 Rr이지만 이 완두가 만들어낸 생식세포에는 R 또는 r만 존재합니다.

멘델은 두 가지 형질로 동시에 실험을 진행했습니다. 다시 말해, 둥글고 노란 순종 완두(RRYY)와 주름지고 녹색 순종 완두(rryy)를 교배하여 교배 1세대 자손에서 모두 둥글고 노란 잡종 완두(RrYy)를 얻은 것이지요. 그리고 잡종 RrYy끼리 교배하여 둥글고 노란색 완두 : 둥글고 녹색 완두 : 주름지고 노란색 완두 : 주름지고 녹색 완두 = 9 : 3 : 3 : 1의 비율로 자손을 얻습니다. 이러한 비율로 자손이 형성되는 유전 현상을 독립의 법칙이라고 합니다. 다시 말해, 각 형질을 결정하는 유전자가 다른 형질에 영향을 미치지 않고 서로 독립적으로 유전된다는 뜻입니다. 말이 좀 어렵지요? 여러분 가운데 수학을 좋아하는 친구들이 많을 테니까 수학을 응용해서 다시 설명하지요.

RrYy×RrYy = (Rr×Rr)(Yy×Yy)로 바꿀 수 있습니다.

Rr×Rr의 교배 결과는 둥근 것 : 주름진 것이 3 : 1이라는 것, 알고 있죠? Yy×Yy도 마찬가지고요.

따라서 (Rr×Rr)(Yy×Yy)는 (3둥 : 1주)(3노 : 1녹)으로 생각할 수 있고, 이를 계산해서 풀면 '9둥·주 : 3둥·1녹 : 3노·1주 : 1주·1녹'이 됩니다.

멘델의 유전 실험에서는, 순종인 우성 개체와 열성 개체를 교배했을 때 자손에서 나온 것은 항상 잡종 우성 개체였습니다. 이것을 멘델의 유전법칙 중 우열의 법칙이라고 합니다. 그러나 어떤 생물에서는 유전자 사이에 우열이 명확하지 않은 경우도 있습니다. 대표적인 예가 바로 분꽃의 색깔 유전입니다. 분꽃은 붉은 꽃과 흰 꽃의 우열 관계가 명확하지 않아서 이 둘을 교배하면 중간색인 분홍색 꽃이 피고, 분홍색 분꽃을 교배하면 붉은 꽃이 1, 분홍색 꽃이 2, 흰 꽃이 1의 비율로 자손이 나오지요. 이렇게 중간 형질이 나오는 유전 현상을 중간유전이라고 합니다. 분꽃을 통한 실험으로 중간유전 현상을 발견한 사람은 멘델의 법칙을 재발견한 과학자 가운데 한 명인 코렌스(Karl Correns, 1864~1933)입니다.

카를 코렌스

중간유전은 어떻게 일어나는 것일까요? 멘델의 법칙에서 우성 유전자는 항상 열성 유전자를 누르지만, 중간유전에 해당하는 유전자는 대립 유전자가 다른 대립 유전자를 완전하게 누르지 못합니다. 그래서 이러한 경우를 **불완전우성**이라고 하지요. 분꽃에서 붉은색을 띠는 유전자를 R이라 하고, 흰색을 띠는 유전자를 W라고 하면 처음의 순종 붉은 꽃은

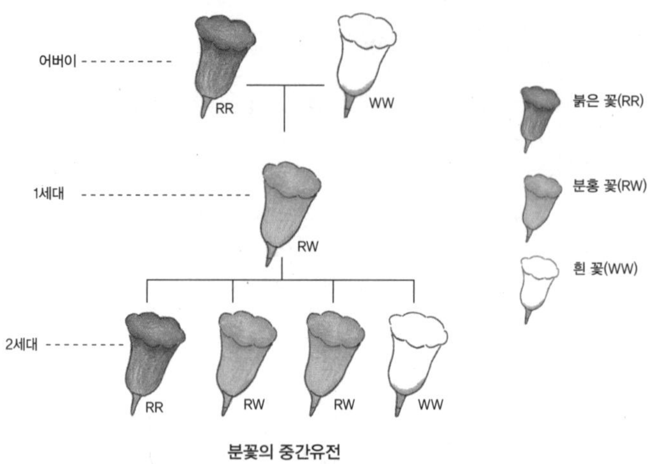

분꽃의 중간유전

RR, 순종 흰 꽃은 WW의 유전자형을 가집니다. 이 둘을 교배하면(RR×WW) 유전자형이 RW인 꽃이 나오는데, 이는 어느 쪽도 우성이 아니기 때문에 중간색인 분홍색을 띠는 것이지요. 이 분홍색 꽃을 자가수분[28]으로 교배하면(RW×RW) 유전자형이 RR인 붉은 꽃 1, RW인 분홍색 꽃 2, WW인 흰색 꽃 1의 결과로 나옵니다.

자, 이제 우리 인간의 이야기를 해볼까요?

인간은 약 2만 5천 개의 유전자를 가지고 있습니다. 이 말을 단순하게 표현하면 2만 5천 종류의 단백질이 만들어지고, 이 단백질에 따라 인간의 모습이 만들어지고 성격이 형성되며, 어떤 질병에 걸릴 수 있다는 것을 뜻합니다.

수많은 형질 가운데 여러분이 이미 알고 있는 색맹에 대해 설명하겠습니다. **우리 눈에서 색을 감각하는 세포는 원추세포**입니다. **원추세포는 다시 적색을 감각하는 것, 청색을 감각하는 것, 녹색을 감각하는 것**으로 나뉩니다. 색을 감각하는 분자의 주성분은 단백질이며, 따라서 적색, 청색, 녹색을 감각하는 단백질의 종류가

28 꽃 하나 안에 있는 수술에서 나온 꽃가루가 같은 그루의 꽃의 암술머리에 붙어 수분하는 것을 말한다.

필요하지요. 다시 말해, 각 단백질을 암호화하는 유전자가 존재하는 것입니다. 세 종류의 유전자 가운데 적색과 녹색을 담당하는 유전자는 성염색체의 하나인 X 염색체에 자리 잡고 있습니다. 그래서 적색 색맹도 아니고 녹색 색맹도 아닌 적록 색맹이 남자들에게서 많이 나타나지요. X 염색체에 존재하는 유전자에 따른 유전 현상을 반성유전(다른 말로 X 연관 유전)이라고 합니다. 적록 색맹 유전자는 정상 유전자에 대해 열성이기 때문에 X 염색체를 2개 가지는 여성의 경우 적록 색맹이 되려면 적록 색맹 유전자를 둘 다 가져야 합니다. 하지만 이런 경우는 확률적으로 매우 드문 현상이지요. 남성의 경우에는 이야기가 달라집니다. 남성은 X 염색체 하나와 Y 염색체를 가지기 때문에 적록 색맹 유전자를 하나만 가져도 적록 색맹이 나타납니다.

오늘날까지도 인간이 가지고 있는 수많은 유전자에 대해 많은 연구가 이루어지고 있습니다. 유전자에 대해 연구하기 전에 유전물질인 DNA에 관한 연구를 먼저 시작했는데, 이는 마치 새로운 단어를 해석하는 일과 같았습니다. DNA를 구성하는 글자는 4종류밖에 안 됩니다. A(adenine 아데닌), G(guanine 구아닌), C(cytosine 사이토신), T(thymine 타이민)라는 4개의 글자 중 3개가 모여서 아미노산 한 종류를 결정합니다. 예를 들어, AAA는 페닐알라닌, ACG는 아르기닌이라는 아미노산을 결정하지요. 아미노산의 종류는 20가지입니다. 20종류의 아미노산이 모인 순서, 크기에 따라 이 세상에 존재하는 모든 생물체의 종류와 특성이 만들어집니다. 정말 놀랍지 않나요? 어떤 생물체에 존재하는 DNA의 글자 순서를 모두 알면, 이 글자들에서 아미노산의 순서를 알 수 있고, 결국 단백질의 종류와 구조를 이해할 수 있습니다.

DNA의 글자 순서

2000년 6월, 마침내 인간이 가지고 있는 DNA의 글자 순서가 밝혀졌습니다. **인간 게놈 프로젝트**[29]라는 다국적 연구 결과로 DNA의 글자 순서가 밝혀졌으며, 현재 이 글자들의 순서가 가지고 있는 의미를 연구하고 있지요. 이 연구 결과는 인간의 질병 퇴치에 큰 영향을 미칠 것으로 기대하고 있습니다. 물론 인간 이외에도 많은 생물의 DNA 글자 순서들이 하나 둘씩 밝혀지고 있으며, 우리나라에서도 많은 과학자들이 이 연구에 뛰어들고 있지요.

우리가 생물체의 DNA를 모두 이해한다면 어떤 일이 벌어질까요? 아마 가장 큰 사건은 '유전자 치료'일 것입니다. 그밖에 우리에게 도움이 되는 물질을 합성하는 데도 큰 도움이 되겠지요? 이제, 유전자 치료에 대해 간단하게 설명하고 2장을 마치겠습니다. 유전자 치료란 한마디로 비정상적인 유전자를 정상 유전자로 바꾸는 치료법을 말합니다. 예를 들어, 정상적으로 인슐린을 생산하기 힘든 당뇨병 환자의 경우 이자에서 세포를 추출하여 비정상적인 인슐린 유전자를 정상적인 인슐린 유전자로 바꾼 다음 환자의 이자에 심어놓으면 당뇨병이 치료됩니다. 물론 현재까지는 유전자 치료법이 쉽게, 그리고 널리 활용되지 못하지만 가까운 미래에는 활성화되겠지요. DNA를 이용한 미래의 세계에서는 어떤 일이 벌어질까요? 좋은 일도 생기겠지만 아마 나쁜 일이 벌어질 수도 있습니다. 이때 중요한 것은 올바른 도덕적·윤리적 기준을 가져야 한다는 점입니다.

29 1990년에 시작되어 2005년까지 인간 DNA의 염기 서열(글자 순서)을 알아내기 위해 진행한 연구 프로젝트. 실제로는 2003년에 완료되었다.

1. 그림은 5가지 영양소의 작용을 나타낸 것이다. 이에 대한 설명으로 옳은 것을 〈보기〉에서 모두 고른 것은?

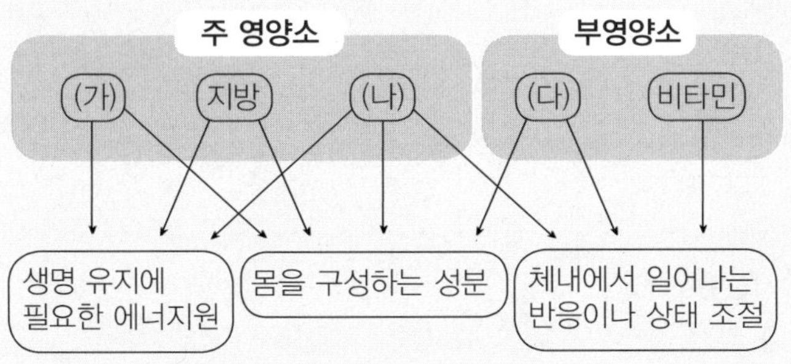

〈 보기 〉

ㄱ. 효소의 주요 성분은 (가)에 속한다.

ㄴ. 포도당과 글리코젠은 (나)에 속한다.

ㄷ. (다)는 무기물질이다.

① ㄱ ② ㄴ ③ ㄷ ④ ㄱ, ㄷ ⑤ ㄴ, ㄷ

정답 : ③ 풀이 : (가)는 에너지원이면서 몸을 구성하는 성분이므로 탄수화물이고, (나)는 에너지원인 동시에 체내에서 일어나는 반응이나 상태를 조절하는 물질이므로 단백질에 속한다.

ㄱ. 효소의 주요 성분은 단백질이므로 (나)에 속한다.

ㄴ. 포도당과 글리코젠은 탄수화물이므로 (가)에 속한다.

ㄷ. (다)는 철, 요오드와 같은 무기물질로 몸을 구성하면서 체내에서 일어나는 반응이나 상태를 조절한다. 예를 들어, 헤모글로빈의 구성 성분인 철은 산소를 운반하는 데 중요하기 때문에 산소 공급을 조절한다.

2. 그림은 감자가 인간의 소화기관에서 소화되는 과정을 나타낸 것이다. 이에 대한 설명으로 옳은 것을 〈보기〉에서 모두 고른 것은?

녹말 → + A → 포도당 +

〈 보기 〉

ㄱ. 침에 의해 녹말은 A로 소화된다.

ㄴ. A는 위에서 포도당으로 소화된다.

ㄷ. 포도당은 소장에서 흡수되어 간을 거친 다음 심장으로 간다.

① ㄱ ② ㄴ ③ ㄷ ④ ㄱ, ㄷ ⑤ ㄴ, ㄷ

정답 : ③ 풀이 : ㄱ. 녹말은 침과 이자액에 들어 있는 아밀레이스라는 효소에 따라 엿당으로 분해된다. 엿당은 소장에서 엿당분해 효소에 따라 포도당으로 분해된다.

ㄴ. 소화기관인 위에서는 단백질의 화학적 소화가 일어난다.

ㄷ. 소화된 최종 산물인 포도당은 소장의 융털돌기로 흡수된 뒤 모세혈관을 거쳐 간으로 이동한 다음, 조절 과정을 거쳐 심장으로 운반된다.

3. 다음은 현미경으로 관찰한 혈구의 모양이다. 이에 대한 설명으로 옳지 <u>않은</u> 것은?

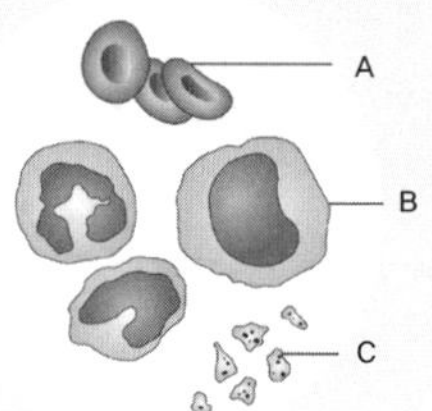

① A는 적혈구이다.

② B의 수는 병원체가 침입하면 증가한다.

③ C는 혈액 응고에 관여한다.

④ B는 핵을 가지고 있다.

⑤ C는 혈장 성분에 속한다.

정답 : ⑤ 풀이 : A는 적혈구, B는 백혈구, C는 혈소판이다. 기능을 보면 A는 기체 운반, B는 방어, C는 혈액 응고에 관여한다. 백혈구에는 핵이 존재하지만, 성숙한 적혈구와 혈소판에는 핵이 존재하지 않는다. A~C는 혈액 구성단위에서 혈구에 속하며, 나머지는 혈장이다.

4. 그림은 폐와 폐를 둘러싸고 있는 늑골과 횡격막을 나타낸 것이다. 이에 대한 설명으로 옳은 것은?

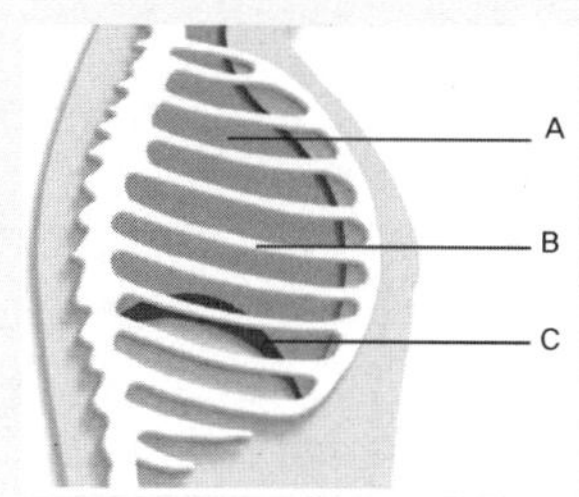

① A의 압력이 대기압보다 높아지면 들숨이 일어난다.

② B가 올라가면 흉강의 압력은 감소한다.

③ B가 내려갈 때 A의 부피는 증가한다.

④ B가 올라갈 때 C도 올라간다.

⑤ C가 내려가면 날숨이 일어난다.

정답 : ② 풀이 : A는 흉강, B는 늑골, C는 횡격막이다.

① A의 압력이 대기압보다 높아지면 날숨이 일어난다.

② B가 올라가면 흉강이 커져, 압력은 감소하여 들숨이 일어난다.

③ B가 내려가면 흉강의 부피는 작아지고, 압력은 증가하여 날숨이 일어난다.

④ B가 올라갈 때 들숨이 일어나므로, C는 내려간다.

⑤ C가 내려가면 흉강의 부피가 커지고, 압력은 대기압보다 작아져 들숨이 일어난다.

5. 그림은 사람의 질소성 노폐물의 배설 과정을, 표는 여러 가지 질소성 노폐물의 특성을 나타낸 것이다. 이에 대한 설명으로 옳은 것만 〈보기〉에서 모두 고른 것은?

아미노산
↓
암모니아
↓A
요소
↓ ↓
오줌 땀

종류	성질	노폐물 1g 배설시 필요한 수분량(ml)
암모니아	수용성	500
요소	수용성	50
요산	불용성	10

〈 보기 〉

ㄱ. A 과정은 간에서 일어난다.

ㄴ. 단백질이 에너지원으로 사용될 때 질소성 노폐물이 생성된다.

ㄷ. 사막에 사는 동물은 암모니아 형태로 노폐물을 배출하는 것이 생존에 유리하다.

① ㄱ ② ㄴ ③ ㄷ ④ ㄱ, ㄴ ⑤ ㄴ, ㄷ

정답 : ④ 풀이 : ㄱ. A과정은 해로운 암모니아를 거의 해롭지 않은 요소로 해독시키는 과정이다. 이 과정은 간에서 일어난다.

ㄴ. 탄수화물과 지방의 구성 원소는 C, H, O이기 때문에 에너지원으로 사용될 때 이산화탄소와 물이 만들어지지만, 단백질은 질소 원소를 가지고 있기 때문에 질소가 들어 있는 노폐물이 만들어진다.

ㄷ. 물이 매우 부족한 환경에 사는 동물들은 물의 낭비를 막기 위해 질소성 노폐물을 배설할 때 요산의 형태로 배설하는 것이 유리하다.

6. 그림은 사람의 정자와 난자가 형성되는 과정을 나타낸 것이다. 사람의 체세포에 들어 있는 염색체 수는 46개이며, 그림에는 일부만 나타냈다. 이에 대한 설명으로 옳은 것만을 〈보기〉에서 모두 고른 것은?

〈 보기 〉

ㄱ. 제2 난모세포의 염색체 수는 46개이다.

ㄴ. 제1 정모세포에서 제2 정모세포로 될 때 염색체 수는 반으로 준다.

ㄷ. 4개의 정원세포와 4개의 난원세포에서 만들어진 정자와 난자의 전체 수는 32개이다.

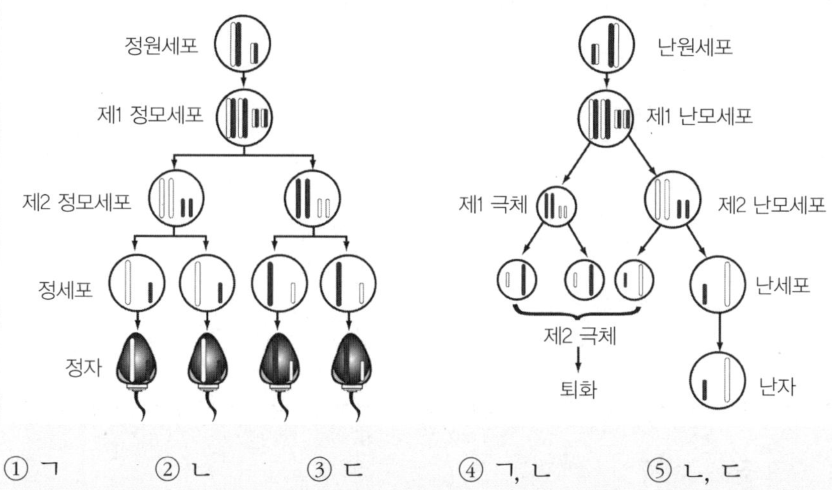

① ㄱ ② ㄴ ③ ㄷ ④ ㄱ, ㄴ ⑤ ㄴ, ㄷ

정답 : ② 풀이 : ㄱ. 제1 난모세포에서 제2 난모세포로 될 때 감수 제1분열이 일어나므로 제2 난모세포의 염색체 수는 23개이다.

ㄷ. 1개의 정원세포에서 4개의 정자가, 1개의 난원세포에서 1개의 난자가 만들어지므로, 4개의 정원세포에서 16개의 정자가, 4개의 난원세포에서 4개의 난자가 만들어지며, 전체 수는 20개가 된다.

7. 그림은 어떤 생물 암·수의 체세포 염색체를 나타낸 것이다. 이에 대한 설명으로 옳은 것은?

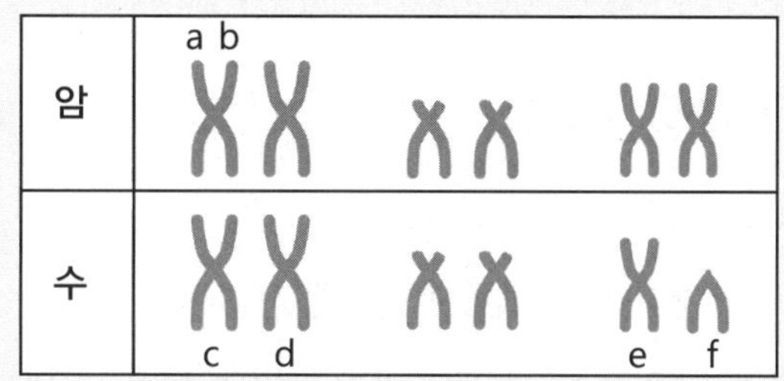

① 이 생물의 핵상은 2n = 12이다.

② a와 b는 상동염색체이다.

③ d는 c로부터 복제되었기 때문에 d와 c의 유전자는 동일하다.

④ 정상적인 경우 c와 d는 같은 생식세포에 들어갈 수 없다.

⑤ e는 Y염색체, f는 X염색체이다.

정답 : ④ 풀이 : ① 이 생물의 핵상은 2n = 6이다.

② a로부터 b는 복제된 것이며, c와 d가 상동염색체이다.

③ d는 c로부터 복제된 것이 아니다.

⑤ e가 X 염색체, f가 Y 염색체이다.

8. 그림은 어떤 집안의 색맹 유전에 대한 가계도를 나타낸 것이다. 이에 대한 설명으로 옳은 것은?

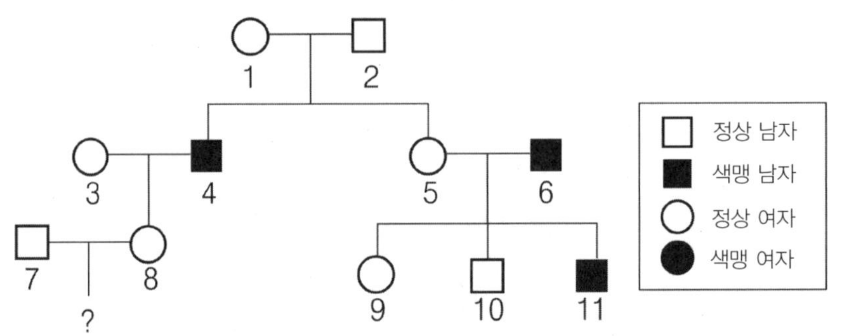

① 3이 보인자일 확률은 100%이다.

② 1의 색맹 유전자는 5를 거쳐 9에게 전달된다.

③ 7과 8 사이에서 색맹인 딸이 태어날 확률은 50%이다.

④ 이 가계도에서 색맹 유전자를 100% 가지고 있는 여성은 4명이다.

⑤ 4가 5와 같은 유전자형을 가진 여성과 결혼할 경우 태어나는 딸은 모두 색맹이다.

정답 : ④ 풀이 : 색맹 유전자를 가지고 있는 X 염색체를 X′이라고 할 때, 색맹 여성은 X′X′, 보인자 여성은 X′X, 정상 여성은 XX, 색맹 남성은 X′Y, 정상 남성은 XY가 된다. 이런 식으로 위 가계도를 표현하면 1은 X′X, 2는 XY, 3은 XX 또는 X′X, 4는 X′Y, 5는 X′X, 6은 X′Y, 7은 XY, 8은 X′X, 9는 X′X, 10은 XY, 11은 X′Y가 된다.

따라서 ① 3이 보인자인 X′X일 확률은 50%이다.

② 1의 색맹 유전자는 5를 거쳐 11로 전달되며, 9의 색맹 유전자는 6에서 전달된 것이다.

③ 7과 8 사이에서 태어나는 자식은 X′X, XX, X′Y, XY이므로, 색맹인 딸이 태어날 확률은 1/4인 25%이다.

④ 이 가계도에서 색맹 유전자를 100% 가지고 있는 여성은 1, 5, 8, 9로 전체 4명이다.

⑤ 4가 5와 같은 유전자형을 가진 여성과 결혼할 경우 태어나는 딸은 X′X, X′X′가 가능하므로 50%만 색맹이다.

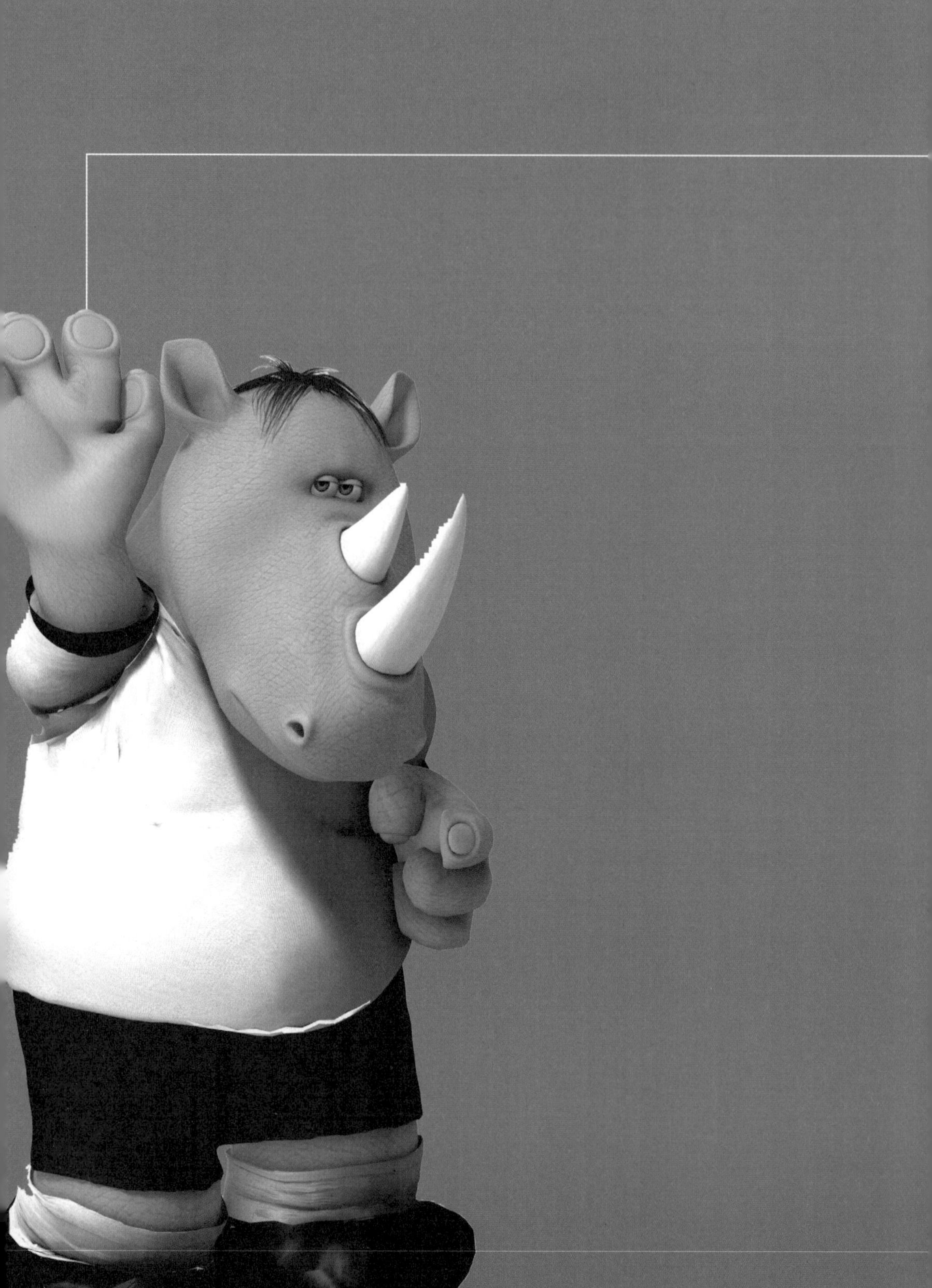

3장

식물은 어떻게 살아갈까?

자연은 결코 우리를 속이지 않는다. 우리를 속이는 것은 언제나 우리 자신이다.

_루소(Jean Jacques Rousseau, 1712~1778. 프랑스의 사상가)

우리는 2장에서 동물, 특히 우리 몸에서 일어나는 여러 가지 생리 현상 가운데 먹어야 사는 이유, 숨을 쉬어야 사는 이유, 살아가는 데 필요한 에너지를 얻는 방법과 노폐물을 배설하는 방법 등에 대해 알아보았습니다. 지금부터는 우리와는 아주 다르게 보이는 식물의 몸에서 일어나는 다양한 현상을 살펴보기로 하지요.

우주의 푸른 별 지구에는 아주 많은 생물들이 서로 의존하면서 살아가고 있습니다. 좀 더 정확히 말하면 인간을 비롯한 우리 동물들이 식물에 더 많이 의존하고 있지요. 왜냐고요? 식물은 먹을 것은 물론, 숨 쉬는 데 필요한 산소, 중요한 의약품의 원료, 생활용품, 심지어 우리 감성에 도움이 되는 꽃 등을 제공해주니까요.

우리는 보통 하루에 세끼 식사를 합니다. 그리고 평균적으로 하루에 한 번 화장실에 가야 하고요. 화가 날 때는 심장이 벌렁거리고 호흡이 거칠어지기도 합니다. 이러한 일들이 식물에서도 일어날까요? 도대체 식물의 몸은 우리 몸과 어떻게 다를까요? 그리고 동물의 체내에서 벌어지는 여러 가지 생명 유지 활동들이 식물에서는 어떤 방식으로 일어날까요? 식물도 우리처럼 먹고, 마시고, 배설할까요? 만약 그렇다면 이런 일들이 어떻게 가능할까요?

나무가 울창한 푸른 숲 속의 길

먼저 식물의 몸을 살펴보고, 식물에서 일어나는 생리 현상을 이해해보도록 하지요. 더불어 이 장의 마지막에서는 동물과 식물을 포함한 모든 생물에서 공통적으로 일어나는 에너지 발생 방법에 대해 알아보겠습니다.

식물의 몸은 어떻게 생겼을까?

식물에는 팔, 다리가 없습니다. 눈, 코, 입, 귀와 같은 감각기관도 없습니다. 하물며 동물들이 가지고 있는 뇌와 신경은 말할 나위도 없지요. 이상하지요? 동물과 달라도 너무 다르지 않나요? 이렇듯 주변 환경의 정보를 감지하는 감각기관과 이를 신속하게 전달해주는 신경, 그리고 그 정보를 분석하는 뇌가 없어 식물은 어떤 자극에 대해 신속하게 반응하지 못합니다. 그렇다고 전혀 반응하지 못한다는 것은 아닙니다. 우리가 밥을 먹으면 혈당량이 증가하고 이를 줄이기 위해 인슐린이라는 호르몬이 분비되는 것처럼, 식물도 여러 종류의 호르몬을 가지고 있어 다양한 자극에 대해 빠르지는 않지만 반응할 수 있지요.

그럼 지금부터 식물의 몸을 알아보도록 할까요?

동물과 다른 식물의 세포 구조

우리 사람에게는 식물의 섬유소를 분해하는 효소가 없습니다. 그래서 섬유소를 소화시키지 못합니다. 앞장에서 공부한 내용이지요? 만약 사람에게 섬유소 분해 효소가 존재한다면 굶주림으로 고통받는 많은 사람들이 기아상태에서 벗어날 것입니다. 도시락을 싸는 귀찮은 일도 사라질 테고, 주변에 차고 넘치는 식당 모습도 많이 달라지겠지요. 학교 식당이 있던 자리에 울창한 숲이 조성되고, 여러분은 그저 숲 속에 들어가 취향대로 꽃이며 풀을 채취해서 먹으면 될 것입니다. 토끼나 사슴처럼요. 상상만 해도 유쾌한 식사시간입니다. 하지만 안타깝게도 사람에게는 섬유소 분해 효소가 없습니다.

이렇듯 동물들과는 달리 식물세포는 섬유소가 주요 성분인 세포벽을 가지고 있으므로 동물세포보다 튼튼하게 주변 환경의 보호를 받을 수 있습니다. 얼마나 튼튼하게 보호받고 있는지 예를 들어볼까요?

세포보다 농도가 낮은 용액(이를테면 물 등)에 동물세포와 식물세포를 넣으면 물이 세포 속으로 들어갑니다. 이러한 현상을 삼투현상이라고 합니다. 세포 속에 물이 들어가면 세포 내부의 압력이 높아지고 세포의 크기가 점점 커집니다. 그러다가 결국 동물세포는 터지지만 식물세포는 터지지 않지요. 왜 그럴까요? 이유는 바로 식물세포에 있는 세포벽 때문입니다. 식물세포에는 세포벽이 있어 기본적으로 구조가 매우 단단합니다. 쉬운 예를 들어 비교해볼게요. 김치를 담글 때 배추를 소금에 절이면 탱탱했던 배추가 축 늘어집니다. 어머님들은 이런 현상을 "숨이 죽는다"고 표현하지요. 왜 그럴까요? 배추를 구성하는 세포의 농도가 소금물보다 낮아 배추 세포 안에 있는 물이 빠져나오기 때문이지요. 이번에는 여러분이 목욕탕에 있는 장면을 떠올려볼까요? 물이 가득 담긴 욕조 안에 오래 들어가 있으면 손바닥이나 발바닥이 쭈글쭈글해집니다. 물이 우리 피부 속으로 들어가서 그런 것이지요. 이 같은 일들은 모두 삼투현상으로 설명할 수 있습니다.

배추를 소금에 절이면 숨이 죽는다.

식물의 세포벽 안쪽에는 동물세포의 세포막과 비슷한 세포막이 있습니다. 섬유소(셀룰로오스cellulose)로 된 세포벽은 대부분 용액을 통과시킵니다. 이러한 특성을 전투과성('모두 투과한다'라는 뜻)이라고 하지요. 하지만 **세포막은 필요한 물질만을 선택적으로 통과시키는 선택적 투과성 막**입니다. 세포막으로 둘러싸인 부분을 세포질이라고 하며, 그 안에는 특수한 기능을 하는 세포소기관과 물질대사에 관여하는 효소들과 재료 물질들이 들어 있습니다.

식물세포에만 있는 특별한 세포소기관에는 어떤 종류가 있는지 살펴볼까요?

조금 더 알아보기

• 삼투현상

삼투현상은 간단히 말해서 '물이 이동하는 현상'이다. 여러분은 '확산'이라는 말을 많이 들어보았을 것이다. 확산은 농도가 높은 곳에서 농도가 낮은 곳으로 물질이 퍼져나가는 현상을 말한다.

예를 들어, 향수병 뚜껑을 열었을 때 냄새가 주변으로 퍼져나간다든지, 물속에 잉크 한 방울을 떨어뜨리면 잉크가 서서히 퍼져나가는 현상은 확산에 따라 일어나는 것이다.

이렇듯 삼투현상은 물이 확산되는 현상을 일컫는다. 여기에는 중요한 조건이 필요하다. 바로 '반투과성 막'의 존재이다. 반투과성 막에는 아주 작은 구멍이 있다. 물은 이 구멍을 통과하지만 물보다 큰 분자들은 통과하지 못한다. 따라서 삼투현상의 의미를 좀 더 정확히 말하면 '반투과성 막을 통한 물의 확산'이라고 한다.

아래 그림을 보면서 하나씩 알아보자.

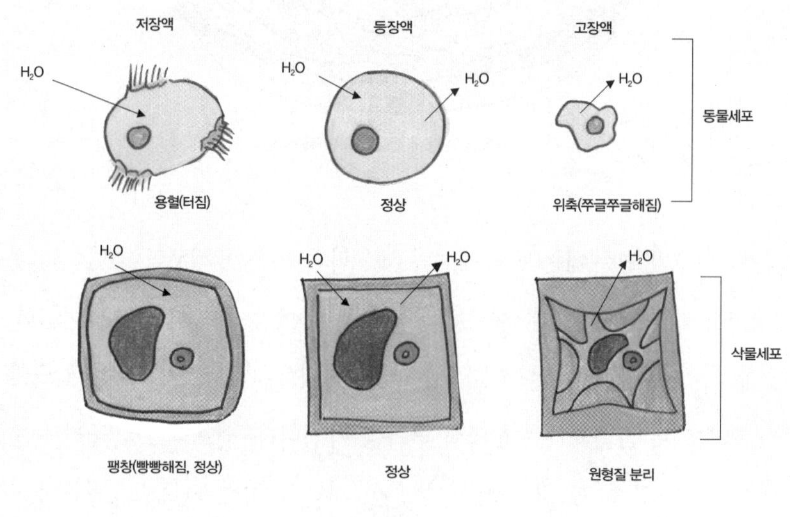

삼투현상

세포보다 낮은 농도의 용액을 '저장액', 높은 농도의 용액을 '고장액', 같은 농도의 용액을 '등장액'이라고 한다. 먼저 저장액에 동물세포와 식물세포를 넣어보자. 물의 농도는 어디가 높을까? 저장액이 세포보다 물의 농도가 높다. 저장액은 일반적으로 물질의 농도가 낮은 반면, 물의 농도가 높기 때문이다. 이때 물은 농도가 높은 쪽에서 낮은 쪽으로 확산된다. 따라서 저장액의 물이 세포 속으로 확산된다.
결국 세포 안에 물의 양이 증가하면서 세포 크기가 커져서 별다른 보호 장비가 없는 동물세포는 터지고, 세포벽이라는 단단한 보호 장비가 있는 식물세포는 팽팽해질 뿐 터지지 않는다. 등장액과 고장액에 세포를 넣을 때의 상황은 여러분 스스로 그 원리를 생각해보기 바란다.

첫 번째로 엽록체가 있습니다. 4장에서 배우게 될 원생생물에 속하는 조류들도 엽록체를 가지고 있지만, 엽록체는 특히 식물에 잘 발달되어 있습니다. 엽록체는 광합성이 일어나는 장소이면서 동시에 광합성으로 만들어진 녹말이 저장되는 장소입니다. 저장된 녹말은 나중에 설탕으로 분해되고 수송관인 체관을 통해 다른 부위로 이동하여 사용되지요.

두 번째는 액포인데, 다른 생물들도 세포 속에 작은 액포를 가지고 있지만 식물은 매우 큰 중앙 액포를 가지고 있습니다. 액포는 배설기관이 없는 식물에 노폐물과 여러 가지 색소들을 저장하기도 하고, 옥수수와 같은 식물에서는 광합성과 관련이 있는 물질을 저장하는 등의 중요한 역할을 합니다. 또한 162쪽 위의 그림에서처럼 물의 양을 조절하여 식물이 시드는 현상에도 관여합니다. 액포는 그 밖에도 다양하고도 특별한 기능을 하지요.

식물세포가 늙을수록 액포는 커지는 현상이 나타납니다.

양파 세포를 현미경으로 관찰할 때 핵이 가장자리 쪽으로 치우친 것을 본 적이

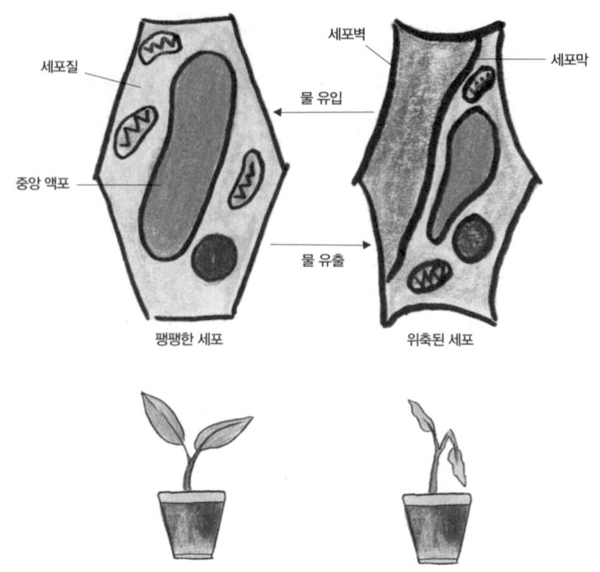

식물의 액포와 액포의 기능

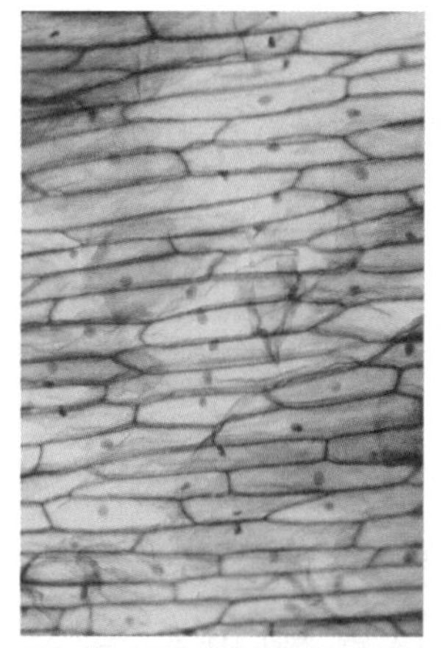

양파 세포로 짙은 색의 작은 둥근 모양이 핵이다. 중앙에 위치한 액포 때문에 핵들이 세포 가장자리로 밀려나 있다.

있지요? 눈에 보이지는 않지만 중앙의 큰 액포에게 밀렸기 때문입니다.

세 번째는 글리옥시솜입니다. 아주 낯선 이름이지요? 동물세포에 존재하는 퍼옥시솜[1]과 비슷하지만 식물에 있는 글리옥시솜은 씨앗 등에 저장된 지질이 탄수화물로 전환되는 장소입니다. 인간과 같은 동물은 지질을 탄수화물로 전환하는 효소를 가지고 있지 않아 영양소를 지나치게 많이 섭취하면 뚱뚱해집니다. 만약 우리에게도 글리옥시솜이 있다면 비만의 원인이 되는 지질을 탄수화물로 바꿔서 사

1 과산화수소를 분해하는 효소가 들어 있는 세포소기관. 사람의 간세포 등에 많이 분포되어 있고, 여기에서 다양한 해독작용이 일어난다.

용할 수 있으니 굳이 다이어트를 하지 않아도 될 텐데, 참 아쉽군요.

자, 이제부터는 식물이 육상에서 어떻게 적응해왔는지 살펴보겠습니다.

식물이 육상에서 살 수 있는 이유

생물에게는 물속 생활보다 육상 생활이 매우 힘들었을 것입니다. 육상은 물속보다 환경 변화가 더 심하니까요. 육상 생활이 가능하도록 진화한 생물들은 특별한 적응력을 가지지 않으면 안 되었겠지요. 보통 식물이 동물보다 먼저 육상에 적응했다고 알려졌습니다. 훨씬 더 오래전에요.

육상 생활이 물속 생활과 가장 큰 차이점은 '건조하다'는 것입니다. 그렇다면 건조한 육상 생활을 해나가기 위해 생물체에 가장 필요한 적응력은 무엇이었을까요? **건조함을 막는 피부, 물을 구하는 방법이나 또는 물을 체내에 저장하는 방법 등 여러 새로운 능력이 필요했겠지만 가장 중요한 것은 바로 새로운 번식 방법의 개발**이었을 것입니다.

식물이 건조한 육상 생활에 적응할 수 있었던 두 가지 중요한 특성은 다음과 같습니다.

첫째, 식물은 **표면에서 물이 손실되는 것을 최소화할 수 있는 구조**를 가졌습니다. 육상 식물에는 바깥 표면에 표피조직이 있는데, 표피조직에는 큐티클과 같은 왁스 층이 존재해서 물의 손실을 막아줍니다. 여러분, 집에서 키우는 화초 잎이 매끈거리고 광택이 나는 것을 본 적 있지요? 바로 왁스 층 때문입니다.

둘째, 앞에서 말한 것처럼 **번식에 관여하는 화분(꽃가루)이나 어린 조직을 보호하는 조직이 발달되어 있다**는 점입니다. 화분은 물이 없어도 오랫동안 번식에 관여할 수 있는 구조이며, 암술의 구조는 번식에 관여하는 세포들을 잘 보호해줍니다.

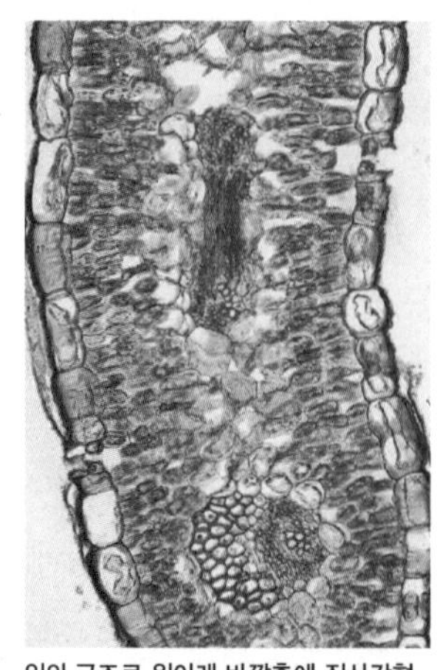

잎의 구조로 위아래 바깥층에 직사각형 모양의 표피세포가 보인다. 표피세포 바깥쪽의 짙고 두꺼운 선이 왁스 층이다.

이번에는 식물이 물과 무기 양분을 어떻게 흡수하는지 알아보지요. 동물의 경우에는 소화기관과 순환기관이 이 작업을 담당합니다. 식물은 '어디서, 어떻게' 이 임무를 해낼까요?

물은 모든 생물에게 반드시 필요한 물질입니다. 생명체가 탄생한 곳도 물입니다. 그래서 육상 생물에게 물은 절대적으로 필요합니다. 더구나 물은 식물이 유기물을 만들어내는 광합성 작용에 쓰이므로 식물은 나름대로 물을 잘 흡수할 수 있는 방법을 개발했습니다.

물과 무기 양분을 흡수하는 곳은 기본적으로 뿌리입니다. 뿌리의 모양에 따라 그림처럼 원뿌리와 수염뿌리로 나눕니다. 종류에 따라 수 미터까지 땅속으로 뻗기도 하지요. 뿌리 표면에는 모양이 다른 뿌리털 세포가 엄청 많이 존재합니다. 이러한 뿌리털 구조는 뿌리의 표면적을 늘려 훨씬 더 많은 물과 무기 양분을 흡

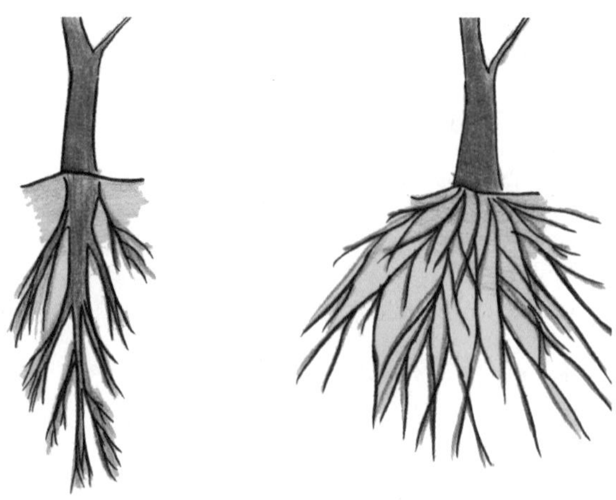

뿌리의 구조로 왼쪽이 원뿌리, 오른쪽은 수염뿌리.

수할 수 있게 하지요.

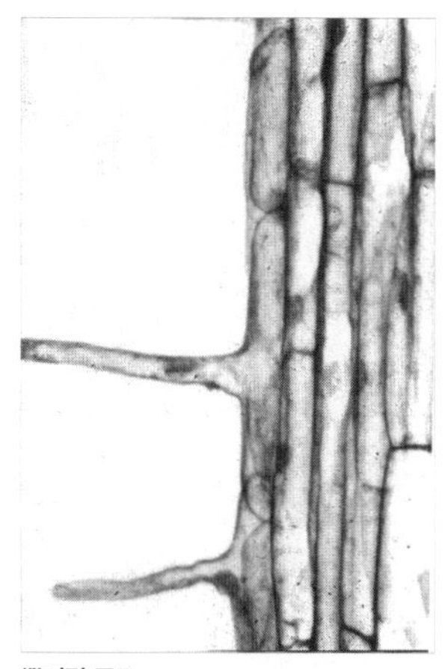
뿌리털 구조

뿌리의 또 다른 특성은 뿌리 내부의 구조가 흡수한 물과 무기 양분 수송에 적합하다는 점입니다. 뿌리털에서 삼투현상으로 흡수한 물은 겉 부분(관다발을 둘러싼 부위)까지 확산에 따라 세포 사이의 공간이나 세포를 직접 통과하여 이동합니다. 그러다가 중심의 관다발조직을 둘러싼 '내피'라는 단일 세포층에 이르러 내피세포를 직접 통과하게 되지요. 정확히 말하면 내피가 식물의 보호층이지요. 병원균들도 이 층을 함부로 통과하지 못합니다. 내피를 통과한 물은 마침내 관다발을 구성하는 물관에 들어가 식물의 윗부분으로 수송됩니다.

물 이외의 다른 무기 양분은 어떻게 흡수하냐고요? 산소나 이산화탄소는 공기에서 쉽게 얻을 수 있어 문제가 되지 않지만, 그밖의 무기 양분은 물처럼 뿌리에서 흡수해야 합니다. 많은 종류의 무기 양분 가운데 특히 단백질을 구성하는 아

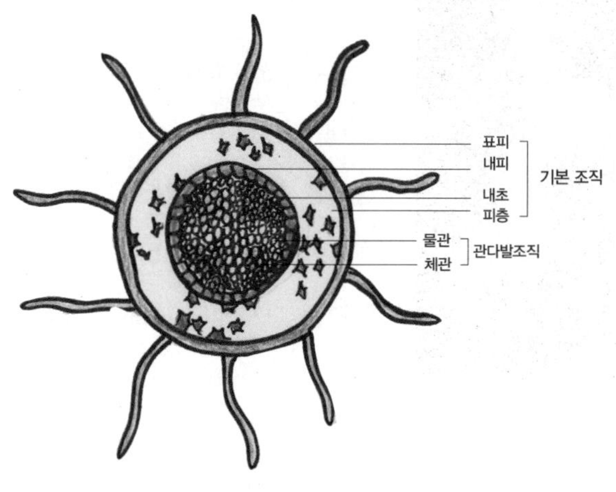

뿌리의 단면 구조

미노산과 핵산을 구성하는 뉴클레오티드의 구성 원소인 질소는 아주 중요합니다. 그런데 이상한 것은 공기를 이루는 성분 중 약 80%를 차지하는 질소(N_2)를 식물이 매우 힘들게 얻는다는 점이지요. 왜 그럴까요? 한마디로 식물이 공기 속에 존재하는 질소 기체를 사용하지 못하기 때문입니다.

식물은 질소를 주로 암모늄(NH_4) 이온[2]이나 질산(NO_3) 이온[3] 형태로만 흡수할 수 있습니다. 그렇다면 공기 중의 질소 기체는 전혀 쓰이지 못하는 것일까요? 아닙니다! 다행히 많은 미생물들이 공기 중의 질소 기체를 식물이 사용할 수 있도록 바꿔줍니다. 이러한 일을 질소고정이라고 하지요.

여러분! 콩의 뿌리를 본 적 있나요?

콩 뿌리를 세밀하게 관찰하면 뿌리혹 같은 것이 달려 있음을 알 수 있습니다. 아래 그림이 뿌리혹의 모습입니다. 이 혹 안에는 질소고정을 하는 세균이 식물과 공생하지요.

세균은 식물에 질소 양분을 제공하고, 식물은 세균에 탄수화물 등을 제공하면서 함께 살아가지요. 그리고 식물은 흡수한 질소 양분을 단백질의 성분인 아미노산으로 전환하여 여러 용도로 사용합니다. 세균의 이와 같은 질소고정은 생태계의 질소순환에서 매우 중요한 역할을 합니다. **질소를 고정하는 세균이 있는 것처럼 암모니아를 다른 질소 양분으로 바꾸는 세균도 있고, 반대로 질소 양분을 다시 질소 기체로 분해하는 세균도 있습니다.** 이 얼마나 놀라운 시스템인가요!

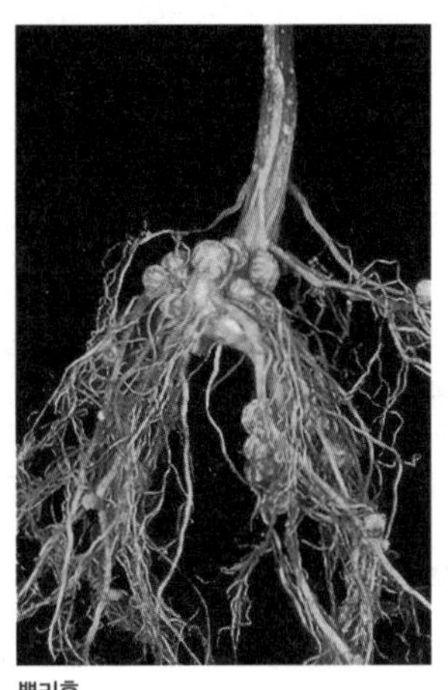

뿌리혹

2 암모니아에 수소 이온 하나가 붙어서 형성된 이온. 화학식은 NH_4

3 질산에서 수소 이온 하나가 떨어져 나가 형성된 이온($HNO_3 \rightarrow H^+ + NO_3^-$)

식물의 순환기관

자, 동물의 순환기관에서처럼 식물 체내에서 물질이 어떻게 이동되는지 알아볼까요?

물과 무기 양분은 뿌리에서 흡수되고, 광합성은 잎에서 일어납니다. 잎에서 광합성이 일어날 때는 물과 이산화탄소가 필요하고, 다른 물질을 합성할 때는 여러 종류의 무기 양분이 필요합니다. 그중 이산화탄소는 잎에 있는 숨구멍인 기공을 통해 들어오지요. 중요한 점은, 잎에서 만들어진 광합성 산물이 뿌리에 필요하다는 사실입니다. 이 여러 종류의 양분들은 어떻게 이동될까요? 동물에서는 순환계를 통해 혈액이 운반하지만, 여러분도 알다시피 식물에는 혈액이 없잖아요?

오래전, 이탈리아의 과학자인 말피기(Marcello Malpighi, 1628~1694)는 '환상박피'라는 실험을 했습니다. 아래 그림처럼 나무줄기에서 부분적으로 껍질을 동그랗게 벗겨내 관찰한 실험입니다. 말피기는 실험 후 몇 주가 지나자 윗부분이 부풀어 오르고 아랫부분은 가늘어지는 현상을 관찰했습니다.

이러한 현상이 나타난 까닭은 껍질을 벗겨낼 때 관다발에서 체관이 함께 떨어

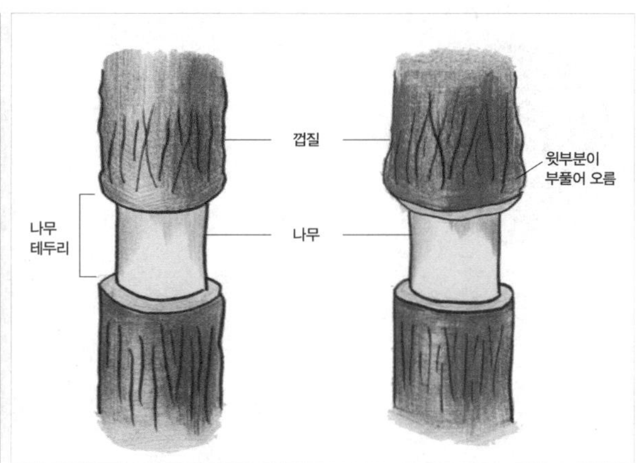

말피기(좌)와 환상박피 실험(우)

진 탓이며, 이는 곧 광합성 산물이 체관을 통해 이동한다는 것을 보여줍니다. 잎에서 일어난 광합성 작용으로 만들어진 물질들이 체관을 타고 내려오다가 환상박피된 부분에서 더 이상 밑으로 내려가지 못하고 위에 모여서 부풀어 오르게 된 것이지요.

동물에서 혈관이 하는 역할을 식물에서는 통도조직이 담당합니다. 아래 그림처럼 통도조직은 물관과 체관으로 이루어져 있고, 그 사이에 분열조직인 형성층이 분포하면서 전형적인 관다발을 구성합니다. 4장에서 배우겠지만 식물들 가운데 **관다발이 발달한 식물은 고사리와 같은 양치식물, 은행나무와 같은 겉씨식물, 진달래와 같은 속씨식물**입니다.

물관과 체관의 역할에 대해 좀 더 자세히 알아볼까요? 중학교에서 이미 배운 내용이지만 정리하는 마음으로 읽어보면 좋겠습니다.

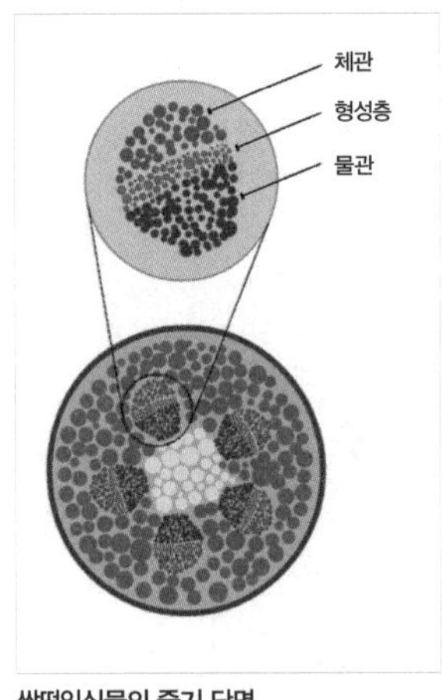

쌍떡잎식물의 줄기 단면

체관은 광합성의 산물인 탄수화물 등이 이동하는 통로입니다. 체관을 구성하는 세포들은 끝 부분이 서로 연결되어 있고, 연결 부위에 작은 구멍이 있어 이 구멍으로 물질이 이동합니다. 체관에서 물질이 이동하는 방향은 일반적으로 '위에서 아래로'입니다. 이처럼 물질을 이동하게 하는 힘은 무엇일까요? 동물의 경우 체내의 순환을 가능하게 해주는 힘은 심장의 박동인데, 식물의 경우는 무엇일까요? 아래로 내려가니까 중력일 것이라고요? 하지만 관이 매우 작기 때문에 이 현상을 중력만으로는 설명할 수 없습니다. 더구나 가끔은 아래에서 만들어진 광합성 산물이 위로 올라가는 상황도 있지요. 그럼 도대체 그 원동력이 무엇일까요?

현재는 광합성이 일어나는 장소와 광합성 산물이 필요한 장소 사이의 압력 변화에 따라 체관에서 물질을 이동하게 하는 원동력이 생긴다는 주장이 일반적입니다. 여기에는 앞에서 배운 삼투현상이 관여하므로 먼저 삼투현상을 머릿속에 떠올려볼까요?

광합성이 일어나는 장소에는 광합성 산물이 많아 농도가 높습니다. 그래서 삼투현상에 따라 물이 흡수되고 결국 압력이 높아지게 됩니다. 반대로 광합성 산물이 필요한 곳은 광합성 산물이 적어 물이 덜 흡수되므로 압력도 낮겠지요. 이러한 압력 차이로 광합성 산물의 이동이 일어난다고 생각하는 것입니다.

이번에는 물관에 대해 알아보겠습니다.

물관은 체관과 달리 물과 무기 양분이 아래에서 위로 이동합니다. 이때 주요 원동력은 증산작용[4]과 모세관현상[5]입니다. 물관을 이루는 세포는 체관과 달리 죽은 세포로, 가느다란 모세관 다발을 이루고 있지요.

물관은 체관처럼 끝과 끝이 연결되어 있지만 세포벽에 목질소[6](리그닌)가 많아 구조가 매우 단단하지요. 나무가 단단한 이유도 바로 이 목질소 때문이라고 생각하면 됩니다.

4 식물의 잎에 있는 기공을 통해 물이 수증기로 빠져나가는 현상

5 액체 속에 좁고 긴 관을 넣으면 액체 분자가 서로 붙는 힘과 액체와 관 사이의 끌어당기는 힘에 따라 관 속의 액체 높이가 외부 액체의 높이보다 높거나 낮아지는 현상

6 섬유소 등과 함께 목질의 주요 구성 성분이다. 이 성분은 탄수화물과 여러 가지 유기 분자가 결합된 약간 복잡한 화합물이다.

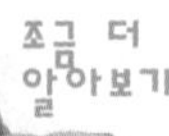

조금 더 알아보기

• 물과 무기 양분의 상승

뿌리에서 흡수한 물과 무기 양분을 끌어올리는 원동력은 증산작용, 모세관현상, 뿌리압, 물의 응집력 등이다.

뿌리압은 뿌리에서 생기는 물의 압력을 말한다. 뿌리에 물이 가득 차면 그 압력에 따라 물이 위로 올라온다. 특히 잎눈이 자라나는 봄에는 뿌리압이 매우 커진다. 물의 응집력은 물 분자들끼리 서로 끌어당기는 힘(인력)을 뜻한다.

일액현상

식물에 수분이 지나치게 많이 들어 있으면 잎의 가장자리에 있는 작은 구멍을 통해 물이 물방울의 형태로 배출된다. 뿌리압의 영향으로 생기는 현상이다.

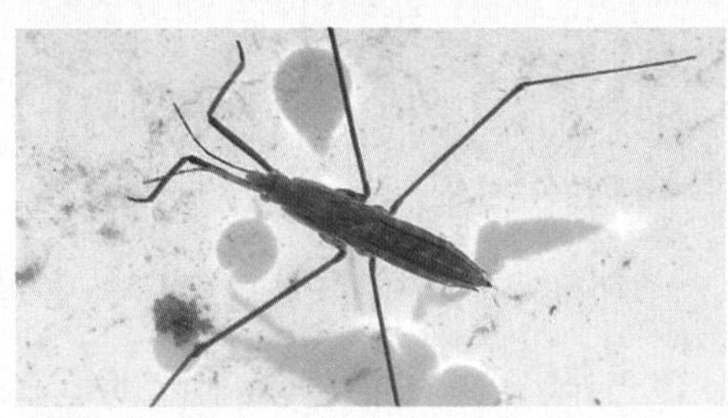

소금쟁이

소금쟁이가 물 위에 떠 있는 현상은 물 분자 사이의 응집력이 있기에 가능하다.

물방울

식물의 잎 등에 물을 떨어뜨리면 방울이 만들어진다. 이 현상 또한 물의 응집력에 따른 현상이다.

식물의 골격

식물은 우리처럼 골격을 가지고 있지 않습니다. 그런데도 어떻게 쓰러지지 않고 곧게 자랄 수 있을까요? 앞에서 설명한 세포벽이 골격 역할을 하는 덕분이지요. 특히 목질소가 많은 세포벽은 매우 강한 지지작용을 합니다. 하지만 목질소가 별로 없는 초본식물들은 어떻게 곧게 자랄 수 있을까요? 세포벽의 영향도 있지만 무엇보다 팽압이라는 특이한 압력이 중요한 역할을 하기 때문입니다.

쌤이 앞에서 식물이 시드는 현상을 예로 들었는데, 모두 기억하고 있지요? 식물세포에 물이 충분히 들어 있으면 세포 안에서 세포벽 쪽으로 강한 압력이 발생합니다. 마치 풍선에 공기를 불어넣으면 풍선이 커지는 것과 같은 이치이지요. 단지 풍선의 재질인 고무와 달리 세포벽이 더 견고해서 마구 커지지 않고 팽팽하게 되는 것입니다. 이러한 압력이 바로 팽압입니다. 이 **팽압 때문에 초본식물들이 시들기도 하고 곧게 서 있기도 하는 것**이지요. 반면에 목질소에 의존하는 나무들은 줄기가 시들지 않습니다.

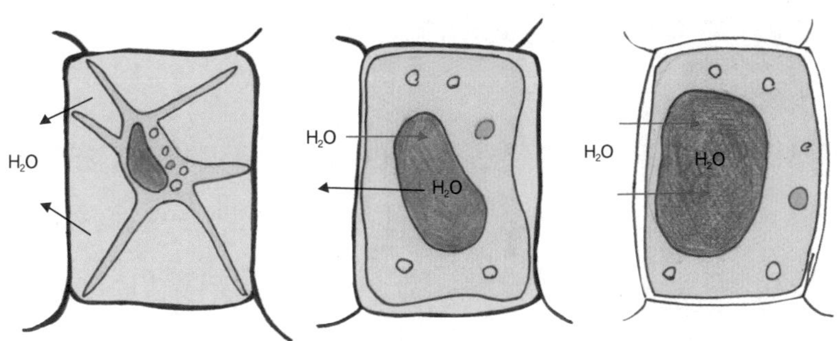

팽압의 변화. 왼쪽에서 오른쪽으로 갈수록 팽압이 커지는 것을 보여준다.

광합성 과정과 에너지 발생 방법

식물이 무기물질을 이용해서 유기물질을 만드는 광합성 과정과 모든 생물에서 공통적으로 일어나는 에너지 발생 방법을 알아보도록 하겠습니다. 두 가지 방법 모두 화학반응에 따라 일어납니다. 여러분도 기억하겠지만 생물체에서 일어나는 화학반응은 효소에 의해 일어납니다. 조금 어려운 내용이지만, 이 개념을 잘 이해하면 생명체의 신비로움을 훨씬 더 실감나게 이해할 수 있지요.

물질대사와 ATP의 정체

생물체에서 일어나는 모든 화학반응을 물질대사라고 합니다. **물질대사는 에너지가 흡수되는 반응과 에너지가 방출되는 반응으로 나눌 수 있는데, 앞의 반응은 합성반응으로 동화작용에 해당되고, 뒤의 반응은 분해반응으로 이화작용에 해당**됩니다.

일반적으로 화학반응은 열역학적으로 유리한 방향으로 진행되는데, 이때 효소의 역할이 매우 중요합니다. 자연스럽게 일어나기 어려운 반응이 자연스럽게 일어나는 다른 반응과 짝을 지으면 자연스럽게 일어나지요.

모든 생물체가 물질대사에 사용하는 공통적인 에너지 물질은 ATP입니다. 다시 말해, 화학반응에 필요한 에너지는 ATP 형태로 제공되고, 반대로 화학반응에서 생성된 에너지는 ATP의 형태로 저장됩니다. ATP의 정체는 무엇일까요? **ATP는 작은 유기 분자**입니다. 이니셜 가운데 T는 tri(3이라는 뜻)이고, P는 phosphoric acid(인산)의 약자입니다. A는 adenosine(아데노신)의 약자이지요. 따라서 인산 3개가 아데노신에 붙어 있는 분자(아데노신 3인산)라고 생각하면 됩니다. 인산 분자 3개는 ATP 안에서 서로 밀어내는 반발력을 가지고 있어 ATP에서 인산이 떨어져 나갈 때 엄청난 에너지가 발생합니다. 용수철을 누르던 손을 떼면 위로 튕겨 올라가는 것처럼 말이지요. ATP가 ADP(d는 di의 약자로 2라는 뜻)로 분해될 때 약 7.3kcal의 에너지가 방출됩니다. 이 에너지의 크기를 짐작할 수 있겠지요? 2장에서 배운 열량(칼로리)의 계산에 따라 물 73ml(박카스 한 병은 100ml입니다)를 0℃에서 100℃로 올릴 때의 에너지입니다.

조금 더 알아보기

• 열역학

열과 일의 관계를 이해하려는 학문을 열역학이라고 한다. 열역학은 자연계에서 흐르는 에너지를 이해하는 데 도움을 주는 학문이다. 실제로 세상에서 일어나는 모든 일은 열역학에 따른 법칙으로 설명할 수 있다.

여러분이 알고 있는 에너지 보존법칙이 바로 열역학 제1법칙이다. 열역학 제2법칙은 조금 어려운 법칙이지만 시간이 지나면서 무질서해지는 경향을 설명하는 이론이다. 학생 조회 때 운동장에 학급별로 서 있을 때를 생각해보면 이해하기 쉽다. 처음에는 일정한 간격으로 서 있지만 선생님들의 간섭이 없으면 줄이 점점 흐트러진다. 이러한 현상은 무질서가 커지는 과정을 잘 보여주는 예이다.

열역학적으로 유리하다는 것은 무질서가 커지는 것을 말하고, 화학반응도 이러한 방향으로 일어난다. 따라서 열역학적으로 불리한 반응이 일어나려면 선생님이 잔소리하듯 에너지를 투입해야 한다.

광합성 – 빛에너지를 음식으로

세상에서 가장 많이 차지하는 색깔은 무엇일까요? 인공위성에서 촬영한 지구의 색을 보면 파란색과 초록색이 대부분입니다. 파란색은 바다의 색깔이고 초록

색은 식물의 색이지요.

보통 우리는 초록색을 생명과 연결합니다. 식물의 초록색은 엽록소라는 색소 때문이고, 이 색소는 빛에너지를 화학에너지로 바꾸는 과정에서 중심적인 역할을 합니다. 이 과정을 광합성이라고 하는데, 에너지 전환뿐만 아니라 모든 생물의 생존에 필요한 산소 또한 이 과정을 통해 발생합니다.

따라서 **광합성 과정은 종속영양생물의 에너지 원천을 제공하며, 동시에 에너지를 발생하는 데 필요한 산소를 공급하는 매우 중요한 역할을 한다**고 할 수 있습니다. 지금부터 광합성 과정이 어떻게 일어나며, 자연 상태에서 식물은 어떠한 광합성 전략을 세워 적응하는지 알아보기로 하지요.

광합성은 생물권에 에너지를 공급합니다. 이산화탄소와 물에서 포도당을 만드는 데 필요한 엄청난 에너지는 빛에너지에서 얻습니다. 보통 **광합성 과정은 세포호흡 과정과 반대의 과정이므로 광합성과 세포호흡은 상호 순환관계이며, 이러한 순환에 따라 지구상의 생명체가 유지**된다고 할 수 있습니다.

엽록소는 식물이나 조류에서 발견되는 세포소기관인 엽록체에 존재하는 색소이

인공위성에서 촬영한 지구의 모습

가시광선

지요. 엽록소를 포함하여 광합성에 관여하는 색소들은 빛에너지를 흡수합니다. 따라서 태양은 지구상의 모든 생명을 유지하게 하는 근본적인 에너지원입니다.

조금 까다로울 수 있지만 잠시 빛에 대해 이야기해보지요. 전자기선[7]을 띤 빛은 전기장과 자기장의 진동에 따라 발생하는 파동의 형태로 움직입니다. 태양광선은 범위가 매우 넓은데, 파장이 짧은 순서대로 나열하면 감마선, X선, 자외선, 가시광선, 적외선, 마이크로파, 라디오파로 이루어져 있습니다. 그중 범위가 아주 좁은 가시광선이 광합성에 필요한 에너지를 제공합니다.

물체에 빛이 부딪히면 통과하거나 반사되거나 흡수되는데, 광합성 색소는 그중 빛을 흡수할 수 있는 유기화학 분자입니다. 물론 완전히 흡수하는 것이 아닙니다. 녹색 파장을 비롯한 일부는 반사되지요. 반사되는 파장에 따라 우리는 엽록소의 색을 녹색으로 보는 것이지요. 광합성 색소가 빛에너지를 흡수하면 이 색소가

7 전기적 성질과 자기적 성질을 모두 가지고 있는 것을 전자기선 또는 전자기파라고 한다.

흡수된 에너지의 일부를 화학 분자의 결합 에너지로 전환시킵니다. 엽록소 이외에도 다른 종류의 색소들이 존재합니다. 그 가운데 카로티노이드 색소는 가을철에 아름다운 단풍인 노란색, 주황색, 빨간색으로 나타납니다.

각 종류의 색소는 가시광선 스펙트럼에서 서로 다른 파장을 흡수하는데, 모든 엽록소는 적색과 청색 파장을 가장 잘 흡수하고 녹색 파장은 잘 흡수하지 못합니다. 이에 비해 카로티노이드는 청색과 청록색 영역의 빛을 잘 흡수하므로 식물은 전반적인 가시광선을 이용한다고 할 수 있습니다.

빛을 흡수할 수 있는 색소는 우리 눈의 망막에도 있습니다. 하지만 **망막에 있는 색소는 빛에너지를 포획하지 못하는 반면, 광합성 색소는 빛에너지를 포획하여 좀 더 안정된 화학 분자로 옮겨주는 능력**을 가지고 있지요.

빛에너지는 어떻게 화학 분자의 결합에 이용될까요? 빛에너지를 흡수한 엽록소 분자는 여러분이 알고 있는 전자를 방출합니다. 방출된 전자가 다른 화학 분자로 이동하면서 중요한 에너지 분자인 ATP와 수소를 가지는 분자($NADPH_2$)[8]가 만들어지지요.

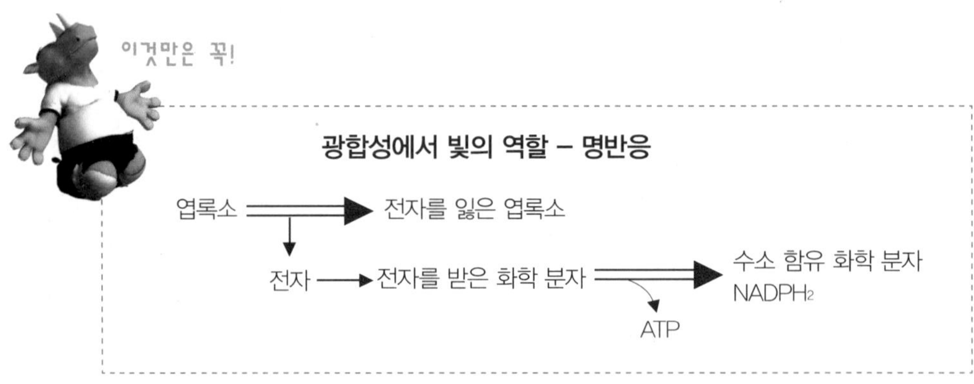

8 물의 분해에서 만들어진 수소 이온을 받아들여서 만들어진 분자. 이 분자의 이름은 $NADPH_2$이다. NADP는 비타민과 같이 우리 몸에서 조효소로 쓰이는 물질이다. 광합성 과정에서 빛에 따라 만들어진 분자는 ATP와 $NADPH_2$이다.

전자를 잃어버린 엽록소 분자는 잃은 만큼 다시 채워야 합니다. 그 부족한 부분을 물 분자의 분해 과정에서 생성된 전자가 채워주는데요, 산소는 바로 이 분해 과정에서 발생합니다.

지금부터 광합성 과정의 하이라이트인 탄수화물이 만들어지는 과정을 살펴보도록 하겠습니다. 필요한 재료는 이산화탄소, ATP, $NADPH_2$입니다. 대기의 이산화탄소는 광합성이 활발하게 일어나는 잎의 기공을 통해 직접 잎의 세포로 공급됩니다. ATP, $NADPH_2$는 앞에서 설명한 대로 엽록체 안에서 빛에너지에 의해 만들어집니다. ATP, $NADPH_2$를 이용하여 여러 개의 이산화탄소가 결합하여 포도당이라는 탄수화물이 만들어지는데 이를 '이산화탄소의 고정'이라고 합니다. 결국 빛에너지가 여러 과정을 통해 포도당이라는 탄수화물의 화학 분자 결합 에너지로 전환되지요. 빛에너지로 ATP와 $NADPH_2$가 합성되는 반응을 편의상 명반응('명明'은 '밝다'의 한자어)이라 하고, 이들 ATP와 $NADPH_2$를 이용해서 이산화탄소를 가지고 탄수화물을 합성하는 반응을 편의상 암반응('암暗'은 '어둡다'의 한자어)이라고 합니다.

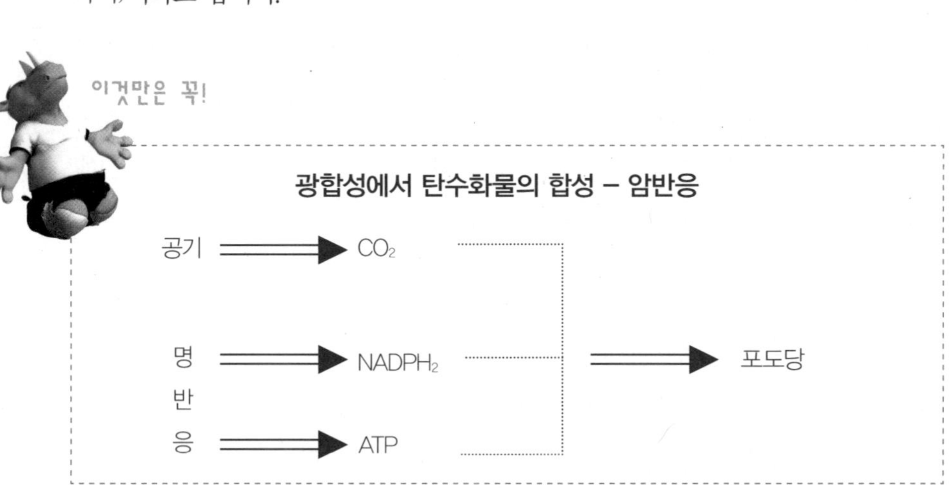

사탕수수

지금까지 살펴본 광합성 작용은 일반적인 반응입니다. 하지만 지구상에는 빛의 세기나 온도, 물의 공급이 식물에 불리한 경우가 많으며, 이러한 환경 조건에서 살고 있는 식물들은 광합성을 잘할 수 있는 색다른 방법을 개발하여 살아가고 있습니다.

사탕수수를 예로 들어보지요. 사탕수수는 고온 건조한 지역에서 자라는 식물입니다. 고온 건조한 지역에서는 앞에서 말한 광합성이 정상적으로 일어나지 않습니다. 이산화탄소를 고정하는 데 참여하는 효소가 이상한 짓을 하기 때문이지요. 이 효소가 바로 '루비스코'입니다. 이름이 마치 보석의 한 종류 같지요? **루비스코는 이 세상에 가장 풍부한 효소로 정상적인 상태에서는 이산화탄소를 어떤 화학 분자와 결합시키지만, 고온 건조한 환경 조건에서는 산소를 어떤 화학 분자와 결합**시킵니다.

이 과정이 호흡에서 산소를 이용하는 것과 같다고 해서 '광호흡'이라고 합니다. 특히 고온 건조한 상태에서는 증산작용으로 수분을 잃지 않기 위해 기공이 닫히는데, 이때 대기 중의 이산화탄소가 잎 내부로 들어오지 못하여 이산화탄소의 농도가 낮아집니다. 반대로 광합성 결과로 생성된 산소의 농도는 높아지지요. 그래서 광합성이 일어나는 대신 광호흡이 일어나게 됩니다.

이 문제를 어떻게 해결할 수 있을까요?

사탕수수와 같은 식물들은 루비스코 대신 정밀한 효소(PEP 카르복실레이스)를 이용하여 이산화탄소를 저장하는 방법을 찾게 되었지요. 그리고 이 효소에 따라 이산화탄소가 잎에 축적되면서 루비스코가 이상한 짓을 할 수 없게 이산화탄소의 농도가 충분해졌습니다. 그 덕분에 이산화탄소의 농도가 낮아도 광합성이 가능하게 되었지요. 옥수수도 사탕수수처럼 이 같은 방법으로 광합성을 합니다.

돌나물은 잎의 두께가 매우 두꺼운 다육성 식물의 일종이다.

또 다른 광합성 적응 방법을 알아볼까요?

집이나 학교에서 많이 볼 수 있는 선인장, 돌나물, 그리고 여러분이 즐겨 먹는 파인애플 등의 식물에서도 광합성 적응 방법을 볼 수 있습니다. 이 식물들의 공통점이 보이나요? 맞습니다. 바로 통통한 잎 또는 줄기를 가지고 있다는 것이지요. 이처럼 통통한 구조를 가지는 식물을 다육성 식물이라고 합니다. 이 다육성 식물은 대부분 건조한 지역에서 살기 때문에 물 부족 현상이야말로 최고의 스트레스이지요. 따라서 이 식물들은 물의 손실을 최소화하기 위해 낮 동안에는 기공을 닫습니다.

그러면 어떤 문제가 생길까요? 그래요. 광합성 반응에서 이산화탄소를 탄수화물로 전환해야 하는데 기공을 닫아버려 주요 재료인 이산화탄소의 공급이 중단됩니다.

그렇다면 빛이 있는 낮에 이산화탄소를 흡수하지 못하는데도 어떻게 광합성 작용이 일어나는 것일까요? 여러분, 놀라지 마세요. 해답은 바로 이 식물들이 천재라는 데 있습니다. 무슨 뜻이냐고요? 놀랍게도 **식물들은 밤에 기공을 열어 이산화탄소를 흡수하여 저장한 뒤, 그 다음 날 낮에 밤새 저장한 이산화탄소를 이용해서 광합성을 합니다.** 우리 생명의 세계는 정말 놀랍고 신비롭지요?

지금까지 우리는 식물과 일부 세균, 조류 등에서 일어나는 광합성 과정에 대해 알아보았습니다. 다음은 동물을 포함해서 모든 생물에게 일어나는 에너지 발생 과정을 살펴보겠습니다.

생물의 에너지 생산

생물들이 놀라운 기능을 하는 이유는 엄청나게 많은 분자들이 질서 정연하게 조직적으로 작용하기 때문입니다. 이러한 일에는 매우 많은 에너지가 필요합니다. 생물체는 어떻게 에너지를 얻을까요? 2장에서 공부했듯이 생물체는 에너지와 재료를 얻기 위해 음식물을 먹습니다. 우리가 먹은 음식물은 소화 과정을 거친 뒤 가장 작은 영양소로 분해되어 주로 소장에서 흡수됩니다. 흡수된 영양소들은 순환기관을 거쳐 각 세포로 이동한 뒤 세포 속으로 들어가고, 그 다음 단계에서 에너지를 생산하기 위해 연소됩니다. 이제부터 여러분은 쌤과 함께 바로 이 과정을 알아볼 것입니다. 주의할 점은 위에서 말한 연소가 나무나 종이를 태우는 연소 과정과 사뭇 다르다는 것이지요.

산소가 필요 없는 호흡 - 무산소호흡

세포는 산소를 사용하지 않고도 포도당을 분해할 수 있습니다. 이러한 방법을 무산소호흡 또는 무기호흡이라고 합니다. **산소가 없는 환경에서 생존하는 생물들, 예를 들어 대장균이나 헬리코박터 등은 무기호흡이 유일한 에너지 생성 방법**입니다. 사람의 경우에도 심하게 운동하면 산소 공급이 원활하지 않아 무기호흡으로 근육에 에너지를 지속적으로 공급하게 되지요. 여러분, 운동을 심하게 하고 나면 근육에 알이 배어 아프지요? 왜 그럴까요? 그 이유는 무기호흡으로 근육 속에 생긴 젖산 때문입니다. 사람의 경우 무기호흡을 하면 부산물로 젖산이라는 화학 분자가 만들어집니다. 근육 세포 속에 젖산의 농도가 높아지면 우리가 공부했던 삼투현상에 따라 물이 세포 속으로 들어가서 세포가 빵빵해집니다. 그래서 근육이 딴딴해지고, 그 근육 조직이 주변의 신경을 누르기 때문에 근육통이 생기지요.

무기호흡에서 가장 중요한 문제는 '포도당이 분해될 때 나오는 전자를 마지막으로 어떻게 처리하느냐'입니다. 이 문제를 해결하기 위해 생물체는 두 가지 방법을 개발했습니다.

첫째, 마지막 전자를 받는 물질로 산소 대신 다른 물질을 사용하는 방법입니다.
둘째, 무기호흡을 할 때 포도당의 분해 과정에서 만들어진 피루브산과 같은 유기 분자들이 마지막으로 전자를 수용하는 방법입니다.

첫 번째 방법을 활용하는 예로는 대장균이 있습니다. 대장균은 최종 전자수용체로 질산 이온을 이용합니다. 두 번째 방법은 우리가 흔히 '발효(fermentation)'라고 부르는 것으로 근육 등에서 일어나는 젖산 발효, 효모를 이용한 알코올 발효 등이 여기에 해당됩니다.

조금 더 알아보기

• 발효

포도당의 분해 과정에서 생긴 물질은 ATP, $NADH_2$, 피루브산이다. 피루브산은 채소 등에 많이 함유된 유기산 종류이다. $NADH_2$는 광합성에서 생성된 $NADPH_2$와 비슷한 유기 분자이다. 산소를 이용하는 호흡에서는 $NADPH_2$가 운반하는 전자를 산소가 받아 수소 이온과 함께 물을 만들지만, 산소를 이용하지 않는 호흡인 무기호흡에서는 다른 물질이 $NADPH_2$가 운반하는 전자를 받아들이게 된다. 그중 유명한 무기호흡이 바로 피루브산이 전자를 받는 경우이다. 이 결과로 생긴 물질을 인간 생활에 유리하게 이용하므로 발효 과정이라고 한다. 대표적인 발효 과정에는 술을 만드는 알코올 발효, 김치 등의 숙성에서 이용되는 젖산 발효 등이 있다.

발효 음식인 김치

발효 음식인 청국장

산소가 필요한 호흡 – 산소호흡

앞에서 알아본 호흡 과정에는 모두 탄수화물인 포도당을 사용합니다. 하지만 생물체는 단백질과 지질을 호흡 과정에서 사용하여 에너지를 생산할 수도 있습니다. 다만, 단백질과 지질을 사용하려면 사전 작업이 필요하지요. 단백질의 경우에는 아미노산에서 암모니아를 떼어내야 합니다. 그러면 아미노산은 일반적인 유기산으로 바뀌고 적당한 단계에서 에너지 발생 과정에 참여하지요. 독성이 강한 암모니아는 혈액을 통해 간으로 운반된 뒤 여러분이 잘 알고 있듯이 우리 몸에 해롭지 않은 요소로 전환된 다음 소변을 통해 배설됩니다.

지질은 기본적으로 지방산과 글리세롤로 이루어져 있습니다. 이 가운데 글리세롤은 포도당이 분해되는 과정에서 이용됩니다. 지방산은 특별한 분해 작용을 거쳐 호흡 반응에 관여하지요.

이를 정리하면, 산소호흡에서는 산소가 사용되고 이산화탄소가 배출되며, 이때 주 영양소인 탄수화물, 단백질, 지질이 사용됩니다. 이 과정을 다음과 같이 간단히 표현해보지요.

유기 분자 + O_2 → CO_2 + H_2O + ATP + 열

이것만은 꼭!

산소호흡 과정 – 세포호흡

산소호흡 과정은 크게 네 가지로 구분한다.

1. 당 분해 과정 : 포도당 분해 과정
2. 활성아세트산 생성 과정 : 피루브산 분해
3. 시트르산 회로 : 분해된 피루브산이 CO_2로 완전히 분해되는 회로
4. 산화적 인산화 과정 : 전자 이동에 따라 ATP가 형성되는 과정

1. 그림은 적혈구를 농도가 다른 수용액에 넣었을 때 관찰되는 모양의 변화를 나타낸 것이다. (가)~(다)는 각각 저장액, 고장액, 등장액 중 하나이다. 이에 대한 설명으로 옳은 것만을 〈보기〉에서 있는 대로 모두 고른 것은?

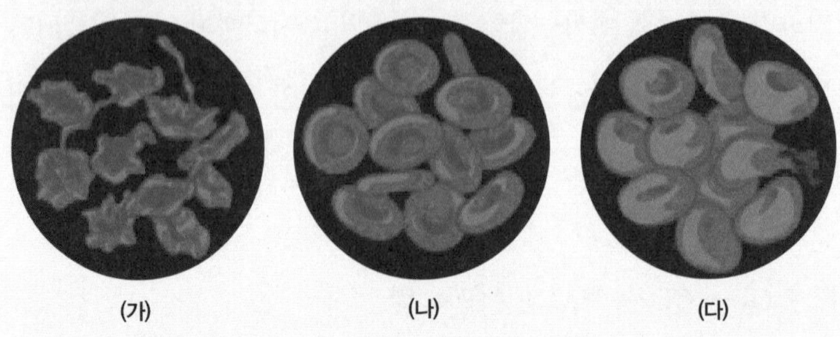

〈 보기 〉

ㄱ. (가)는 적혈구를 고장액에 넣었을 때 관찰된다.

ㄴ. (나)에서는 적혈구 세포와 용액 사이에 물이 전혀 이동하지 않는다.

ㄷ. 식물의 경우 (다)의 상황에서 세포가 터지지 않는다.

① ㄱ　② ㄴ　③ ㄱ, ㄷ　④ ㄴ, ㄷ　⑤ ㄱ, ㄴ, ㄷ

정답 : ③ 해설 : 고장액은 세포보다 농도가 진한 수용액을, 등장액은 세포의 농도가 같은 수용액을, 저장액은 세포보다 농도가 낮은 수용액을 말한다. (가)는 적혈구를 고장액에, (나)는 등장액에, (다)는 저장액에 넣었을 때 관찰된다.

ㄱ. (가)에서는 적혈구에서 용액으로 물이 빠져나간다. 식물세포의 경우 원형질 분리가 일어난다.

ㄴ. (나)에서는 외관상 크기가 변하지 않지만 적혈구 세포와 용액 사이에 물 분자는 같은 비율로 지속적으로 이동한다.

ㄷ. 식물의 경우 세포벽을 가지고 있으므로 (다)의 상황에서 적혈구처럼 용혈 현상이 나타나지 않는다.

2. 그림은 식물의 잎 구조를 나타낸 것이다. 이에 대한 설명으로 옳은 것만을 〈보기〉에서 있는 대로 모두 고른 것은?

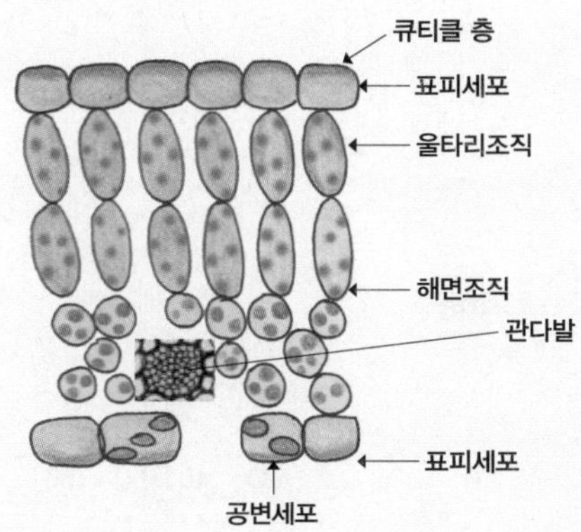

〈 보기 〉

ㄱ. 관다발조직에는 통도조직인 물관과 체관이 있다.

ㄴ. 공변세포의 크기는 주변 조건에 따라 변할 수 있다.

ㄷ. 모든 표피세포에서는 광합성 작용이 활발하게 일어난다.

① ㄱ ② ㄴ ③ ㄱ, ㄴ ④ ㄴ, ㄷ ⑤ ㄱ, ㄴ, ㄷ

정답 : ③ 해설 : ㄱ. 관다발조직에는 통도조직에 속하는 물관과 체관, 그리고 분열조직 세포들이 존재한다. 물관에서는 물과 무기염류가 운반되고, 체관에서는 동화작용으로 합성된 유기 영양소가 운반된다.

ㄴ. 맑고 건조한 날, 바람이 부는 날 공변세포가 커져서 기공이 열린다.

ㄷ. 공변세포를 제외한 표피세포에서는 광합성 작용이 일어나지 않는다.

3. 그림은 어떤 식물에서 온도에 따른 총광합성량과 호흡량의 변화를 나타낸 것이다. 온도 이외의 조건은 동일하다. 이에 대한 설명으로 옳은 것만을 〈보기〉에서 있는 대로 모두 고른 것은?

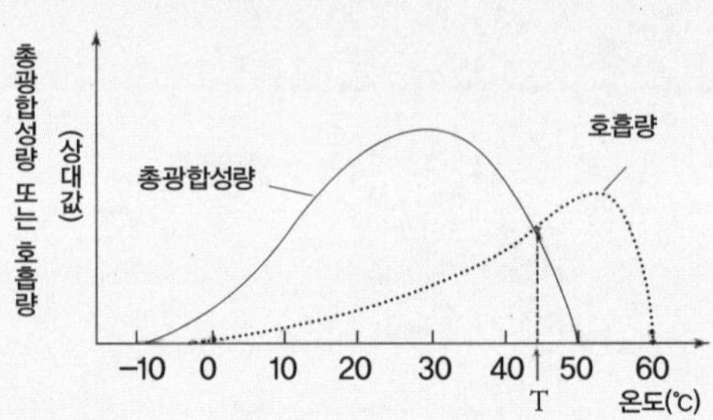

〈 보기 〉

ㄱ. 순광합성량은 40℃보다 20℃에서 더 많다.

ㄴ. 총광합성량과 호흡량 모두 밤에는 측정되지 않는다.

ㄷ. 고산지대에서 작물을 재배하면 수확량을 더 높일 수 있다.

① ㄱ ② ㄴ ③ ㄱ, ㄷ ④ ㄴ, ㄷ ⑤ ㄱ, ㄴ, ㄷ

정답 : ③ 해설 : 총광합성량 = 순광합성량 + 호흡량이다.

ㄱ. 순광합성량은 총광합성량에서 호흡량을 뺀 값이므로 40℃보다 20℃에서 더 많다.

ㄴ. 광합성은 햇빛이 있을 때만 일어나기 때문에 총광합성량이나 순광합성량은 햇빛이 있을 때만 측정할 수 있다. 하지만 호흡은 밤낮 구분 없이 일어나기 때문에 호흡량은 항상 측정된다.

ㄷ. 고산지대는 온도가 평지보다 낮아 호흡량이 적다. 따라서 순광합성량이 많기 때문에 수확량이 증가한다.

4. 그림은 온도를 달리했을 때 빛의 세기에 따른 어떤 식물의 광합성 속도를 나타낸 것이다. 온도와 빛의 세기 이외의 조건은 같으며, 주어진 온도에서 호흡량은 모두 같다. 이에 대한 설명으로 옳은 것만을 〈보기〉에서 있는 대로 모두 고른 것은?

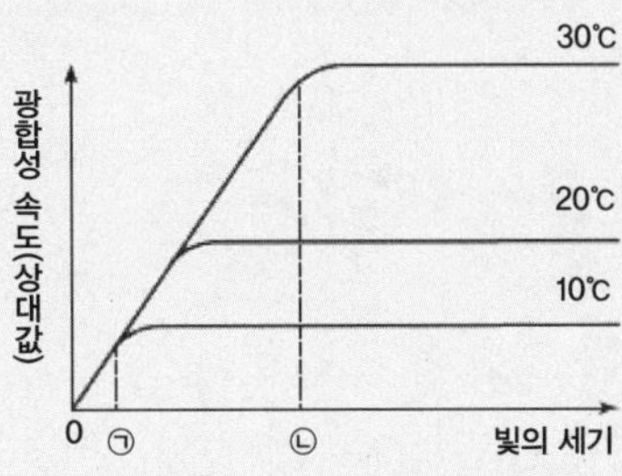

〈 보기 〉

ㄱ. 온도와 광포화점은 비례한다.

ㄴ. 세 가지 경우에서 보상점은 변화가 없다.

ㄷ. 빛의 세기가 ㉠보다 작을 때 광합성의 제한 요인은 빛의 세기이다.

① ㄱ ② ㄴ ③ ㄷ ④ ㄱ, ㄴ ⑤ ㄴ, ㄷ

정답 : ③ 해설 : 광포화점은 광합성 속도가 평행해지기 시작할 때의 빛의 세기, 보상점은 광합성량과 호흡량이 같을 때의 빛의 세기를 말한다. 광합성의 제한 요인이란 광합성에 영향을 주는 요인을 말한다.

ㄱ. 어느 정도의 온도 증가까지만 광포화점과 비례한다고 할 수 있다. 만약 온도가 100℃라고 가정하면, 그 식물은 죽고 만다.

ㄴ. 온도 변화에 따라 각 식물이 보상점에 도달될 수 있는 빛의 세기는 달라진다.

ㄷ. ㉠보다 작은 빛의 세기에서는 온도에 상관없이 광합성 속도가 똑같으므로, 이 상태에서 광합성 속도에 영향을 주는 것은 빛의 세기이다. 즉, 광합성의 제한 요인은 빛의 세기이다.

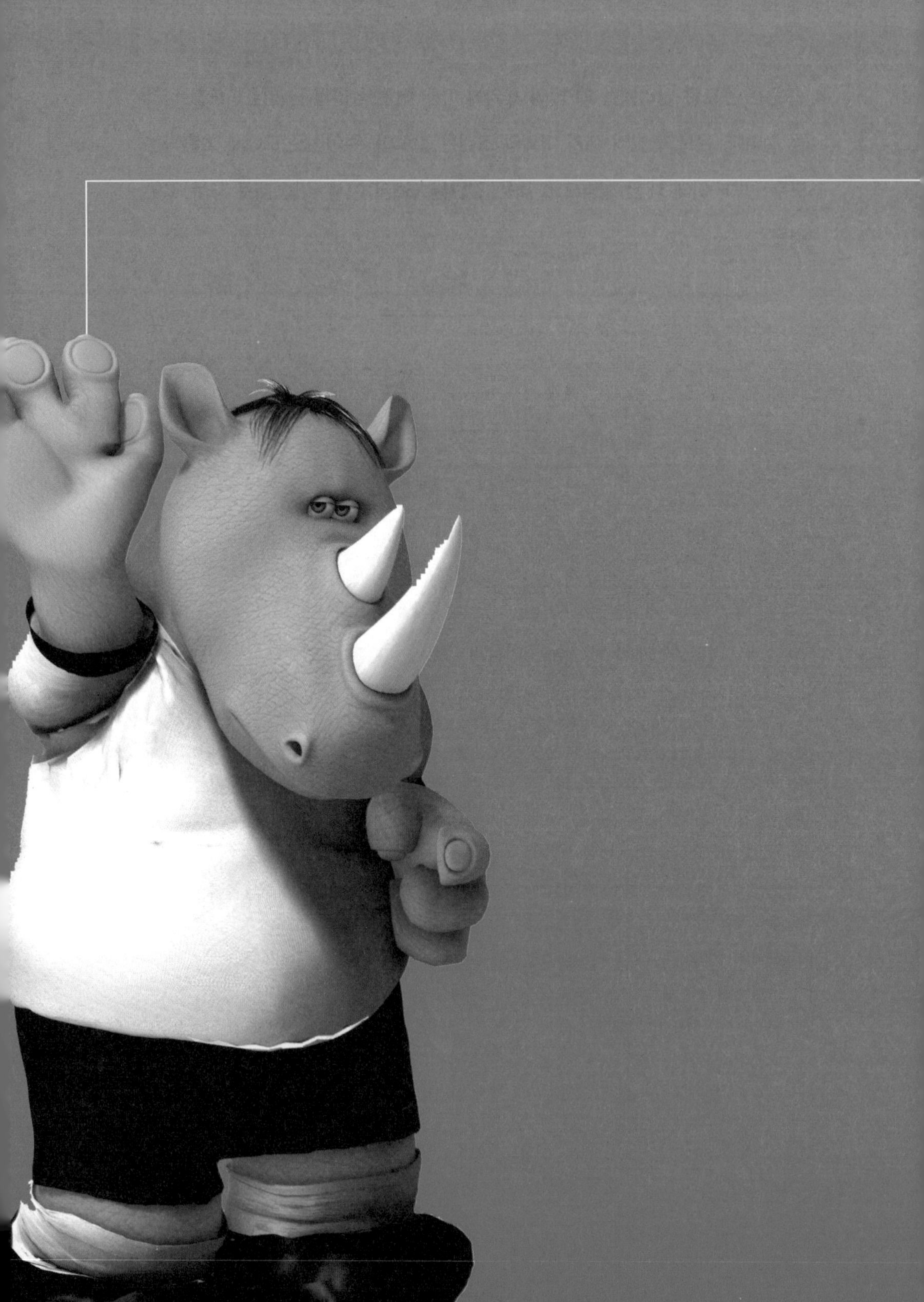

4장

생명체의 역사가 궁금하다!

사람에게는 동물을 다스릴 권한이 있는 것이 아니라,
모든 생명체를 지킬 의무가 있는 것이다.
_제인 구달(Valerie Jane Morris-Goodall, 영국의 동물학자)

쌤의 친구 가운데 못 말리는 '어지럽힘증' 환자가 하나 있습니다. 책상, 방바닥, 침대, 책꽂이…… 그 친구 방에 들어가면 발 디딜 데가 없는 것은 물론이거니와 눈을 둘 데도 없지요. 그런데도 친구는 참 용케 자기가 필요한 것들을 잘 찾아내더라고요. 이따금 쌤이 "야 인마, 좀 치우고 살아라!" 하면 "모르는 소리 마라, 천재는 원래 안 치우고 산다"면서 들은 척도 안 합니다. 산처럼 수북이 쌓인 잡동사니 속에서 뭔가 콕콕 집어내는 것을 보면, '어라, 정말 천재 맞나?' 하는 생각도 들지만요. 하지만 평범한 우리는 대개 여러 가지 물건들을 기억하기 쉽고, 찾기 쉽게 정리정돈하면서 살아갑니다.

여러분, "분류가 잘되어서 물건 찾기 쉬운 곳" 하면 어디가 떠오르나요? 도서관이나 대형마트, 백화점이 떠오른다고요? 맞습니다. 옆의 사진은 쌤이 국회도서관에 갔다가 찍은 것입니다. 많은 상품, 책 등을 이렇게 정리하려면 엄청 힘이 들 텐데 사람들은 왜

책이 일정한 규칙에 따라 정리된 도서관

아리스토텔레스의 분류 기준

굳이 물건을 정리하는 것일까요? 나름대로의 규칙과 원칙을 세워서 말입니다. 우리 인간에게 '정리 본능'이 있는 것일까요?

생물학에서도 '분류하기'는 매우 중요합니다.

생물에 대한 분류의 역사도 아주 길지요. 시작은 다른 과학 분야와 마찬가지로 아리스토텔레스부터라고 합니다. 그 유명한 "이다-아니다"(일명 쌍속형 비교법이라고 하지요)를 가지고 분류했다고 하네요. 예를 들면 "이 식물은 잎에 그물맥이 있는데 저 식물은 없다" 등의 방법으로 분류를 했습니다. 아리스토텔레스와 그의 제자가 만든 분류 체계는 무려 1500년 동안 약간씩 변하면서 사용되었습니다.

아리스토텔레스

14세기에 들어서자 나라와 나라 사이에 무역이 활발해지면서 탐험과 채집 등의 활동이 잦아졌습니다. 덕분에 보관해야 할 생물의 종류도 많아졌지요. 이에 따라 일정한 기준으로 생물을 분류하고 공통적으로 사용할 수 있는 이름을 붙여야 한다는 의견이 제기되었습니다. 그 당시 사람들은 어떤 종류의 생물이든 변하지 않고 고정적인 특성을 갖고 있다고 생각했습니다. 그래서 생물을 나누는 기준 역시 눈으로 관찰한 특성들이 중심이 되었지요(같은 종류에 속하는 생물들 사이에서 나타나는 약간의 차이는 무시했습니다).

이 장에서는 모든 사람이 알 수 있는 생물체의 이름 붙이기와 생물을 분류하는 방법에 대해서 배워보기로 하겠습니다.

생물체 이름 붙이기

학자마다 중요하게 생각하는 분류 특성이 매우 다르고, 관심을 갖고 있는 생물 집단도 다른 탓에 옛날의 생물 분류는 혼돈 그 자체였습니다. 그런 와중에 드디어, 유명하신 스웨덴의 식물학자인 린네(Carl von Linné, 1707~1778) 박사가 등장합니다. 린네 박사는 혼돈 그 자체였던 당시의 분류 특성을 단순화했고 약 8천여 종의 동식물을 기재했습니다. 린네의 이름을 더욱 드높인 뛰어난 업적은 생물종[1]의 이름을 정하는 방법을 만들었다는 점입니다. 바로 유명한 이명법입니다. 이명법으로 학명을 표현하는 방법은 다음과 같습니다.

린네

1 종(species)은 생물 분류의 기본적인 단위로, 우리 사람은 사람종에 속하고, 개는 개종, 고양이는 고양이종에 속한다. 같은 종의 생물들은 서로 자연적으로 생식활동을 하여 새끼를 낳을 수 있고, 그 새끼는 다시 또 새끼를 낳을 수 있다.

속명 + 종소명[2] + 명명자의 순서에 따라서 생물종의 이름을 표현합니다. 이 학명이 종명이고, 종소명은 해당 종이 살고 있는 환경이나 해당 종의 특성을 형용사로 표현한 것입니다. 예를 들어 개(dog)의 학명은 '*Canis familiarus* L.'이고 늑대의 학명은 '*Canis lupus*' 로 표현합니다.

앞에 먼저 쓴 것은 속명, 그 다음은 종소명, 마지막은 명명자의 이니셜입니다. 우리 인간의 경우 '*Homo sapiens* L.'가 되지요.

이것만은 꼭!

이명법의 규칙

첫째, 속명과 명명자의 첫 글자는 반드시 대문자로 표기하고, 명명자의 이름은 생략하거나 이니셜만 써도 된다.

둘째, 속명은 고유명사, 종소명은 보통명사나 형용사로 라틴어 또는 그리스어로 표현한다.

셋째, 이탤릭체로 표현하되, 정자체로 쓸 경우에는 반드시 밑줄을 친다. 명명자는 정자체로 표현한다.

린네는 속명보다 큰 분류군으로 '과, 목, 강, 문, 계'의 이름을 사용하였고 이러한 린네의 분류 체계는 널리 인정받았습니다.

이명법을 좀 더 세분화시킨 것으로 삼명법이 있습니다. 이는 종소명 다음에 그보다 아래 단계인 아종명 등을 덧붙여 표기하는 방법입니다. 생물종의 다양한 차이를 좀 더 구체적으로 표현할 수 있다는 장점이 있지요.

2 어떤 종류의 생물이 살고 있는 지역 또는 그 생물의 특성을 형용사로 표시한 명칭을 말한다. 종소명을 보면 그 생물종의 특성이나 환경 등을 이해하기 쉽다.

예를 들어 집돼지는 '*Sus scrofa domesticus* L.'로 표시하지만 멧돼지는 '*Sus scrofa* L.'입니다. 같은 돼지종이지만 차이점을 표현하기에 매우 적합하지요. 집돼지의 '*domesticus*'는 라틴어로 '집'이라는 뜻입니다.

시간은 흘러 여러분이 이미 배운 다윈의 진화론과 멘델의 유전법칙이 등장하게 되었고, 사람들은 생물종이 불변하는 것이 아님을 알게 되었지요. 특히 **다윈은 생물종들의 차이뿐만 아니라 이 생물들이 가지고 있는 공통적인 특성에 대한 의미를 설명하였고, 생물종은 오랜 시간 동안에 느리게 변한다는, 이른바 진화한다는 학설을 발표했습니다.** 이후에 멘델의 유전 실험과 생물 집단에 관한 유전학이라는 새로운 학문의 등장으로 생물종의 수많은 차이들이 아주 중요하다는 점을 알게 되었습니다.

지금까지도 생물분류학은 조금씩 변화하고 있으며, 현재에는 첨단 기술을 사용하여 생물종이 어떻게 진화하는지, 어떤 관계가 있는지 연구하고 있지요.

조금 더 알아보기

• 생물을 나누는 목적은?

첫째, 생물종의 정체를 알기 위해서

둘째, 생물종에 적절한 이름을 붙이기 위해서

셋째, 생물종 사이가 어느 정도 가까운지를 나타내는 유연관계를 알기 위해서

생명체는 언제 지구에 나타났을까?

다윈

지구의 역사는 얼마나 되었을까요? 예전에는 많은 사람들이 지구의 나이가 단지 수천 년쯤 될 것이라고 생각했습니다. 그리고 지구는 변하지 않으며 신이 만든 완전한 존재라고 생각했지요. 이 같은 고정관념은 생물의 연구 역사에도 그대로 영향을 주었습니다. 하지만 이런 생각에 변혁을 몰고 온 사람이 있습니다. 바로 다윈이지요.

다윈은 지구의 역사가 인간이 짐작한 것보다 오래 되었으며 생명체는 시간이 흐르면서 변할 수 있다고 주장했습니다. 다윈의 진화론은 그후 비약적으로 발전했고, 마침내 우리 문화의 한 부분이 되었습니다.

이제부터 진화론을 바탕으로 생명은 왜 다양한지, 지구상에 언제부터 어떻게 생명체가 살기 시작했는지 살펴보기로 할까요? 그리고 더 나아가 진화는 어떤 과정을 통해 일어나는지 알아보기로 하지요.

유기물의 기원

지구상에서 생명체의 기원을 알려면 유기물의 기원부터 먼저 알아야 합니다. 생명체가 출현하기 위해서는 생명체를 구성하는 유기물이 먼저 등장하기 때문이지요. 유기물이란 탄소와 수소 원소를 가지고 있는 물질을 말합니다. 유기물은 지구상에 어떻게 등장했을까요? 그 배경을 알아보기로 하지요.

원시 지구의 화산 활동. 원시 지구는 불안정하고, 화산 활동이 매우 활발하게 일어났으리라 여겨진다.

우주의 나이는 110~160억 년쯤일 것으로 보입니다. 그리고 태양계는 약 46억 년 전에 생성되었으리라 추정됩니다. 46억 년 전의 지구는 아직 '어린 별'이었습니다. 지구가 둥근 형태를 갖춘 뒤에도 지구의 표면은 약 6억 년 동안 단단해지지 않았습니다. 아주 뜨거웠을 것으로 추측되고요. 어디 그뿐인가요? 유성이나 소행성들이 무차별적으로 원시 지구를 공격했을 것입니다. 자, 이런 환경에서 과연 생명체가 존재할 수 있었을까요? 단연코 아니겠지요? 그러다가 행성들의 무차별 공격이 잦아들면서 지구의 표면도 점점 식어지고, 공기 중에 떠돌던 수증기가 비가 되어 내리면서 지구 표면이 단단해지기 시작합니다. 비로소 지구의 껍질인 지각이 형성된 것이지요.

자, 그러면 지구라는 무대의 첫 등장인물인 유기물에 대해 알아보지요. 유기물은 자연적으로 만들어질 수 있을까요? 이러한 과정을 실험을 통해 증명한 과학자가 있습니다. 바로 미국의 과학자 스탠리 밀러(Stanley Miller, 1930~2007) 박사이지요.

스탠리 밀러

밀러 박사는 지구의 바다를 상징하는 약간의 물과 원시 지구의 대기 성분으로 생각하는 수소(H_2), 암모니아(NH_3), 메탄(CH_4, 또는 메타인)을 플라스크에 넣었습니다. 이 성분들을 고무관으로 연결한 뒤 지구의 바다를 가열하고, 원시 지구의 대기에서 발생했으리라 생각되는 번개를 만들기 위해 전기 방전을 일으켰습니다. 며칠이 지나자 바닥의 비커(원시

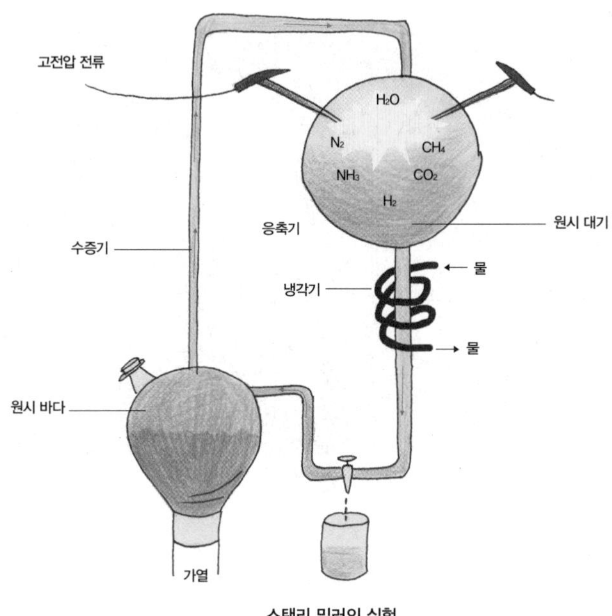

스탠리 밀러의 실험

바다에 해당합니다)에 아미노산, 유기산, 시안화수소(HCN), 요소 등과 같은 여러 유기물질이 생겨났습니다.

이 실험을 통해 밀러 박사는 원시 지구의 환경에서 유기물질이 만들어졌음을 증명하게 되었지요. 이렇게 만들어진 유기물은 원시 생명체가 탄생하는 새로운 환경을 마련했습니다.

원시 생명체의 기원

밀러 박사의 실험에서 본 것처럼 원시 지구의 환경에서 생물체를 이루는 유기물질이 만들어졌습니다. 그리고 마침내 생명체가 등장할 준비가 되었습니다. 원시 생명체가 만들어지는 과정은 러시아 과학자 오파린(Aleksandr Ivanovich Oparin, 1894~ 1980)이 제시했는데 이를 오파린 가설이라고 합니다.

* 오파린은 큰 단백질과 다당류의 혼합물을 흔들어주면 '코아세르베이트'라는 원

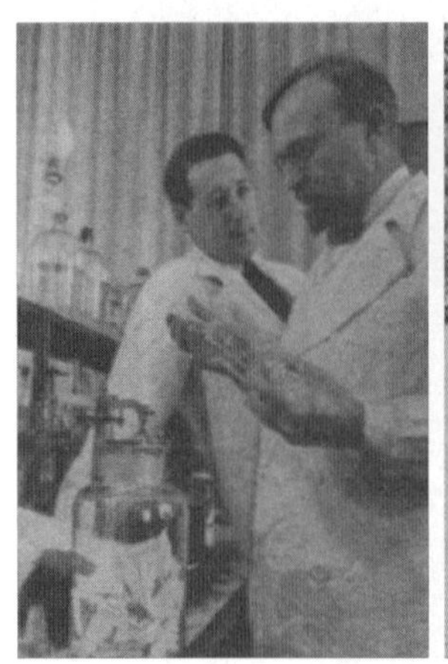
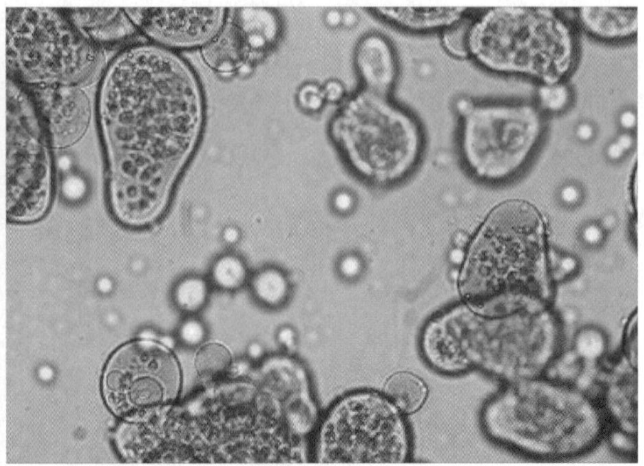
오파린(좌)과 코아세르베이트 구조(우)

시 생명체가 만들어진다고 주장했습니다. 코아세르베이트라는 이 원시 생명체 모형은 물과 약간의 물질을 교환했으며 매우 안정적이었고, 여러 개가 합쳐지거나 분리하기도 했습니다. 또 영국의 과학자 폭스(Sidney Fox, 1912~1998)가 산성과 염기성 아미노산을 다량 함유하는 아미노산 혼합물을 가열하면 아미노산들이 합쳐져 작은 단백질 조각(폴리펩티드라고 합니다)이 생긴다는 사실을 발견했는데 이것은 원시 단백질과 비슷합니다. 이 원시 단백질을 묽은 염기성 용액에 용해한 뒤에 냉각하면 희고 탁해지며, 지름이 0.5~2㎛[3]인 모양이 고른 '마이크로스피어'가 생깁니다. 이 원시 단백질성 마이크로스피어가 자연 조건에서 발생하는 원시세포의 모형이지요. 마이크로스피어는 코아세르베이트에 비해 더 안정적인 구조이며,

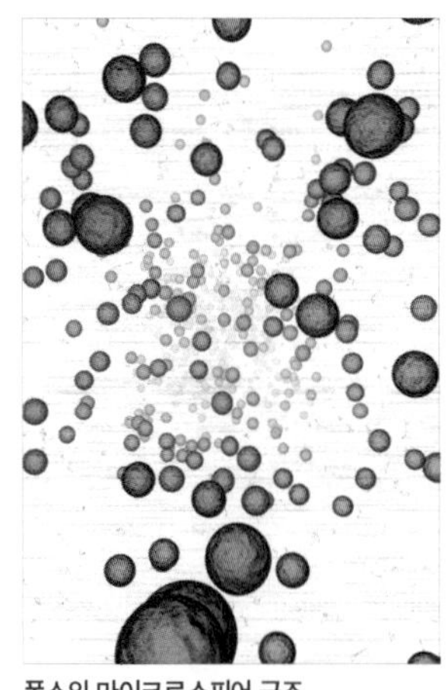
폭스의 마이크로스피어 구조

3 10^{-6}m에 해당하는 길이 단위

효모와 비슷하게 출아[4] 현상이 나타납니다. 다양한 유기화합물을 혼합한 찬물에서도 형성되며, 막은 세포의 이중층과 비슷하게 형성되기도 합니다. 이러한 설명에서 세포라는 독특한 구조가 비교적 쉽게 만들어진다는 것을 알 수 있지요.

조금 더 알아보기

• 여러 생명 기원설

심해 열수구설

1988년 유기화학자인 배히터스호이저(Günter Wächtershäuser, 1938~)가 주장한 이론으로 금속 이온과 황화수소(H_2S)가 풍부하고, 높은 온도의 물이 차가운 해수와 만나는 심해 열수구에서 생물체에 중요한 유기 분자가 유래했다는 가설이다.

심해 열수구 지역의 과학탐사 장치

외계 운석설

운석 연구를 통해 제기된 가설로, 유기 탄소를 가진 소행성이나 혜성의 일부가 지구와 충돌하면서 상당량의 외계 유기 분자가 원시 지구로 들어왔다는 가설이다.

운석

4 몸의 일부에서 혹처럼 생긴 구조가 생긴 뒤 떨어져 나와 새로운 개체가 되는 생식 방법

원핵세포의 등장

최초의 생물체는 약 38~39억 년 전에 출현하였을 것으로 추정됩니다. 당시의 원시 바다에는 밀러의 실험에서 증명한 것과 비슷한 방법에 따라 매우 많은 양의 유기물이 존재했을 것입니다. 최초의 원시 생명체는 스스로 유기물을 만들 수 있는 물질대사 방법을 갖지 못했을 것으로 보입니다. 따라서 매우 단순한 종속영양생물[5]이었으며, 세포 구조는 단순하며 핵을 비롯해 막으로 둘러싸인 다양한 세포소기관이 없는 원핵세포였을 테지요. 더구나 원시 대기에는 산소가 거의 없었으므로 무기호흡으로 유기물을 분해하여 에너지를 얻었겠지요. **원핵세포의 대표적인 예는 세균**들입니다.

무기호흡을 하는 종속영양생물이 오랫동안 원시 바다의 유기물을 분해함에 따라 이용할 수 있는 유기물의 양은 점점 감소했고, 유기물의 분해 결과로 대기 중의 이산화탄소(CO_2) 농도는 증가하게 되었습니다. 이와 같은 환경 변화에 적응하여 섭취한 무기물로 몸속에서 필요한 유기물을 합성하여 이용하는 독립영양생물이 드디어 출현하게 됩니다. 최초의 독립영양생물은 홍색황세균, 녹색황세균 등과 같은 광합성 원핵세균이었을 것으로 생각되며, 이후 광합성 과정에서 물을 이용하는 원시 남조류가 출현하면서 대기에 산소(O_2)가 축적되기 시작했습니다.

지구상에서 가장 오래된 화석인 스트로마톨라이트

지구상에 존재하는 가장 오래된 생물의 흔적(화

5 스스로 무기물에서 유기물을 합성하지 않고, 다른 생물체가 만들어놓은 유기물을 먹고 사는 생물, 대표적인 종속영양생물은 우리 인간이다.

석을 뜻합니다)은 약 35억 년 전에 형성된 '스트로마톨라이트(stromatolite)'입니다. **스트로마톨라이트는 원시 생물의 광합성 활동으로 만들어진 화석이며, 약 35억 년 전에 이미 광합성을 하는 원핵생물이 존재했음을 보여주는 단서**이지요.

대기에 산소가 축적되면서 지각은 산화되고 지구 환경도 많이 바뀌게 되었습니다. 따라서 기존에 존재하던 원핵생물의 생존방식과 사는 장소의 특성도 많이 변하게 되었지요. 산소가 부족한 환경에서 살았던 많은 원핵생물들이 늘어난 산소 때문에 죽어갔고, 반면에 산소를 이용하여 유기물을 분해하여 훨씬 더 많은 에너지를 얻는 산소호흡 원핵생물이 출현했습니다. 또한 대기 중에 존재하는 산소는 오존층[6]을 형성하여 태양에서 지표면으로 방출하는 엄청난 양의 자외선[7]을 차단함으로써 바다에서 육상으로 생물이 살 수 있는 공간이 넓어졌습니다.

바깥의 푸른 색깔이 오존층이다.

6 산소 원자 3개로 이루어진 분자(O_3). 대기권에 얇게 존재하며 태양 광선의 자외선을 상당 부분 차단한다. 최근에 여러 대기 오염물질로 남극의 오존층에 구멍이 생기면서 다양한 환경 피해가 예상된다고 하며, 따라서 오존층이 파괴되지 않도록 다양한 방법으로 노력하고 있다.

7 태양에서 발생하는 다양한 전자기파 중 한 종류로, 우리가 볼 수 있는 가시광선 가운데 보라색(한문으로 자색) 밖에 있는 광선이다. 자외선은 세균을 죽일 수 있는 에너지를 가지고 있어 화학선이라고도 하며 가정이나 식당 등에서 그릇과 숟가락, 젓가락, 컵을 소독하는 멸균 소독기의 빛(파란빛)으로 사용된다.

진핵세포의 등장

초기에 형성된 생물들은 모두 원핵세포였으리라 추측하지만 약 21억 년 전, 세포막이 안으로 접혀 들어가고, 다른 원핵세포와 공생관계를 형성하면서 원핵세포보다 더 크고 복잡한 구조를 가진 진핵세포가 출현했습니다. 진핵세포는 핵 속에 유전물질을 비롯해 미토콘드리아, 엽록체, 소포체 등 막으로 둘러싸인 세포소기관을 가지고 있는 세포이지요. 원핵세포에서 진핵세포가 형성되는 과정은 크게 두 가지로 설명할 수 있습니다.

첫 번째는 세포막 함입설입니다. 세포막에서부터 세포 안으로 접힌 막이 결국 세포막에서 떨어져 나와 소포체, 골지체, 핵막 등의 막으로 둘러싸인 세포소기관이 만들어졌다는 가설입니다.

두 번째로는 세포 내 공생설입니다. 홀로 살아가던 원핵세포가 다른 세포의 내부에 함께 살면서 미토콘드리아, 엽록체와 같은 세포소기관으로 발전했다고 설명하는 가설입니다.

다세포생물의 등장

지금까지 발견된 가장 오래된 다세포 진핵생물의 화석은 약 12억 년 전으로 측정되지만, 실제 이 생물은 약 15억 년 전에 처음 등장했을 것으로 생각됩니다. 원시 다세포생물은 두 가지 방법으로 진화되었을 것으로 추측하지요. 첫 번째는 집합 과정을 거쳐 형성되었다는 것인데, 같은 종류의 단세포 진핵생물 여러 개가 모여 하나의 군체[8]를 형성하는 방법이지요. 이렇게 서로 가깝게 모여 군체를 이룬 세포들 사이에서 의존성이 늘어났고, 이에 따라 세포들의 기능이 분담되었을 것

8 여러 기본 구조가 모여서 이루어진 덩어리 모양의 구조

입니다. 두 번째로는 세포분열로 형성된 세포들이 계속 붙어 있으면서 다세포화가 일어났다고 보는 것입니다. 위의 두 가지 방법 가운데 **복잡한 다세포 생물은 세포분열 – 부착 방법에 따라 생기는 것으로 알려졌습니다.**

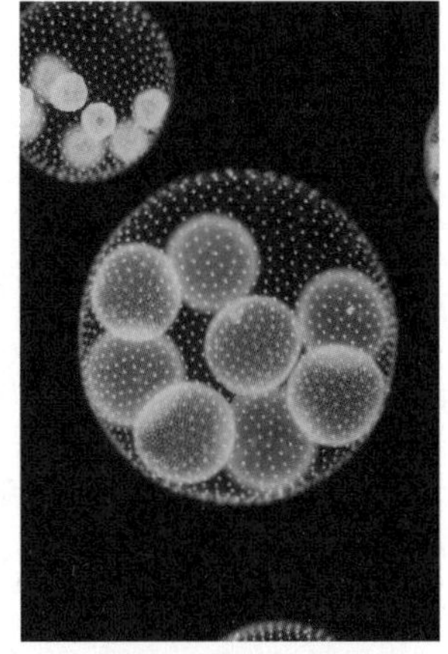
볼복스는 크기와 모양이 같은 단세포가 여러 개 모여서 이루어진 군체 생물의 일종으로 연못 등에서 주로 볼 수 있다.

지금까지 우리는 원시 바다에서 살던 생물들을 살펴보았습니다.

이를 정리하면, 가장 먼저 유기물이 만들어졌고, 유기물에서 원핵세포가 탄생하였으며, 세포 내 공생설과 세포막 함입설에 따라 원핵세포에서 진핵세포로 진화되었고, 이후 다양한 방법으로 다세포생물이 진화되었습니다. 이제 생물들이 어떻게 원시 바다에서 육지로 진화하게 되었는지 살펴보기로 하지요.

육상 생물의 등장

광합성 생물의 활동으로 대기 중의 산소 농도가 꾸준히 증가하여 고생대 초기에 이르러 마침내 현재의 대기 수준이 되었습니다. 현재 대기 중에는 산소가 약 21%를 차지하고 있습니다. 대기 중 산소의 농도가 증가하면서 대기 상층부인 성층권에 오존층이 형성되었고, 태양에서 뿜어내는 자외선의 상당 부분이 차단되었지요. 이러한 환경 변화에 따라 고생대에 드디어 육상 생물이 등장합니다. 일반적으로 **다세포 진핵생물은 캄브리아기인 약 5억 년 전쯤 육상에 출현**했다고 합니다. 생물이 육상에서 생존하기 위한 조건에는 어떤 것이 있을까요?

물을 효율적으로 습득할 수 있는 방법, 그리고 반대로 물의 손실을 최대한 막

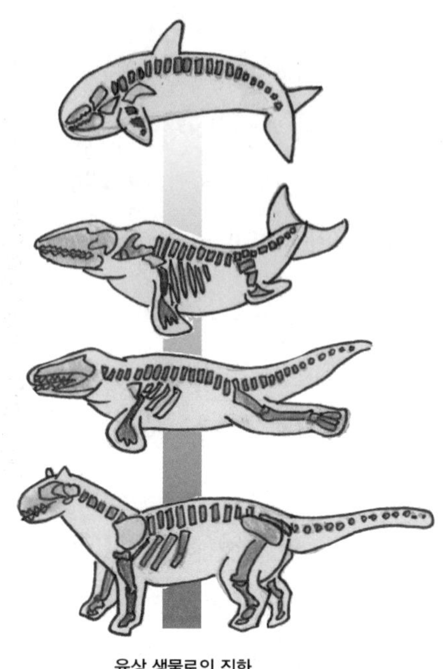

육상 생물로의 진화

을 수 있는 방법이 필요했을 것입니다. 이에 따라 식물의 경우에는 뿌리와 관다발의 발달이 중요한 진화 요인이 되었겠지요. 반면 동물의 경우에는 외피가 건조되는 것을 막는 적응 방법이 필요했을 것입니다.

다양한 생물의 등장

새로운 형태를 가진 생물의 출현은 지구의 지질학적 변화와 매우 관계가 밀접합니다. 지질학적 변화는 다양한 환경적·생물학적인 변화(이에 비해 생물체에 나타난 변화는 유전적인 변화와 환경적인 변화에 따른 상호작용의 결과물)를 일으켰고, 이러한 변화 속에서 어떤 생물들은 번성하고, 어떤 생물들은 사라지는 일들이 일어났지요.

생물의 번성과 쇠퇴의 원인은 매우 다양한데, 주요 원인으로는 대륙 이동[9], 천재지변에 따른 대멸종, 적응방산[10]에 따른 번성 등이 있습니다.

대륙의 상대적인 위치는 수억 년에 걸쳐 변해왔습니다. 이를 대륙 이동이라고 합니다. 대륙의 이동으로 기후나 습도가 달라지는 등 생물체의 서식 환경이 크게 변화했고, 이 때문에 바뀐 환경에 적응하지 못한 생물군은 멸종하고, 환경에 적응한 새로운 생물군이 등장합니다. 또한 대륙 이동은 같은 종의 생물군이 다른 종으로 분화하는 과정을 촉진하기도 했습니다.

지구상에 존재하는 생물종의 상당수가 갑자기 사라지는 현상을 대멸종이라고 하지요. 생명의 전체 역사에서 생물들이 나타나고 사라지는 과정은 수없이 반복되어왔고 지난 5억 년 동안에만 다섯 차례의 대멸종이 일어났다고 합니다. 대멸종의 원인은 대규모 화산 폭발, 기후변화, 대기의 성분 변화, 대륙 이동, 운석 등의 충돌, 홍수, 빙하작용 등이 있습니다.

이러한 대멸종이 일어난 뒤 진화 계통이 바뀌고 생물의 종류와 생태적 군집이 변하였으며, 대규모 적응방산이 일어나 생물군이 다양해진 것으로 보입니다.

9 원시 대륙은 하나로 붙어 있었으며 이를 초대륙(판게아)이라고 한다. 반고체 상태의 맨틀이 대류 운동을 하면서 맨틀 위에 떠 있는 지각이 이동하는데 이를 대륙 이동이라 한다.

10 같은 종류의 생물이 여러 가지 환경 변화에 적응하여 진화하면서 비교적 짧은 시간에 많은 종류로 진화하는 현상

조금 더 알아보기

• 다섯 차례의 대멸종

오르도비스기, 데본기, 페름기, 트라이아스기, 백악기의 후반부 시기에 일어난 대멸종을 가리킨다. 현대에는 인간에 따른 여섯 번째 대멸종이 일어날 수도 있다고 우려하기도 한다.

대	기		절대연대 (단위: 백만 년 전)	생물의 출현
신생대	제4기	홀로세	00.1	호모 사피엔스 출현
		플라이스토세	1.6~0.01	가장 최근의 빙하기
	제3기	플라이오세	5.3~1.6	원시 인류 출현
		마이오세	23.7~5.3	알프스 · 히말라야 산맥 형성
		올리고세	36.6~23.7	
		에오세	57.8~36.6	
		팔레오세	66.4~57.8	
중생대	백악기		144~66.4	로키 산맥 형성, 공룡 멸종
	쥐라기		280~144	공룡 출현, 시조새 등장
	트라이아스기		245~208	포유류 출현
고생대	페름기		286~245	
	석탄기		360~286	파충류 출현
	데본기		408~360	양서류 · 곤충류 출현, 빙하기 시작
	실루리아기		438~408	육상식물 등장(리니아)
	오르도비스기		505~438	어류 출현, 애팔래치아 산맥 형성
	캄브리아기		570~505	삼엽충 출현
원생대 시생대	선 캄브리아기		2500~570 2500 이전	박테리아 등의 미생물 출현

지금까지 여러분은 생물체의 시작과 육상 생물이 탄생하기까지의 과정을 대략적으로 살펴보았습니다. 이제부터 우리 인간이 어떤 진화 과정을 거쳤는지 알아볼까요?

인간은 어떻게 진화했을까?

현재까지 알려진 여러 종류의 증거들을 토대로 유추해볼 때 인간은 수백만 년 전 영장류의 진화 과정에 등장하는 공통 조상에서 유인원과 갈라져 나와 진화한 것으로 여겨집니다.

안경원숭이는 영장목에 속하는 포유류로 일반적인 원숭이와는 다른 부류에 속한다.

영장류는 앞에서 배운 분류 단위에 따라 영장목에 속하는 포유류입니다. **영장류는 여우원숭이, 안경원숭이가 속한 부류와, 원숭이와 인간이 속한 부류**로 크게 나눌 수 있습니다. 원숭이 종류에는 침팬지, 고릴라, 오랑우탄 등이 포함됩니다. 영장류의 특징은 물건을 잡기 쉬운 손가락, 큰 뇌, 짧은 털을 가지고 있다는 점, 3차원 시야가 가능하도록 눈이 전방을 향해 있다는 점입니다.

초기 영장류와 유인원[11]이 네 다리로 걸어 다녔던 것에 비해 초기 인류는 직립보행을 시작했다고 합니다. 당시의 자연 환경을 살펴볼까요? 천재지변과 기후변화 등으로 산림이 점점 사라지고 초원으로 대체되었으며, 초원 생활에 적응한 초기 인류가 진화하기 시작했습니다. 직립보행은 이동에 필요한 에너지를 줄이고 시야가 높아져 생존에 유리하게 작용했을 것으로 추측됩니다.

사람과에는 고릴라, 오랑우탄, 침팬지, 사람이 포함되지만 그 아래의 분류 단계에서 사람은 사람속(호모속이라고도 합니다)에 속합니다. **호모 하빌리스**('손을 쓰는 사람'이라는 뜻이며, 도구를 만들어서 사용한 최초의 인간)**는 최초의 호모속의 화석 인류**

11 꼬리가 없는 영장류. 긴팔원숭이과와 사람과가 포함되는데, 사람과에는 고릴라, 오랑우탄, 침팬지, 사람이 포함된다.

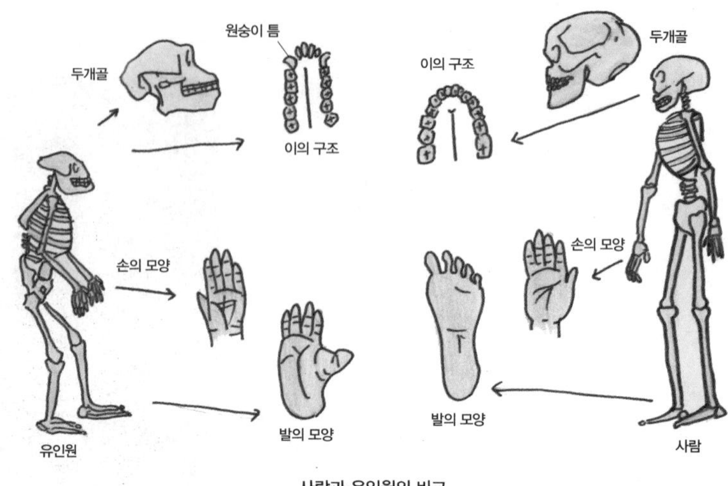

사람과 유인원의 비교

입니다. **호모 에렉투스**(직립원인, '선 사람'이라는 뜻)**는 여러 대륙으로 이동한 최초의 인류**로 추정되며, 이 시기에 인간은 불을 사용하고 집단 사냥을 했을 것으로 보입니다. 그러다가 약 20만 년 전쯤 멸종했지요.

현생인류[12]는 약 20만 년 전쯤 지구상에 출현했습니다. 처음에는 네안데르탈인과 현생인류인 호모 사피엔스가 공존했지만 약 2만 8천 년 전쯤 네안데르탈인은 멸종하고 현생인류인 호모 사피엔스만 남은 것으로 여겨집니다. 호모 사피엔스의 직계 조상 화석 가운데 가장 오래된 화석이 아프리카의 에티오피아에서 발견되어 이로써 인류의 아프리카 기원설이 힘을 얻게 되었지요.

12 현재 생존하고 있는 인류와 같은 종에 속하는 인류

조금 더 알아보기

• 화석 루시

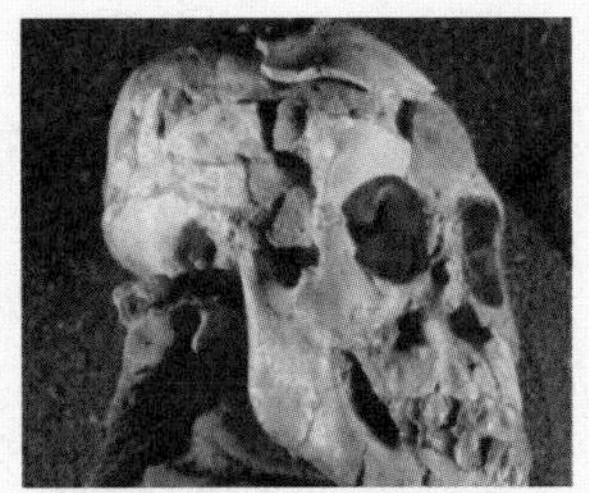
루시의 화석

1974년 11월 30일 에티오피아 하다르 지방에서 발견된 화석 '오스트랄로피테쿠스 아파렌시스-루시.' 그 당시까지 발견된 화석 가운데 그 어떤 것보다 완벽한 상태였고, 인류의 기원을 330만 년으로 끌어올림으로써 고인류학(화석 인류학)계의 스타가 되었다.

루시 이후 '루시의 조상'으로 불리는 '아르디'과 같은 좀 더 완벽하고 더 오랜 화석(약 440만 년 전)이 발견되었지만 여전히 루시의 영향력은 매우 크다. 그 사촌 격인 '세디바', 어린아이 격인 '디키카'도 발견되어 인류의 조상을 향한 인류학의 정보는 30여 년 전보다 훨씬 풍부해졌다.

최근에 '루시'라 불리는 약 330만 년 전의 직립보행 인류 화석이 발견된 지역에서 나무를 잘 탔고 직립보행 능력도 있었던 다른 인류의 발뼈 일부가 발견되었다고 한다. 미국 과학자들은 1970년대 루시가 발굴되었던 에티오피아 아파르주 부르텔레 지역의 퇴적층에서 루시와 같은 시대에 살았던 인류의 발뼈 일부를 발견했다고 〈네이처〉 지 최신호에 발표했는데, 연구진은 이 발뼈가 루시와 같은 오스트랄로피테쿠스 아파렌시스(*Australopithecus afarensis*) 종족의 것은 아니며, 이 뼈의 주인공은 440만 년 전에 살았던 아르디피테쿠스 라미두스(*Ardipithecus ramidus*)처럼 나무타기 능력이 뛰어났던 것으로 보인다고 밝혔다.

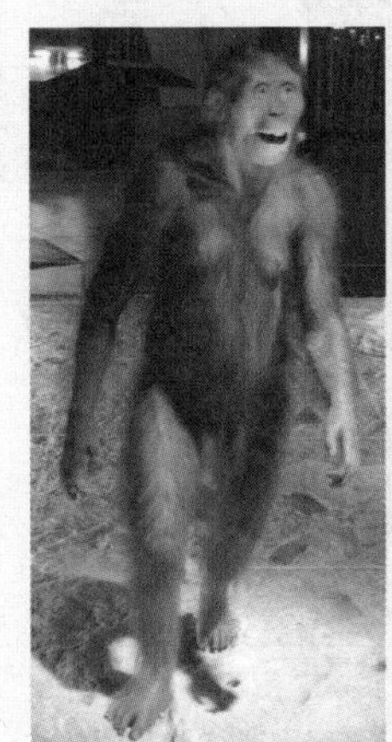
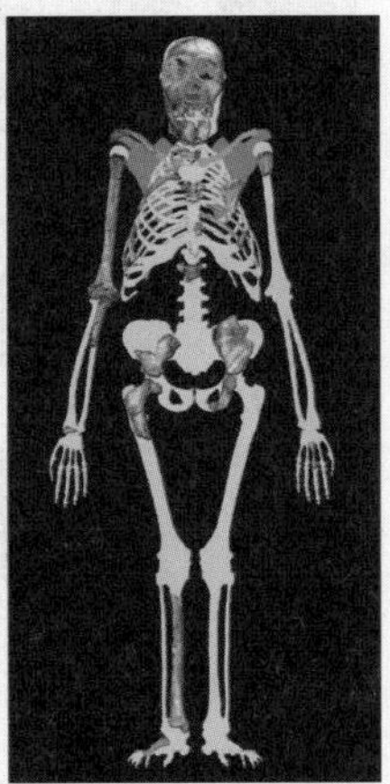
루시의 화석(우)과 인근에서 발견된 화석을 이용하여 복원한 모습(좌)

연구진은 400만~300만 년 전에 각기 다른 운동 방식을 가진 두 종류의 인류가 존재했음을 보여주는 것이라고 지적했다.

이 발뼈는 엄지발가락이 다른 발가락과 반대 방향으로 되어 있어 나뭇가지를 쉽게 붙잡을 수 있는 구조라고 한다. 이에 비해 루시는 엄지발가락이 다른 발가락과 나란히 나 있다. 연구진은 발가락이 땅에서 들리면서 앞으로 밀고 나갈 수 있는 관절 구조는 이 발뼈의 주인공처럼 두 발로 걸을 수 있었고 실제로 걸었음을 보여주는 것이라고 말했다. 학자들은 "이 발견은 매우 충격적이다. 이 화석은 우리가 지금까지 본 적이 없는 뼈 구조를 가지고 있다. 잡는 역할을 하는 엄지발가락이 옆으로 움직일 수는 있지만 직립보행을 할 때 땅을 밀고 나아가는 보다 광범위한 운동에 사용되는 관절 상부의 구조가 없어 이 뼈의 주인공은 두 발로 걷긴 했어도 걸음걸이는 다소 어색했을 것이다"라고 말했다.

이처럼 화석이 계속 발견됨에 따라 인간의 진화에 관한 내용도 조금씩 바뀌고 있다. 미래에는 인간의 진화에 관한 새로운 이론이 나올 수도 있을 것이다.

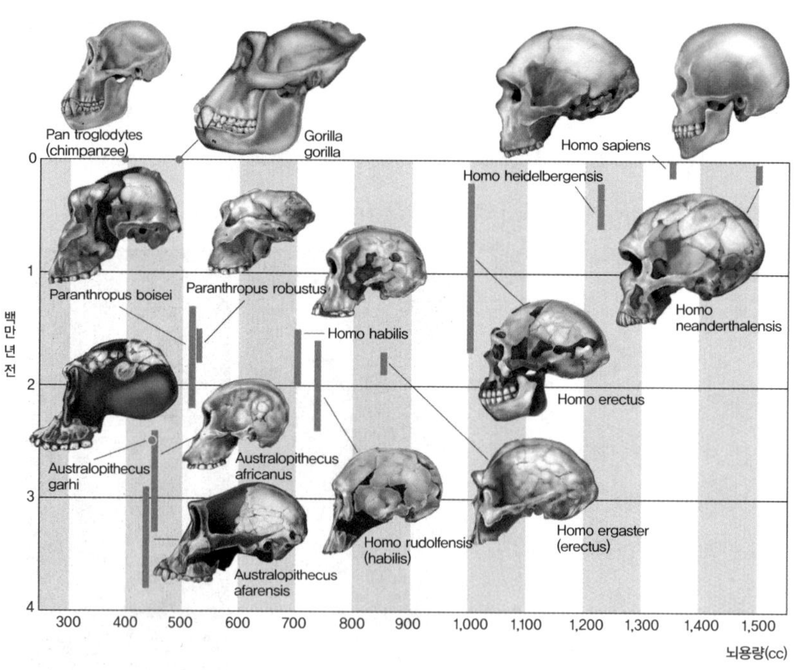

인류의 진화 계통

생물이 진화한 증거들

지금까지 우리는 생물이 진화하고 있음을 살펴보았습니다. 이제 현존하는 생물들이 모두 진화 과정을 거친 결과임을 증명해주는 여러 가지 증거들을 알아볼 차례입니다. 막연하게 믿는 것과 객관적인 증거를 가지고 믿는 것은 완전히 다른 이야기이니까요. 찰스 다윈(Charles Darwin, 1809~1882)은 1831년 비글 호를 타고 5년 동안 탐험 여행을 하면서 남미의 여러 지역에 살고 있는 생물들과 화석을 채집하고 관찰했습니다. 특히 남미와 가까운 태평양의 갈라파고스 군도의 생물 종류에 깊은 인상을 받아 생물이 진화한다는 생각을 갖게 되었다고 하지요.

다윈은 진화 과정을 자연선택으로 설명하고자 했습니다. 잘 알려진 식물과 가축의 품종 개량들을 유심히 관찰한 결과, 인간은 원하는 형질을 가진 개체들을 오랜 세대 동안 선택하고 교배시키는 인위선택[13]을 통해 종들을 변화시켰다는

티에라 델 푸에고 제도를 탐사하는 동안 원주민의 습격을 받는 비글 호(콘래드 마틴즈, 1833)

13 자연선택과 대비되는 말로, 인간의 의도에 따른 선택이다. 품종 좋은 동물끼리 교배시키는 행동들이 인위선택에 해당한다.

사실을 알게 되었습니다. 이러한 인위선택의 결과, 부모와는 전혀 다른 종이 만들어진 것이지요. 다윈은 인위선택과 비슷한 과정으로 자연선택이 일어날 수 있음을 예를 들어 설명했습니다.

이것만은 꼭!

다윈의 자연선택설

1. 대부분의 생물은 실제 생존하는 것보다 더 많은 자손을 생산하는 경향이 있으며, 과잉 생산된 개체들은 살아남기 위해 경쟁한다.
2. 자연 개체군에서 개체들 사이에 형태나 기능이 조금씩 다른 특성이 존재한다.
3. 환경에 보다 잘 적응하는 특성을 가진 개체만 살아남고 더 많은 자손을 낳아 번식한다.
4. 살아남은 개체의 특성은 자손에게 전달되며 이러한 과정이 오랫동안 계속되면 생물의 진화가 일어난다.

다윈의 주장에서 중요한 점은 자연선택이 개체들에게 일어나지만 진화가 일어나는 대상은 집단이라는 것입니다. 그리고 자손에게 전해지는 특성(형질)은 유전되며, 획득된 형질[14]이 아니라는 점과 환경요인은 시간과 장소에 따라 변하며, 때에 따라 특성이 같을지라도 유리할 수도, 불리할 수도 있다는 것이지요.

과학이 발달하고 여러 종류의 증거가 쌓이면서 다윈의 진화론은 계속해서 변하고 있습니다. 진화설은 모든 생물학 분야에서 주춧돌과 같은 이론입니다. 특히 요즘에는 유전자에 관한 많은 연구가 진행되면서 진화의 정체를 좀 더 알 수 있

14 형질은 생물체가 가지고 있는 특성을 말한다. 획득되었다는 것은 유전적으로 타고난 것이 아니라 후천적으로 얻은 것을 뜻한다. 극단적인 예를 들면, 성형 수술로 생긴 쌍꺼풀은 획득형질에 속하며, 자식에게 유전되지 않는다.

게 되었고, 진화의 단위가 개체에서 유전자로 받아들여지고 있지요. 여러분 가운데 『이기적 유전자*The Selfish Gene*』(1976년)라는 책을 읽어본 학생들이 있을지 모르겠습니다. 이 책의 저자이자 옥스퍼드 대학교 생물학 교수인 도킨스(Richard Dawkins, 1941~) 박사는 진화를 "유전자의 경쟁"이라고 표현합니다.

그런데 생물이 진화한다는 증거에는 어떤 것이 있을까요?

생물이 진화하려면 긴 시간이 필요합니다. 긴 시간 동안 조금씩 변하는 진화의 증거들은 우리가 쉽게 찾아볼 수 없지요. 하지만 조금만 사려 깊게 관찰하면 그 예를 발견할 수 있습니다. 지금부터 이 같은 진화의 증거들을 알아볼까요?

화석 증거

가장 대표적인 증거 자료는 화석입니다. 화석 기록은 시간에 따라 지구의 생명체가 어떻게 변화해왔는지 설명해줄 뿐만 아니라 다른 종류의 증거들에서 얻은 진화에 관한 가설을 검증하는 데 도움을 줍니다. 예를 들어, 양서류가 육상 척추동물의 조상이라 생각한다면 시간적으로 양서류의 화석이 육상 척추동물 이전에 존재했을 것이라는 뜻이지요.

해부학적 증거

생물의 모양이나 구조와 같은 해부학적 특성들을 비교하면 생물이 진화해온 과정을 알 수 있습니다. 사람의 팔, 고양이 앞다리, 고래의 가슴지느러미, 박쥐와 새의 날개처럼 그 기능은 모두 다르지만 해부학적 기본 구조가 같은 기관을 상동기관이라고 하며, 이는 이 생물들이 공통 조상에서 기원했으리란 것을 보여줍니다.

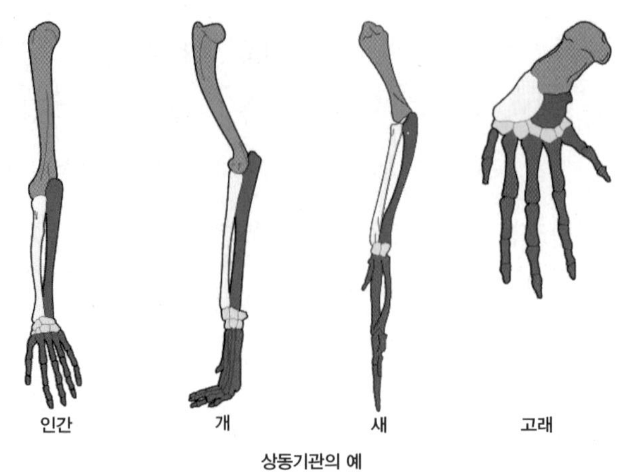

상동기관의 예

상동기관은 진화 과정에서 서로 관련이 깊은 종에서 나타납니다. 따라서 상동성을 이용하여 진화의 순서를 그릴 수 있지요.

반면에 진화적으로 관련이 별로 없는 종들이 비슷한 환경에서 비슷한 방식으로 적응하는 경우가 있습니다. 새의 날개와 곤충의 날개가 그 예인데 기능은 같지만 기원과 구조가 다른 기관을 상사기관이라고 합니다.

지리적 분포상의 증거

약 2억 5천만 년 전 판게아[15]라는 대륙판 하나가 움직이면서 약 2천만 년 전 오늘날과 비슷한 여러 개의 대륙들이 자리를 잡게 되었습니다. 그 결과, 각 대륙에 살고 있는 생물들에게서 여러 가지 특성이 나타나게 되었지요.

예를 들어, 오스트레일리아에는 다른 대륙에서 거의 발견되지 않는 유대류[16](배에 주머니를 가지고 있습니다)가 살고 있으며, 1미터가 넘는 거대한 화식조는 포식

15 현재의 각 대륙들은 아주 오래전에는 하나의 대륙이었다. 이 대륙의 이름을 판게아(초대륙)라고 한다.

16 척추동물의 포유류에 속하는 동물로, 태반이 없거나 태반이 있는 경우에도 매우 불완전하여 임신 기간이 짧으며, 새끼는 불완전한 발육 상태로 태어난다. 이러한 까닭으로 어미 배에 있는 육아낭(새끼를 넣어 기르는 주머니)에서 젖을 먹고 자란다. 캥거루, 코알라, 주머니늑대, 주머니두더지 등이 해당한다.

유대류에 속하는 동물인 코알라(좌). 뉴기니와 오스트레일리아에만 살고 있는 세상에서 가장 위험하다고 알려진 조류인 화식조는 날지 못한다(우).

자가 없는 환경 속에서 날개가 퇴화되어 날지 못하는 독특한 새로 진화하게 되었습니다.

생물의 지리적 분포는 다윈의 진화론에 중요한 증거를 제공합니다. 다윈은 갈라파고스 군도에서 각 섬에 분포하는 핀치새가 조금씩 다르다는 점을 발견했습니다. 갈라파고스 군도는 멀리 떨어져 있는 다른 열대 지역과 환경이 비슷하지만, 섬에 서식하는 핀치새는 남아메리카 대륙의 새와 훨씬 더 비슷했지요. 다윈은 이를 토대로 남아메리카 대륙에서 이주해온 새들이 섬에 자리를 잡아 대륙의 새들과는 다른 방향으로 진화했다고 생각했습니다.

지금까지 진화설을 뒷받침해주는 몇몇 증거들을 살펴보았습니다. 이제 이러한 진화 과정을 거쳐 현재 얼마나 다양한 생물들이 살고 있는지, 그리고 이 생물들을 어떻게 분류하는지 알아보도록 하지요.

생명체의 다양성

20세기 중반까지 학자들은 생물을 두 개의 계(kingdom)로 나누어서 분류했습니다. 바로 동물계와 식물계입니다. 계는 분류 단계에서 가장 높은 단계이지요.

이것만은 꼭!

분류 단계

린네가 설정한 분류 단계

종 → 속 → 과 → 목 → 강 → 문 → 계

오른쪽으로 갈수록 분류 단계가 높아진다. 예를 들어, 사람의 경우 다음과 같다.

사람종 → 사람속 → 사람과 → 영장목 → 포유강 → 척추동물문 → 동물계

버섯은 이제 균계로 분류한다.

하지만 다양한 생물들을 관찰하는 과정에서 학자들은 식물이나 동물로 분류하기에 애매한 생물들이 있음을 알게 됩니다. 예를 들어, 버섯과 같은 무리는 식물처럼 땅에 고정되어 살며 세포벽을 가지고 있지만, 식물의 중요한 특성인 광합성을 하지 않습니다. 그렇다 해도 중요한 세포벽을 가지고 있으므로 세포벽을 가지고 있는 세균과 함께 버섯 무리는 식물계로 포함되지요. 여기까지는 그래도 그냥저

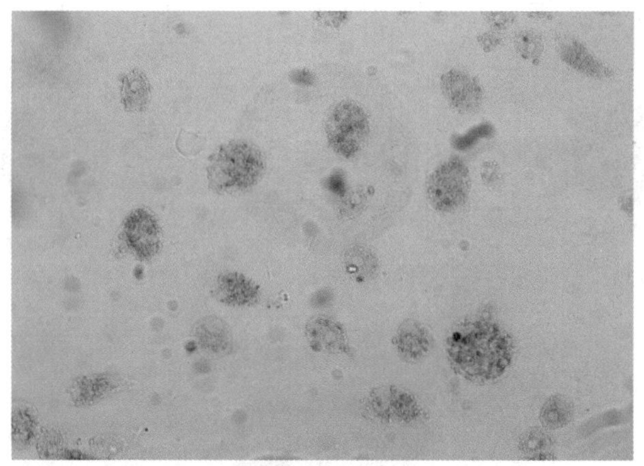
유글레나는 과거에는 식물계에 포함되었지만 지금은 원생생물계에 포함된다.

냥 받아들일 수 있습니다.

그런데 훨씬 더 구별하기 까다로운 생물들이 있었습니다. 바로 원생생물들이지요. 위 그림의 유글레나를 살펴볼까요? 유글레나는 긴 채찍 같은 편모를 가지고 있어 운동을 하며, 세포벽은 없지만 광합성을 합니다. 도대체 유글레나는 식물일까요, 동물일까요? 어디로 분류해야 할까요? 매우 혼란스러웠을 것입니다. 아무튼 그 당시에는 세균과 같은 원핵생물, 버섯과 같은 균류, 그리고 유글레나와 같은 원생생물을 식물계로 다루었습니다.

이러한 혼란스러운 생물의 분류 방법은 결국 1960년대 계를 다섯 개의 분류군으로 나누면서 어느 정도 해결되었지요.

5개 계(kingdom)는 바로 원핵생물계, 원생생물계, 균계, 식물계, 동물계입니다.

하지만 여전히 혼란스러운 부분이 남아 있었습니다. 원생생물에 포함된 파래와 같은 녹조류, 그리고 우리가 자주 먹는 미역 같은 갈조류를 식물계에 포함시킨 학자들도 있었거든요.

생물의 5계 분류

여러분에게는 좀 어려운 말이지만 분자생물학적 실험 기법[17]이 생물분류학에 적용되면서 생물분류 체계에 큰 변화가 일어났습니다. 분자생물학적 분류 기준에 따라 지금까지 원핵생물에 포함되었던 일부 세균들이 일반적인 세균들과 다르다는 것이 실험으로 입증되었기 때문이지요. 그래서 최근에는 계(kingdom)보다 상위분류 단계로 영역(도메인, domain)을 두었습니다. 영역은 크게 고세균 영

17 주로 DNA를 구성하는 네 개의 글자, A, G, C, T의 순서를 알아내거나 효소를 구성하는 아미노산의 순서를 알아내어 각각의 기능과 차이를 분석하는 실험 기법을 뜻한다.

역, 진정세균 영역, 진핵생물 영역으로 나뉘며, 이 가운데 고세균과 진정세균 영역은 예전의 원핵생물계로 분류했던 부분입니다. 이에 따라 원핵생물계는 고세균계와 진정세균계로 나뉘게 되었지요.

조금 더 알아보기

• 새로운 분류 단계

분자생물학적 실험 방법에 따라 새로운 분류 단계가 마련되었다. 기존의 분류 단계와의 관계는 다음과 같다.

종 → 속 → 과 → 목 → 강 → 문 → 계 → 영역

6계 분류에 해당하는 고세균계, 진정세균계, 원생생물계, 균계, 식물계, 동물계는 다음의 영역에 포함된다.

영역	고세균	진정세균	진핵생물			
계	고세균계	진정세균계	원생생물계	균계	식물계	동물계
대표 생물	호염균[18]	대장균	아메바	버섯	소나무	인간

고세균이란 이름이 매우 생소하게 들리지요? 고세균은 주로 염분 농도가 높거나 고온에서 활동하며, 유황이 많은 화산 등 좋지 않은 환경에서 서식하는 것으로 알려졌습니다. 가장 유명한 고세균이 바로 DNA를 대량으로 복사하는 PCR[19]

18 호염균의 '호'는 좋아하다는 뜻의 한자어이고, '염'은 소금을 뜻하는 한자어이다. 따라서 호염균은 굉장히 짠 소금물에서 살 수 있는 균을 뜻한다. 이 호염균이 살기 위해서는 매우 높은 농도의 소금이 필요하다.

19 적은 양의 DNA를 이용하여 대량으로 복제하는 기술이다. 이 기술에서 가장 중요한 것은 높은 온도에서 DNA를 복제하는 효소이다. 이 기술을 개발한 과학자는 노벨상을 받았고, 기술이 개발된 뒤 머리카락 또는 미라에서 DNA를 뽑아 연구할 수 있게 되었다. 이 기술로 미국 드라마 「CSI」에서처럼 범인의 DNA를 찾는 것이 가능해졌다.

호열균은 매우 높은 온도에서 살고 있는 고세균의 일종이다.

기술에서 고온 DNA 중합효소로 활용되는 **호열성 세균**(*Thermus aquaticus*)[20]입니다. 이 세균은 60℃의 물 속에서 살고 있지요. 이렇게 극한적인 환경에서 살고 있는 이 고세균들은 과학적·의학적으로 가치 있는 연구 대상입니다.

여러분이 알고 있는 원생생물계, 균계, 식물계, 동물계는 진핵생물 영역에 속합니다. 고세균 영역과 진정세균 영역의 하위분류는 아직도 많은 연구를 해야 할 분야입니다. 재미있는 점은 비록 이름은 고세균('고'라는 의미는 '아주 오래된'이라는 뜻입니다)이지만 진정세균보다 진핵생물과 유전자를 더 많이 공유한다고 합니다.

자, 이제 5계 분류체계에 따라 생물의 다양성을 간단하게 알아보겠습니다. 먼저 원핵생물에 대해 살펴볼까요?

바이러스와 박테리아

바이러스 이야기부터 시작하지요. 다음은 AIDS 환자에 관한 그림입니다. 에이즈라는 병을 일으키는 무시무시한 바이러스들은 도대체 어떻게 생겼을까요? 새로운 바이러스가 등장하는 데에는 세 가지 가능성이 있습니다. **첫째, 원래 존재하는 바이러스이지만 새롭게 알려진 경우. 둘째, 돌연변이에 따라 출현하는 경우. 셋째, 서로 다른 바이러스들이 숙주**[21]**를 공유하거나 숙주가 달라지면서 나타나는 경우**입니다.

20 'thermus'는 라틴어로 열이라는 뜻이고, 'aquaticus'는 라틴어로 물이라는 뜻이다. 따라서 이 호열성 세균의 이름은 '뜨거운 물속에서 사는 균'이라는 뜻이다.

21 기생생물이 기생하는 생물을 숙주라고 한다. 예를 들면, 회충이나 촌충이 살고 있는 사람은 회충이나 촌충의 숙주이다.

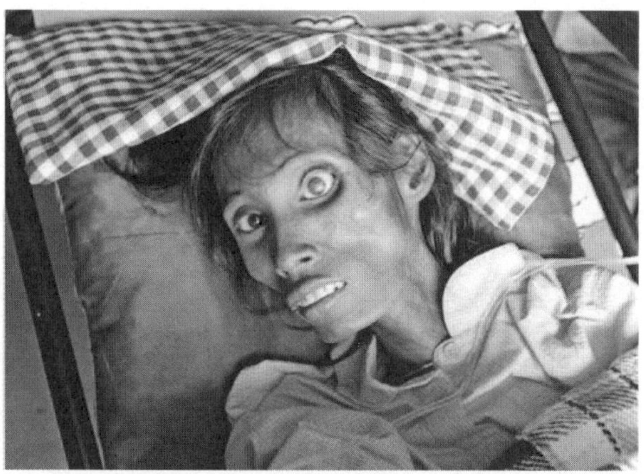

AIDS가 단순한 접촉으로는 감염되지 않는 점을 강조한 포스터(좌). AIDS 말기 환자의 모습(우). AIDS는 후천성 면역결핍 증후군으로, HIV라는 바이러스에 감염되어 면역 능력이 떨어지는 증상이다. 이 바이러스에 감염되면 건강한 사람에게는 아무렇지 않은 질병에도 위험해질 수 있다.

대표적인 예를 들면, 우리나라에서 해마다 유행하는 독감이 있지요. 해마다 백신을 개발하여 예방하려고 노력해도 독감으로 목숨을 잃는 사람들이 많습니다. 여러분이 아기였을 때 접종하는 소아마비, 홍역, 수두 등은 한 번만 맞아도 예방되지만 독감은 그렇지 않습니다. 해마다 새로운 백신으로 예방주사를 맞아야 하지요. 그 이유는 독감 바이러스가 계속해서 돌연변이를 하기 때문입니다.

더스틴 호프만, 르네 루소 주연의 「아웃브레이크」(1995년)

유명한 영화 「감염Outbreak」에 등장하는 에볼라 바이러스는 인간과 원숭이의 접촉으로 원래 숙주인 원숭이에서 인간으로 숙주가 바뀌면서 치사율이 높은 바이러스로 돌변합니다. 1장에서 살펴보았듯이, 최근에 유행한 신종 플루의 등장은 가축, 특히 돼지와 관련이 있다고 합니다. 돼지에 감염되는 여러 종류의 독감 바이러스들이 돼지 몸속에서 돌연변이를 일으키거나 유전자가 섞이면서 사람을 숙주로 하는 바이러스가 만들어진 것으로 추측하고 있습니다.

그렇다면 바이러스는 무조건 다 우리의 적일까요?

결코 그렇지 않습니다. 비록 대부분의 바이러스가 생물체의 적이지만, 과학자들은 바이러스의 놀라운 감염성을 활용하여 새로운 생명공학[22]을 개발했습니다. 여기서 잠깐 바이러스가 생명공학에 이용되는 사례를 들어보도록 하지요.

생명공학 가운데 유전자재조합 기술이 있습니다. 어떤 생물의 유전자를 다른 생물의 염색체에 집어넣는 기술이지요. 이 기술에서 가장 중요한 것은 우리가 관심을 가지고 있는 유전자를 운반할 수 있다는 점입니다. 이 일을 하는 데 적임자가 바로 감염성이 뛰어난 바이러스이지요. 물론 바이러스를 운반자로 이용할 경우에는 바이러스의 해로운 유전자를 제거해야 합니다. 이러한 방법을 이용해서 요즘 뜨고 있는 유전자 치료[23]가 가능해졌습니다.

또 다른 예로 바이러스를 효소처럼 사용하는 경우가 있습니다. 효소는 촉매 역할을 한다는 점을 기억하고 있지요? 최근에 온실 가스[24] 중 하나인 메탄(메테인)을 바이러스를 이용하여 에너지로 쓸 수 있는 에틸렌으로 전환한다고 합니다. 그밖에도 바이러스는 여러 산업에서 활발하게 이용됩니다. 아마도 이런 것이 '적과의 동침'이 아닐까요?

---

22 사람이나 동식물, 세균 등이 가지고 있는 유전자를 여러 분야의 산업에 이용하는 기술

23 외부에서 유전자를 집어넣어 잘못된 유전자를 치료하는 방법

24 태양에너지나 지구 복사에너지를 흡수하고 재방출하여 지구의 평균 온도를 상승시키는 기체들을 말한다. 이산화탄소, 프레온, 메탄 가스가 중요한 온실 가스이다. 각 분야에서는 이 온실 가스가 많이 발생하지 않도록 다양한 노력을 기울이고 있다.

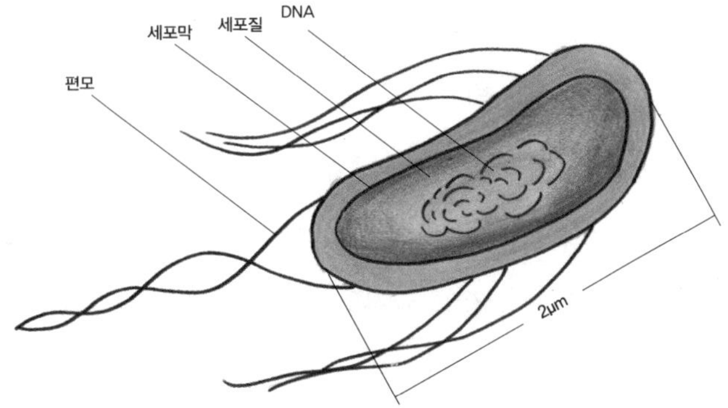

대장균(E. coli)은 박테리아의 대표 생물로 우리 몸의 대장에 살고 있다.

자, 이제 박테리아 이야기를 해보지요. 인간의 사망 원인 가운데 바이러스와 함께 1/3 정도를 차지하는 것이 박테리아입니다(다른 말로는 세균이라고 합니다). 환경의 변화, 생활권의 변화, 항생제의 남용 등으로 돌연변이가 일어난 박테리아들이 등장해서 인류의 건강을 위협하고 있습니다. 대표적으로 슈퍼박테리아[25]가 있는데, 여러분은 최근에도 이 박테리아에 감염되어 사람들이 사망했다는 뉴스를 접했을 것입니다.

이제부터 좀 더 자세하게 박테리아의 정체를 알아볼까요?

박테리아는 분류 단계에서 원핵생물계에 속합니다. 원핵생물계에 속하는 생물을 구성하는 세포는 원핵세포로, 세포에 핵과 막으로 둘러싸인 세포소기관이 존재하지 않는 단세포생물[26]입니다. 박테리아의 구조는 맨 바깥에 세포벽이 있고 그 안쪽에 세포막이 존재합니다. 세포막으로 둘러싸인 세포질에는 물질대사를

25 항생제의 잦은 사용으로 항생제 저항성을 가지고 있는 박테리아. 예전에는 몇 종류의 항생제를 사용하면 박테리아가 죽었지만 이 슈퍼박테리아는 강력한 항생제로도 죽이기 어려워 각별히 주의해야 한다.

26 1개의 세포로 이루어진 생물. 대장균, 짚신벌레, 아메바 등이 단세포생물에 속한다. 단, 짚신벌레와 아메바는 원핵생물이 아니라는 점에 주의한다.

담당하는 효소들과 다양한 유기물, 무기물이 존재합니다. 비록 진핵생물에서 볼 수 있는 핵은 없지만 유전물질인 핵산(DNA)이 퍼져 있는 부분이 있습니다. 당연히 단백질 합성에 중요한 리보솜도 가지고 있지요. 어떤 박테리아에는 세포벽 바깥에 또 다른 층인 피막(캡슐)이 있습니다. 피막에는 박테리아가 자손을 번식하는 데 관여하는 선 모양의 구조가 있기도 하고, 운동성 박테리아의 경우 긴 채찍처럼 생긴 편모를 가지기도 합니다.

원핵세포에 들어 있는 염색체는 진핵세포 염색체와 차이가 있습니다. 진핵세포의 염색체는 막대기처럼 선형이지만 원핵세포의 염색체는 고리 모양인 환형이지요. 더구나 원핵세포에는 아주 작은 고리 모양의 염색체가 몇 개 더 있습니다. 이 여벌의 작은 고리 모양의 염색체를 플라스미드라고 하는데 이 안에 항생제에

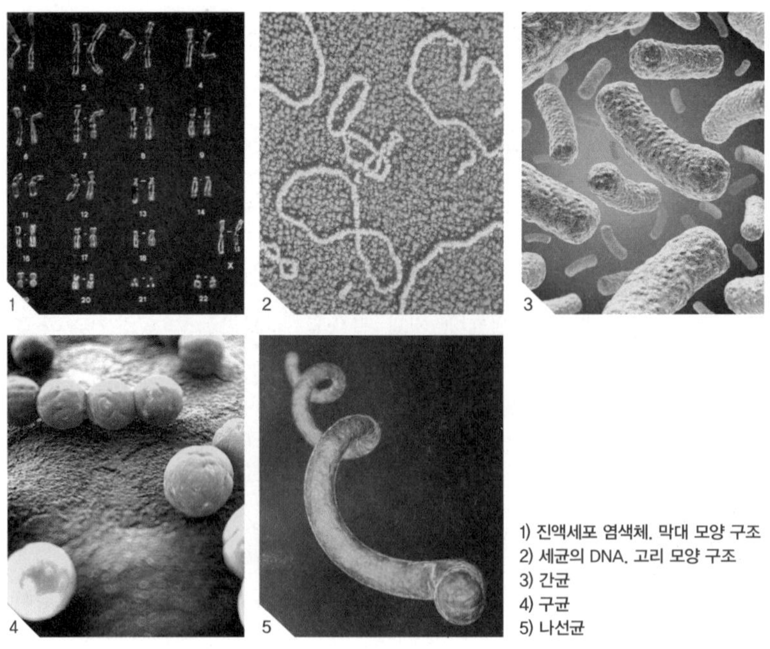

1) 진액세포 염색체. 막대 모양 구조
2) 세균의 DNA. 고리 모양 구조
3) 간균
4) 구균
5) 나선균

저항하는 물질을 만들어내는 유전정보 등이 존재하며, 앞에서 말했던 유전자재조합 기술에서 바이러스와 같이 이 플라스미드를 이용하여 유전자를 운반합니다.

박테리아의 모양은 크게 세 종류로 나눌 수 있습니다. 막대기 모양의 간균, 동그라미 모양의 구균, 스프링 모양의 나선균입니다.

박테리아 가운데 가장 널리 알려진 것은 우리 소화기관 중 대장에 살고 있는 대장균입니다. 대장균의 폭은 1μm,[27] 길이는 2μm 정도입니다. 일반적인 박테리아의 크기는 평균 1μm 정도이지만, 박테리아 종류에 따라 크기가 다양하지요.

박테리아가 음식을 얻는 방법은 크게 두 가지입니다. 하나는 스스로 양분을 만드는 독립영양적인 방법이고, 다른 하나는 남이 만들어놓은 음식을 먹는 종속영양적인 방법입니다. 독립영양적인 방법으로 스스로 음식을 만들어 먹는 박테리아는 빛을 이용하는 광합성 박테리아와 무기 이온의 산화 에너지를 이용하는 화학합성 박테리아로 나눌 수 있습니다.

대표적인 광합성 박테리아는 바로 앞에서 설명한 남조류입니다. 아주 오래전에 이 박테리아가 만든 암석이 바로 앞에서 살펴본 스트로마톨라이트이지요. 화학합성을 하는 대표적인 세균은 화장실의 물 저장탱크나 세면대에서 볼 수 있는 철

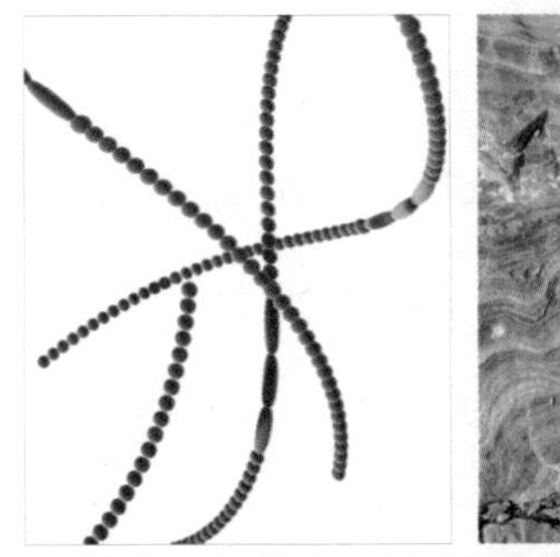

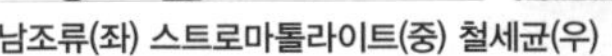

남조류(좌) 스트로마톨라이트(중) 철세균(우)

27 길이의 단위. 1미터의 백만분의 1 길이를 μm라고 한다.

세균입니다. 이 철세균은 어두운 곳에서 물속에 들어 있는 철 이온이 산화될 때 발생하는 에너지를 이용해서 살아갑니다.

종속영양 생활을 하는 박테리아는 어떻게 음식을 먹을까요? 박테리아는 자기 주변의 영양소들을 직접 세포 속으로 흡수합니다. 이렇게 세포 속으로 들어온 영양소들은 세포를 구성하거나 에너지원으로 쓰이지요. 박테리아의 중요한 에너지원은 포도당으로 다른 생물들과 마찬가지입니다. 세균 가운데 동물이 분해하지 못하는 섬유소를 분해하는 것도 있습니다. 소나 양, 염소와 같은 초식동물의 소장에는 식물의 섬유소를 분해할 수 있는 미생물들이 살고 있어, 이 초식동물은 풀만 먹어도 살 수 있지요. 아무튼 포도당을 이용하여 에너지를 발생시키는 방법은 인간과 비슷합니다. 우리와 다른 것은 3장에서 배운 시트르산 회로와 전자전달계를 따로 가지는 미토콘드리아가 없다는 점인데, 그 대신 박테리아는 이러한 물질대사가 세포질과 세포막을 통해 일어납니다. 중요한 것은 눈에 보이지 않는 작은 박테리아에서 일어나는 에너지 생산 과정이 우리 몸에서 일어나는 것과 거의 같다는 점입니다.

원생생물의 다양성

원생생물은 진핵생물 중에서 가장 단순하며 막으로 둘러싸인 핵, 소포체, 골지체 등의 세포소기관을 가지고 있습니다. 원생생물 가운데 광합성 원생생물인 조류(녹조류, 갈조류, 홍조류 등)는 대기에 있는 산소를 거의 50% 정도 생산하는데 과거에는 석유를 만드는 원료로 사용되기도 했습니다. 최근에는 대체에너지 가운데 하나인 바이오매스[28] 자원으로 유용하게 쓰이지요.

28 에너지원으로 이용되는 식물, 미생물 등의 생물체

원생생물은 대부분 물속에서 살아갑니다. **단세포생물이지만 볼복스처럼 모여서 사는 것과 녹조류, 갈조류, 홍조류 등과 같은 다세포생물들이 포함됩니다.** 영양 방법으로는 남이 만든 음식에 전적으로 의존하는 종속영양생물, 일부는 의존하고 일부는 스스로 만들 수도 있는 혼합영양생물, 그리고 완전히 스스로 만들어서 살 수 있는 독립영양생물이 포함되지요. **동물의 특징을 갖는 원생동물류, 균류와 비슷한 점균류, 식물의 특징을 갖는 조류가 모두 포함**되어 있어 실제로 원생

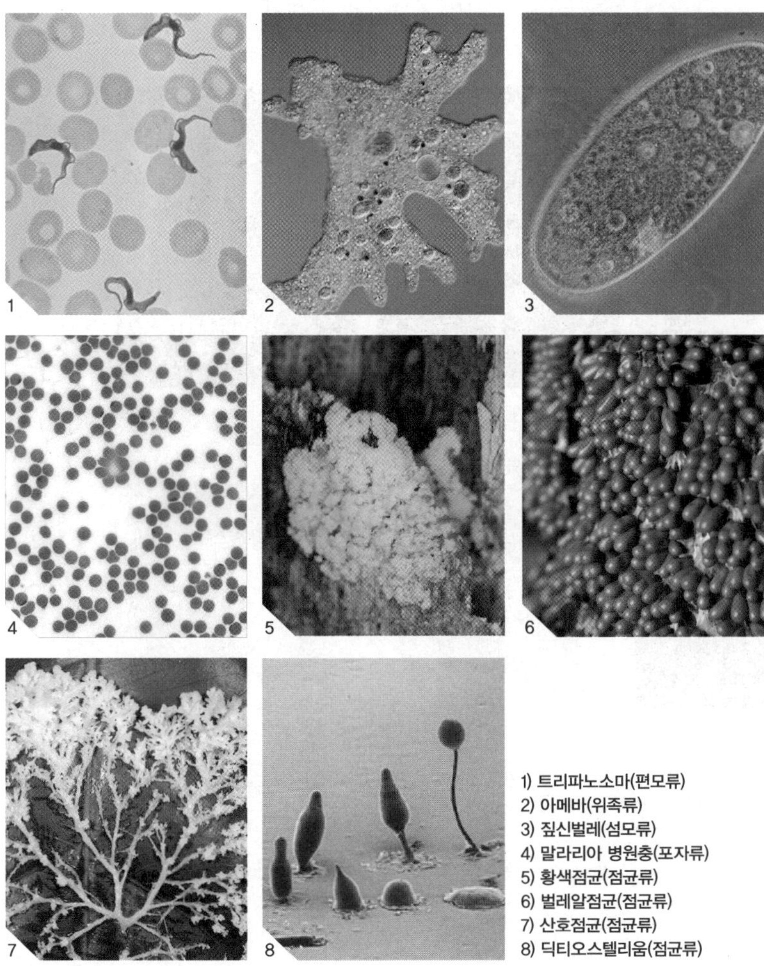

1) 트리파노소마(편모류)
2) 아메바(위족류)
3) 짚신벌레(섬모류)
4) 말라리아 병원충(포자류)
5) 황색점균(점균류)
6) 벌레알점균(점균류)
7) 산호점균(점균류)
8) 딕티오스텔리움(점균류)

생물의 분류는 까다롭다고 할 수 있습니다.

원생동물류는 종속영양생물인 단세포 원생생물입니다. 운동기관 등의 분류 기준에 따라 편모류, 위족류, 섬모류, 포자류 등으로 분류합니다. 점균류는 변형균류라고도 합니다. 습기가 많고 생물의 사체가 썩은 곳에서 살지요. 조류(새들과 혼동하면 안 됩니다!)는 물속에서 광합성 작용을 하는 독립영양생물로 대부분 다세포입니다. 조류는 광합성 색소의 종류와 번식 방법에 따라 분류하며, 대표적인 종류로 홍조류, 황적조류(쌍편모조류), 규조류, 갈조류, 녹조류, 유글레나류가 있습니다.

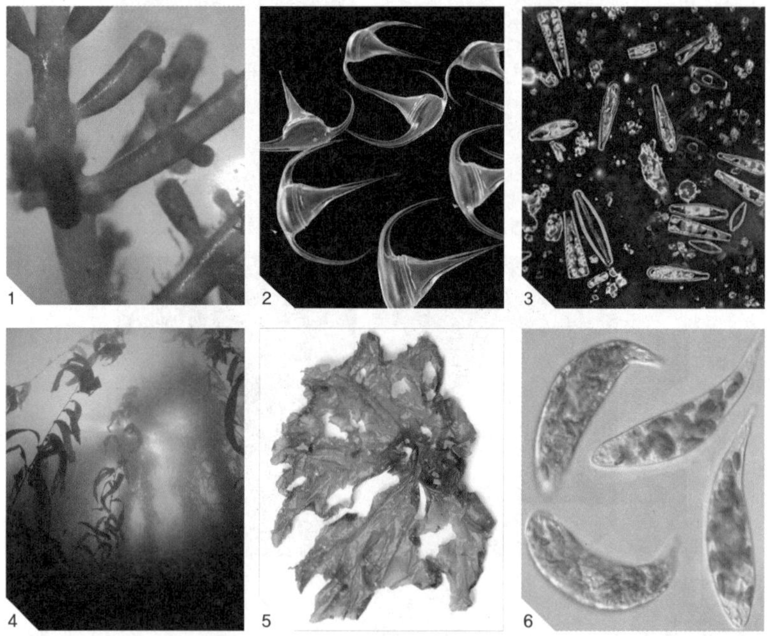

1) 우뭇가사리. 김과 함께 홍조류에 속한다. 엽록소 a, c, 홍조소를 가지며 다세포이며 잎과 같은 작용을 하는 엽상체 밑에 있는 헛뿌리로 부착생활을 한다.
2) 세라스티움. 쌍편모조류에 속한다. 바다에 사는 단세포 조류로 두 개의 편모를 가지며 색소로는 엽록소 a, c, 카로티노이드를 가진다. 적조현상의 원인이 되기도 한다.
3) 돌말. 규조류에 속한다. 물속 식물성 플랑크톤의 대부분을 차지하며, 엽록소 a, c, 규조소를 가진다.
4) 미역. 다시마와 함께 갈조류에 속한다. 엽록소 a, c, 갈조소를 가진다.
5) 파래. 클로렐라, 볼복스와 함께 녹조류에 속한다. 엽록소 a, b, 카로틴, 크산토필을 가지며 육상 식물과 진화적으로 가장 가깝다.
6) 유글레나. 유글레나류에 속한다. 편모를 가지고 있어 운동을 할 수 있으며, 빛에 민감한 안점이 있고, 몸속에 엽록체로 광합성 작용을 한다.

식물의 다양성

앞장에서 우리가 살고 있는 세상에서 가장 흔하게 볼 수 있는 색이 초록색이라고 했던 말을 기억하나요? 아래 그림은 우리나라 순천만의 개펄을 찍은 사진입니다. 소금기가 많은 개펄인데도 녹색 융단이 펼쳐진 모습을 볼 수 있습니다.

순천만 개펄의 식물들

녹색을 띠고 있는 생명체의 대부분은 식물입니다. 아마도 모든 생명체 가운데 가장 성공한 생물체일 것입니다. 그만큼 식물은 종류가 다양하고 다양한 환경에도 적응해서 잘살고 있습니다. 아주 환경이 열악한 지역을 빼고는 말이지요.

이번에는 식물의 중요한 특성을 공부해볼까요?

가장 중요한 식물의 특성은 독립영양생물이라는 점입니다. 독립영양생물이란 스스로 유기물을 합성할 수 있는 생물을 말합니다. 앞에서 배운 화학합성 생물, 광합성 생물이 바로 독립영양생물에 해당합니다. 이에 비해 다른 생물이 만들어놓은 유기물을 이용하여 생존하는 생물을 종속영양생물이라고 합니다. 기억하고 있겠지요?

독립영양생물에서 광합성을 하는 식물은 다세포생물입니다. 그밖에 광합성을 하는 생물들 가운데 남조류는 원핵생물이고, 우리가 즐겨 먹는 김과 다시마, 저수지나 호수에 많이 서식하는 해캄 등은 원생생물에 포함됩니다. 그러니 광합성을 하는 생물을 모두 식물이라고 하면 옳지 않은 표현이지요.

녹조류에 속하는 파래나 해캄도 식물처럼 다세포생물(물론 식물성 플랑크톤의 대부분은 단세포생물입니다)이지만, 기관이 덜 분화되어 있고, 대부분이 물속에서 살고 있다는 점이 식물과 다릅니다.

또한 빛을 흡수하는 중요한 색소인 엽록소의 종류도 생물마다 조금 다르지요. 식물의 엽록소 종류는 a와 b이지만 어떤 조류는 c나 d 또는 특별한 색소를 가지고 있습니다. 이렇게 색소의 종류가 다르면 생물의 색깔도 다르게 나타납니다. 이를테면, 홍조류에 속하는 원생생물은 홍조소라는 색소를 가지고 있어 색깔이 붉게 보이지요.

지금부터는 식물이 어떻게 진화해왔는지 생각해보도록 하겠습니다. 앞에서 말했듯이 원생생물에 속하는 조류의 식물계 조상은 녹조류와 비슷한 차축조류입니다. 이렇게 생각하는 이유는 다양한 연구 결과 때문이지요. 옆의 그림이 바로 식물의 조상으로 여겨지는 차축조류의 생물입니다.

그림의 차축조는 녹조류에 비해 구조와 생식 과정이 복잡한 다세포 조류입니다. 녹조류와 차축조류는 식물처럼 엽록소 a, b, 보조색소인 카로틴을 가지고 있으며 광합성 산물을 녹말의 형태로 저장합니다.

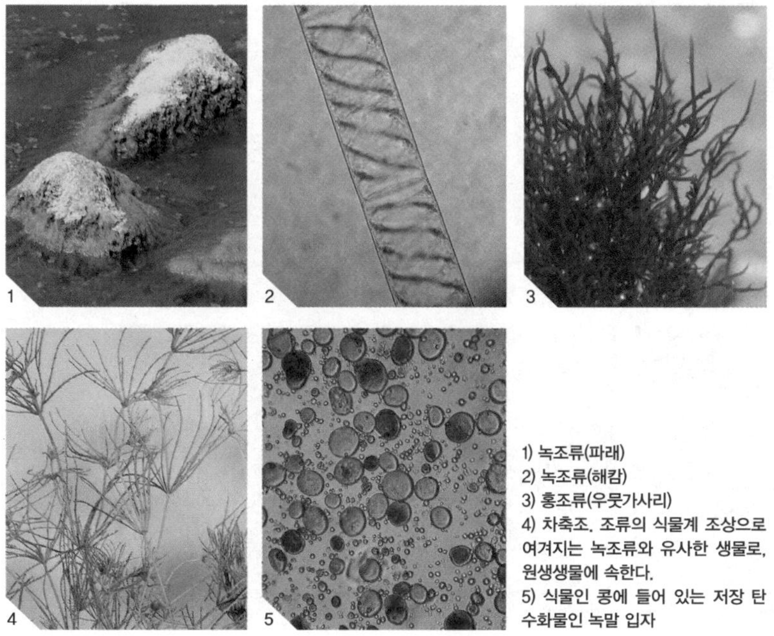

1) 녹조류(파래)
2) 녹조류(해캄)
3) 홍조류(우뭇가사리)
4) 차축조. 조류의 식물계 조상으로 여겨지는 녹조류와 유사한 생물로, 원생생물에 속한다.
5) 식물인 콩에 들어 있는 저장 탄수화물인 녹말 입자

식물은 관다발[29]이 있는지 없는지에 따라 크게 두 종류로 나눌 수 있습니다. 관다발이 무엇인지 기억나지요? 다시 한 번 정리해볼까요? 관다발은 식물에서 물질을 운반하는 물관과 체관으로 이루어진 조직을 말합니다.

식물을 분류하는 방법은 학자들마다 조금씩 다르지만 여기에서는 10개의 무리로 나누어서 살펴보겠습니다. 다음 그림은 10개 무리와 각 무리의 대표 식물을 나타낸 것입니다.

29 물관과 체관과 같은 통도조직, 그리고 형성층과 같은 분열조직으로 이루어진 조직계

1) 우산이끼(태류)
2) 뿔이끼(각태류)
3) 이끼류(선류)
4) 석송
5) 양치
6) 소철
7) 은행
8) 구과
9) 마황
10) 속씨식물

옆의 그림에 있는 10개의 무리에서 우산이끼, 뿔이끼, 이끼 집단은 비관다발 식물에 속하고, 나머지는 관다발 식물입니다. 관다발 식물 가운데 석송과 양치식물은 종자를 생산하지 않는 비종자식물이고 나머지 소철, 은행, 구과, 마황, 속씨식물은 종자식물에 속합니다.

원생생물에 속하는 조류 등의 생활사에 비해 육상식물의 생활사는 조금 복잡하게 진화되었습니다. 그렇게 된 가장 큰 이유는 물 때문입니다. 조류가 물속 생활을 하는 반면, 대부분의 식물들은 물이 부족한 육상에서 생활합니다. 그래서 항상 물 때문에 스트레스를 많이 받을 수밖에 없었고, 이러한 조건에 잘 적응하는 방법이 필요했습니다. 그럼 이 식물들의 생활사를 이해해보도록 할까요?

생활사를 이해하려면 먼저 몇 가지 용어를 알아야 합니다. 대부분 중학교 때 배운 내용이므로 복습하는 기분으로 살펴보기로 해요. 세포에 들어 있는 염색체 수를 핵상이라고 합니다. 일반 체세포에는 같은 염색체가 두 벌씩 들어 있으므로 2n(이배체)이라 하고, 정자나 난자처럼 한 벌만 들어 있는 경우를 n(반수체)이라고 하지요. 사람의 경우 체세포의 핵상은 2n=46, 정자나 난자는 n=23입니다. 기억나지요? 보통 반수체(n)로 이루어진 조직을 배우체, 이배체(2n)로 이루어진 조직을 포자체라고 합니다.

포자 생활을 하는 우산이끼, 뿔이끼, 이끼 등은 세대교번[30] 을 겪습니다. 다세포 반수체 배우체(핵상이 n인 세포 여러 개가 모인 구조)에서 정자와 알세포가 형성된 뒤 수정해서 단세포 이배체 접합자(수정란)가 만들어지는 것은 세대교번 중 유성

30 생식 방법에서 무성생식을 하는 무성 세대와 유성생식을 하는 유성 세대가 번갈아 나타나는 현상

세대에 속하며 차축조 생물과 비슷합니다. 하지만 단세포 이배체 접합자는 체세포분열을 하여 다세포 이배체 포자체가 만들어지는데 이 과정은 세대교번 중 무성 세대에 속합니다. 포자체에서 감수분열로 반수체 포자가 만들어지고 다시 포자가 체세포분열을 해서 다세포 반수체 배우체를 형성하지요. 중요한 것은 식물의 경우 이배체(2n)인 포자체 구조가 확실하게 만들어진다는 점입니다.

육상식물로 진화할 때 중요한 진화적 요인은 감수분열이 일어나는 데 걸리는 시간입니다. 다시 말해, 육상식물의 경우 감수분열이 일어나기 전에 이배체로 이루어진 다세포 개체가 형성되고, 이러한 특성은 육상 생활에 적응하는 데 큰 도움이 됩니다. 여러분이 예상하는 것처럼 **진화가 진행될수록 식물의 생활사 중 포자체의 비중이 점점 더 커지고, 나름대로 환경에 적응하기 위해 생활사가 복잡하게 된 것**이지요. 내용이 약간 어렵나요? 하지만 중요한 개념이므로 꼼꼼하게 읽고 이해하면 나중에 생물분류를 공부할 때 큰 도움이 됩니다.

균류의 다양성

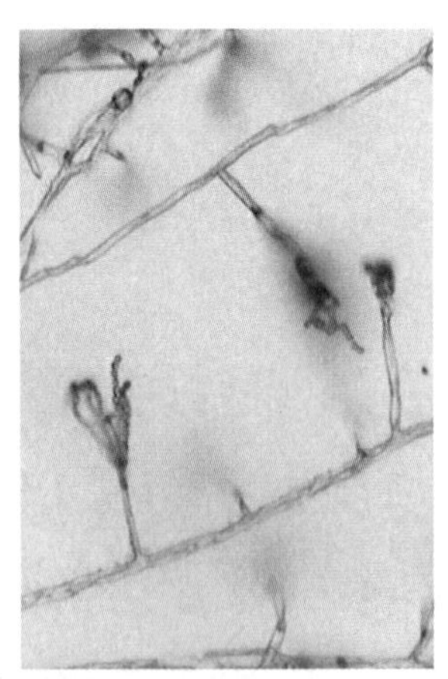
푸른곰팡이에서 실 모양으로 생긴 구조를 균사라고 한다.

자, 이제 우리가 좋아하는—아니, 싫어하는 친구들도 있겠네요—버섯과 효모가 포함되어 있는 균류에 대해 공부해볼까요?

원생생물 중 편모를 가지고 있는 종류에서 진화한 생물로, 버섯과 곰팡이가 포함된 생물 무리를 균류라고 합니다. 이 균류의 몸은 균사로 이루어져 있으며 대부분 다세포생물이지요. 균사란 곰팡이 종류에서 실 모양으로 몸을 구성하는 구조를 말합니다. 균류는 종속영양생물로 균사에서 소화효소가 분비되어 유기물을 분해한 뒤 영양분을 흡수하며 살아갑니다. **이 균류는 우리 환경에서 대표적인 분해자 생물에 속하며 포자로 번식합니다. 식물과는 달리 균류에 속하는 생물은 질소가 포함된 다당류인 키틴질[31]로 이루어진 세포벽을 가지고 있습니다.** 일부 균류의 생물은 조류와 공생하여 지의류를 구성하기도 하는데, 이 **지의류는 대기 환경의 오염 정도를 가늠하는 데 중요한 기준**이 되지요. 만약 여러분이 어떤 지역을 방문했을 때 지의류를 본다면 그 지역은 대기 환경이 매우 청정하다고 생각해도 좋습니다.

지의류는 균류와 조류가 공생하여 만들어진 구조이다. 조류는 광합성을 통해 유기 양분을 균류에 공급하고, 균류는 무기 양분과 수분을 조류에 공급하면서 함께 살아간다.

조금 더 알아보기

• 효모(yeast)

균류에 속하지만 균사로 이루어지지 않았으며 단세포생물이다. 효모의 어원은 그리스어로 '끓는다'라는 뜻이다. 효모에 따른 발효 과정에서 이산화탄소가 생겨 거품이 많이 일어나는 것에서 유래했다. 꽃의 꿀샘이나 과일의 표면과 같은 당의 농도가 높은 곳에 많이 살고, 당을 발효시켜 에탄올과 이산화탄소를 생산하는 능력을 가진 것이 많다. 이러한 효모의 특성은 술의 제조나 빵의 발효에 이용된다.

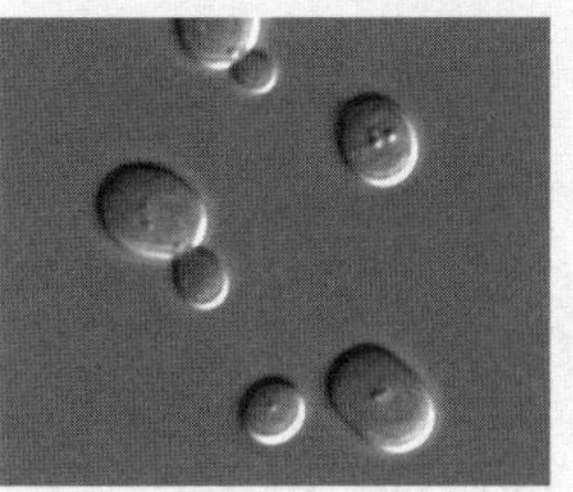
효모

31 곤충이나 가재와 같은 갑각류의 껍질, 그리고 균류의 세포벽을 구성하는 성분이다. 다당류에 질소를 포함한 화학 분자가 결합되어 매우 단단하다.

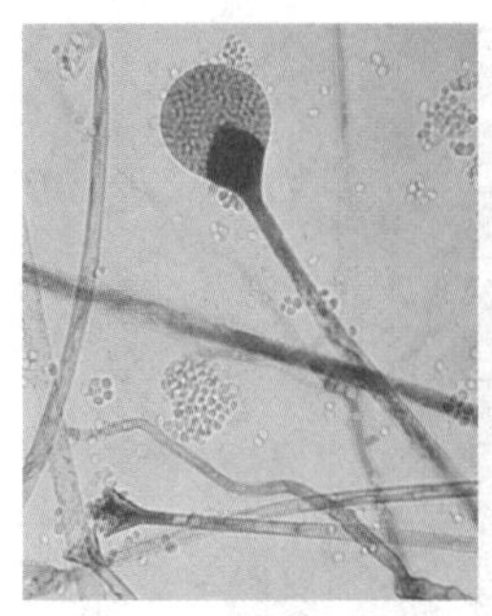

털곰팡이(좌) 푸른곰팡이(중) 광대버섯(우)

균류는 균사 내부에 벽이 존재하는지의 여부와 구조, 생식 방법에 따라 분류하는데 크게 접합균류, 자낭균류, 담자균류로 나뉩니다. **접합균류에는 털곰팡이와 검은빵곰팡이** 등이 있으며, 균사 내부에 벽이 없고 핵이 여러 개 있습니다. **자낭균류에는 푸른곰팡이와 효모, 누룩곰팡이, 붉은빵곰팡이** 등이 있으며, 균사 내부에 벽이 있습니다. **담자균류에는 버섯, 깜부기균, 녹병균** 등이 있으며, 균사 내부에 벽이 있지요.

버섯의 성장 과정. 뿌리처럼 보이는 것은 모두 균사이고, 윗부분도 대부분 균사가 얽혀 있는 구조이다. 이 구조를 자실체라고 한다.

세 종류의 균류 가운데 우리가 잘 알고 있는 **버섯의 생활사**를 알아보도록 하겠습니다. 포자(n)가 땅에 떨어져 환경 조건이 적합하면 첫 번째 균사체로 자라게 됩니다. 이를 1차 균사체라고 하는데, 자라다가 다른 1차 균사체와 붙어서 하나의 세포에 핵이 2개인 2차 균사체(2핵성 균사체)가 형성되지요. 이 2차 균사체가 자라서 많은 균사로 얽힌 자실체(우리가 맛있게 먹는 부위)가 형성되어 버섯이 됩니다. 우리 눈에 보이는 버섯의 자실체는 담자균체의 일부이며, 대부분은 땅속에 있습니다.

힘들고 복잡하고, '왜 이런 것을 알아야 하나?' 한숨 쉬면서 학습해온 내용들이 거의 막바지에 이르렀네요. 자, 조금만 더 힘을 내세요. 마지막으로 여러분에게 친숙한 동물의 다양성에 대해 살펴보겠습니다.

동물의 다양성

동물의 진화는 7억 년 전쯤 여러 세포가 모여 군체를 형성한 원생생물에서 비롯됩니다. 동물은 세포벽을 가지지 않는 다세포생물로, 조직과 기관이 잘 발달되

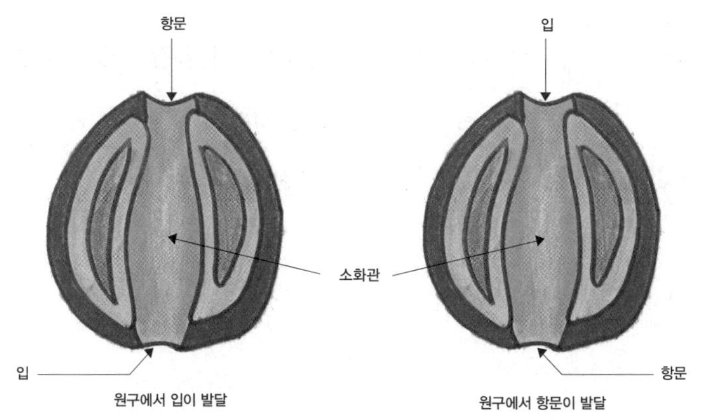

원구의 분화 형태로 왼쪽은 선구동물, 오른쪽은 후구동물이다. 사람은 후구동물에 속한다.

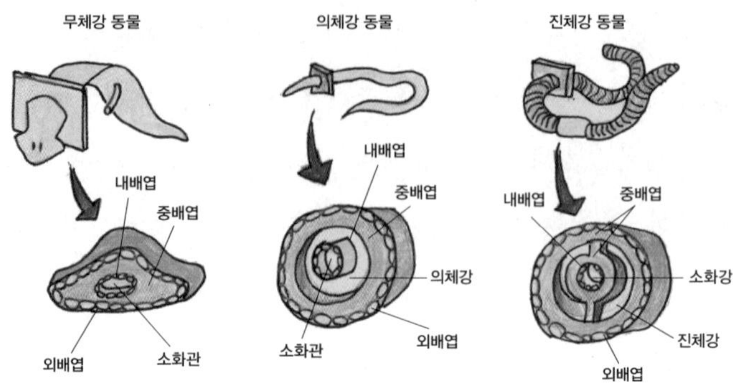

체강의 종류. 사람은 진체강 동물에 속한다.

어 있으며, 능동적인 종속영양생물입니다. 신경세포와 감각세포가 잘 발달하여 주변 환경에 효과적으로 적응할 수 있고, 대부분 유성생식을 하지요. 생활사의 대부분은 포자체 상태이고, 수정을 통해 형성된 접합자(수정란)가 발생 과정을 거쳐 완전한 개체로 됩니다.

동물을 분류하는 기준으로는 발생 단계, 몸의 대칭성, 배엽[32]의 수, 체강[33]의 종류와 형성 방법, 입과 항문의 분화, 체절의 유무 등이 있습니다.

위의 그림에서 볼 수 있듯이 **중배엽과 내배엽 사이에 공간이 있는지 없는지에 따라 공간이 없는 것은 무체강, 공간이 있는 것은 의체강, 내배엽이 중배엽에 둘러싸이면서 중배엽 사이에 공간이 있는 경우를 진체강이라고 하지요.**

동물은 다음과 같이 크게 9종류로 분류합니다.

32 다세포동물의 발생 초기 과정에서 만들어지는 세포층. 그 종류에는 외배엽, 중배엽, 내배엽이 있다.
33 잘 발달된 동물에는 체벽과 소화관 사이에 빈 곳이 여러 군데 있다. 이 빈 곳을 체강이라고 한다.

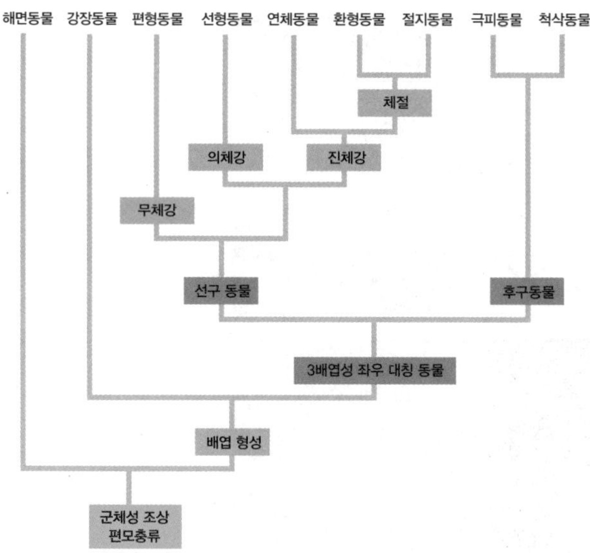

동물의 주요 분류 집단(왼쪽에서 오른쪽 방향으로 갈수록 진화된 집단이다.)

이것만은 꼭!

발생단계

수정란 → (체세포분열) → 상실기 → 포배기(외배엽 형성) → 낭배기(내배엽 형성) → (중배엽 형성) → (기관 형성) → 개체

수정란이 여러 차례 체세포분열을 거치면 비록 수정란 크기이지만 작은 세포가 많이 모여 있는 구조를 형성한다. 이 구조가 마치 뽕나무 열매처럼 생겨서 뽕나무를 의미하는 한자어인 '상桑'과 열매를 의미하는 한자어인 '실實'을 따와 이 상태를 '상실기桑實期'라고 한다. 상실기에서 내부에 있는 세포들이 주변으로 밀려나오면서 내부에 빈 곳이 형성된다. 이러한 상태를 포대기라는 뜻을 덧붙여 '포배기胞胚期'라고 한다. 이후 포배기 상태에서 한쪽이 안으로 밀려 들어가면서 주머니가 만들어지는 구조로 변하는데, 이 상태를 주머니라는 의미의 한자어 '낭囊'을 사용하여 '낭배기囊胚期'라고 한다. 이때 주머니 입구를 '원구原口'라고 한다.

* ( )는 '과정'을 의미하며, '수정란, 상실기, 포배기, 낭배기, 개체'는 특정 단계의 명칭을 의미한다.

1) 해면
2) 말미잘
3) 히드라
4) 해파리

자, 한 종류씩 알아볼까요? 먼저 해면동물입니다. 해면동물은 앞에서 말한 발생 단계 중에서 포배 단계의 동물입니다. 껍데기만 형성된 단계이므로 사람처럼 외배엽·중배엽·내배엽을 가지지 않고 외배엽만 있다고 생각하면 됩니다. 따라서 신경계나 근육 등의 조직이 없으며 기관도 분화되지 않았지요. 해면동물은 표면에 있는 세포들의 편모운동으로 먹이를 섭취하고, 암수한몸이며 출아법으로 무성생식을 합니다. 대표적인 해면동물로는 **목욕해면과 화산해면** 등이 있습니다.

다음은 강장동물입니다. 강장동물은 자포동물이라고도 합니다. 침 같은 것을 방출하기 때문이지요. 외배엽과 내배엽을 가진 2배엽성 동물로 몸은 방사대칭[34]

34 생물체의 형태와 구조에서 몸을 중심으로 대칭면이 세 개 이상인 체제. 강장동물·극피동물, 식물의 줄기에서 볼 수 있다.

을 이루며, 강장에서 세포 밖 소화를 하고, 근육세포와 감각세포 등이 분화되어 있습니다. 출아법으로 무성생식을 하거나 유성생식을 하며 대표 생물로는 **산호, 말미잘, 해파리, 히드라** 등이 있습니다.

편형동물을 볼까요? 편형동물부터 외배엽·내배엽·중배엽을 모두 가집니다. 따라서 편형동물은 3배엽성 선구동물로 체강이 없으며 몸이 좌우 대칭입니다. 여기서 잠깐, 선구동물이란 낭배기에서 형성된 원구가 그대로 입이 되는 동물로 편형동물, 선형동물, 윤형동물, 환형동물, 연체동물, 절지동물이 여기에 속하지요. 편형동물은 대부분 암수한몸으로 유성생식을 합니다. 대표적인 생물로는 **플라나리아, 디스토마, 촌충** 등이 있습니다.

다음은 선형동물입니다. 몸에 체절이 없고 원통형이며 기생 생활을 합니다. 조금 원시적인 체강을 가진 선구동물로, 대부분이 기생충이라 숙주의 몸속에서 살기 때문에 호흡기와 순환기는 없지만 소화기와 생식기는 발달해 있습니다. 대표 생물로는 **회충, 십이지장충** 등이 있습니다.

윤형동물은 원체강을 가지며 선형동물과 비슷하지만 환형동물과 연체동물의 유생[35]인 트로코포라와도 비슷하게 생겼습니다. 따라서 윤형동물에서 환형동물과 연체동물이 진화했을 것으로 생각합니다. 대표 생물로는 **윤충** 등이 있지요.

이제 여러분이 매우 잘 알고 있는 연체동물입니다. 몸은 외투막으로 싸여 있

35 완전히 성숙한 개체가 되기 전에 형성된 생명체를 말한다. 우리 인간은 어린아이나 어른의 신체 구조가 같지만 일부 동물은 유생과 성숙한 개체의 구조가 완전히 다르다.

고, 체절이 없으며 아가미로 호흡합니다. 지금까지는 원체강을 가진 동물이었지만 이제 연체동물부터는 진체강을 가지고 있습니다. 대부분 암수딴몸으로 유성생식을 하며 트로코포라 유생 시기를 거칩니다. 대표적인 연체동물로는 **달팽이**(복족류), **홍합**(부족류), **오징어**(두족류) 등이 있습니다.

이 가운데 오징어의 눈 구조는 척추동물의 눈 구조와 매우 비슷합니다. 진화 과정에서 서로 다르게 진화했지만 비슷하게 기능하는 과정에서 구조가 비슷해진 결과라고 해석할 수 있습니다. 종은 다르지만 진화 과정에서 환경에 적응하기 위해 비슷한 기능과 구조로 진화했다는 뜻이지요. 좀 어려운 용어이지만 이를 수렴진화라고 합니다.

환형동물은 몸이 원통형이고 체절이 발달되어 있습니다. 선구동물로 진체강을

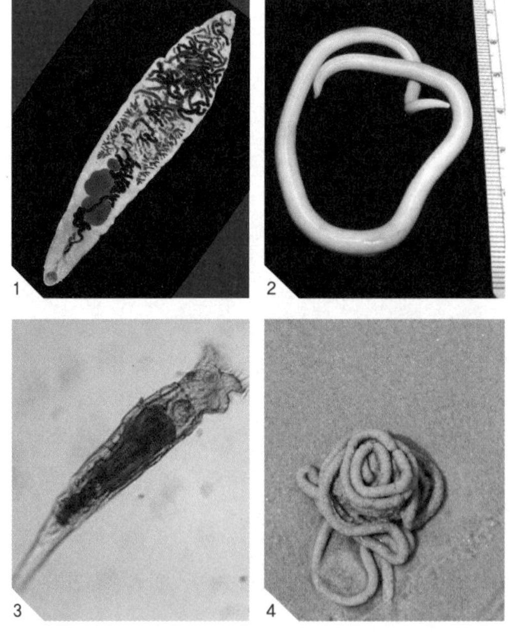

1) 디스토마
2) 회충
3) 윤충
4) 갯지렁이

가지며 폐쇄혈관계와 사다리신경계를 가지고 있습니다. 발생 중에 트로코포라 유생 시기를 거치며 대표적인 환형동물로는 **지렁이, 갯지렁이, 거머리** 등이 있습니다.

다음 차례는 동물 가운데 가장 많은 수를 차지하는 절지동물입니다. 비중이 전체 동물의 85% 이상으로 개방혈관계와 사다리신경계를 가지며 다양한 크기의 체절로 이루어져 있습니다. 외골격이 키틴질로 싸여 있어 자랄 때마다 껍데기를 벗어야 합니다. 껍데기 벗는 과정을 탈피라고 하지요. **절지동물의 하위분류 단계에는 곤충류, 갑각류, 거미류, 다지류가 있습니다.**

강	몸의 구분	다리	변태	호흡기	촉각	예
곤충	머리, 가슴, 배	3쌍	한다	기관	1쌍	나비
갑각	머리가슴, 배	5쌍	한다	아가미	2쌍	새우
거미	머리가슴, 배	4쌍	안 한다	기관, 폐서	없음	진드기
다지	머리, 가슴배	체절 마다 1쌍	안 한다	기관	1쌍	지네

어른들은 좋아하지만 여러분은 별로 안 좋아하는 음식 가운데 성게와 해삼이 있지요? 이 성게와 해삼이 속한 극피동물에 대해 알아보겠습니다. 극피동물은 후구동물로 방사 대칭의 몸을 가집니다. 여기서 잠깐, 앞에서 배운 선구동물과는 달리 후구동물은 원구에서 항문이 생기고 입은 그 반대쪽의 외배엽의 일부가 안쪽으로 들어가 생기는 동물을 가리키는데, 척추동물과 극피동물이 여기에 속하지요. 극피동물은 순환기와 호흡기 역할을 하는 수관계[36]가 있고 수관계 끝에 있

36 물이 빠져나가는 관의 구조. 이 관들이 몸속에 뻗어 있고 관 속으로 들어온 물에서 영양분을 섭취하고, 호흡에 필요한 산소 등을 얻는다.

는 관족[37]으로 운동합니다. 척추동물과 유연관계가 가장 가까우며 대표적인 극피동물로는 **성게, 해삼, 불가사리** 등이 있습니다.

여러분, 꽤 오랫동안 달려왔지요? 지구상에 워낙 많은 생물의 종류가 있다 보니, 정말이지 시간이 오래 걸렸네요. 이제 마지막입니다.

이름이 매우 낯선 척삭[38]동물입니다. 일생 동안 또는 어린 시기에 척삭을 가지는 동물들을 가리킵니다. 몸은 좌우 대칭이고 두삭류인 창고기 등은 일생 동안 척삭을 가지며 미삭류인 멍게는 어린 시기에만 척삭을 가집니다. 척추동물도 척삭동물에 속하지만, 척삭이 퇴화된 척추를 가지고 있지요.

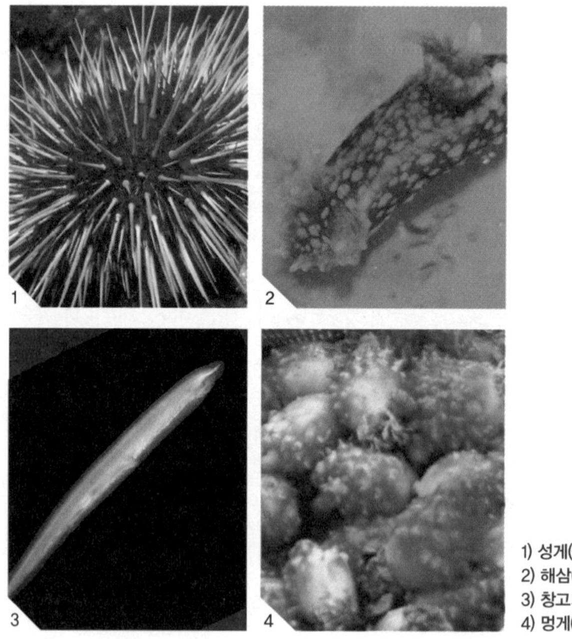

1) 성게(극피동물)
2) 해삼(극피동물)
3) 창고기(척삭동물 두삭류)
4) 멍게(척삭동물 미삭류)

37 극피동물의 몸에 뻗어 있는 관을 통해 근육질의 구조가 빠져나와 형성된 구조

38 개체가 발생하는 시기 중에 몸의 중앙 등 쪽에서 신경관 바로 아래에 뻗어 있는 연골로 이루어진 막대 모양의 지지 구조를 가리킨다.

드디어 우리 인간이 속한 척추동물에 대해 알아볼 차례가 되었군요. 척추동물은 척삭동물에 속하는 하위분류 집단으로, 후구동물이며 폐쇄혈관계를 갖습니다. 발생 초기에는 아가미 틈과 척삭이 나타나지만, 이후에는 퇴화되고 등 쪽에 척수를 둘러싼 척추가 발달합니다. 척추동물에는 **연골어류, 경골어류, 양서류, 파충류, 조류, 포유류**가 있습니다. 이들의 특징을 비교하면 다음과 같습니다.

강	체표	호흡기	변태	번식
어류	비늘	아가미	체외	난생
양서류	피부	아가미, 폐	체외	난생
파충류	비늘, 골갑	폐	체내	난생, 난태생
조류	깃털	폐	체내	난생
포유류	털	폐	체내	태생

1) 칠성장어(먹장어류)
2) 칠성장어의 빨판
3) 상어(연골어류)
4) 광어(경골어류)
5) 무당개구리(양서류)

6) 구렁이(파충류)
7) 까치(조류)
8) 진돗개(포유류)

여러분, 이 꼭지를 학습하느라 고생했습니다.

지구상에 생명체의 종류가 워낙 많다 보니 간단하게 둘러봐도 오래 걸리네요. 중요한 것은 우리가 주변의 생물들을 잘 알고 이해해야 한다는 점입니다. 왜냐고요? 언젠가 그 생물들에게 큰 도움을 받을 날이 올 수도 있기 때문이지요. 다음 꼭지에서는 생물과 환경의 관계에 대해 알아보겠습니다.

1. 그림은 척추동물의 골격 중 일부를 비교한 것이다. 이에 대한 설명으로 옳은 것만을 〈보기〉에서 있는 대로 모두 고른 것은?

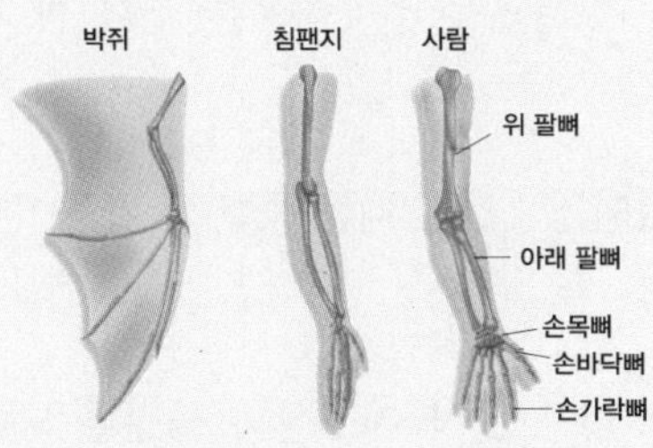

〈 보기 〉

ㄱ. 모양과 하는 일이 같다.

ㄴ. 비교 해부학상의 증거가 된다.

ㄷ. 발생 기원이 같은 상동기관을 보여준다.

① ㄱ ② ㄴ ③ ㄷ ④ ㄱ, ㄴ ⑤ ㄴ, ㄷ

정답 : ⑤ 풀이 : 위 그림은 발생 기원이 같은 상동기관을 보여준다.

ㄱ. 모양과 하는 일은 다르다. 박쥐의 경우 날개 모양이며 기능은 하늘을 나는 것이다. ㄴ. 상동기관과 상사기관은 진화의 증거 가운데 비교 해부학상의 증거가 된다. ㄷ. 상동기관은 발생 기원이 같으나 모양과 기능이 다른 해부학상의 구조를 말하며, 상사기관은 발생 기원은 다르나 모양과 기능이 같은 해부학상의 구조를 말한다.

2. 생명체가 나타나기 전의 원시 지구의 자연 상태는 현재 지구의 자연 상태와 다른 것으로 생각된다. 원시 지구의 자연 상태로 옳은 것만을 〈보기〉에서 있는 대로 모두 고른 것은?

〈 보기 〉

ㄱ. 태양에서 오는 자외선은 대부분 지구 대기에 존재하는 오존층에 차단되었다.

ㄴ. 지각이 매우 불안정하였기 때문에 화산 활동이나 지진이 빈번하게 일어났다.

ㄷ. 대기에 산소가 너무 많아 지구상의 물질들을 대상으로 산화작용이 매우 활발하게 일어났다.

① ㄱ ② ㄴ ③ ㄷ ④ ㄱ, ㄴ ⑤ ㄴ, ㄷ

정답 : ② 풀이 : ㄱ. 원시 지구의 대기에는 오존층이 없었기 때문에 태양에서 오는 자외선은 대부분 지구로 쏟아져 들어왔다. ㄴ. 원시 지구의 지각은 매우 불안정하였기 때문에 화산 활동이나 지진이 빈번하게 일어났다. ㄷ. 원시 지구의 대기에는 산소가 거의 존재하지 않았기 때문에 산화작용이 매우 활발하게 일어나지 않았다.

3. 그림은 생명의 기원에 대해 탐구하기 위해 밀러가 고안한 실험 장치를 나타낸 것이다. 이에 대한 설명으로 옳은 것만을 〈보기〉에서 있는 대로 모두 고른 것은?

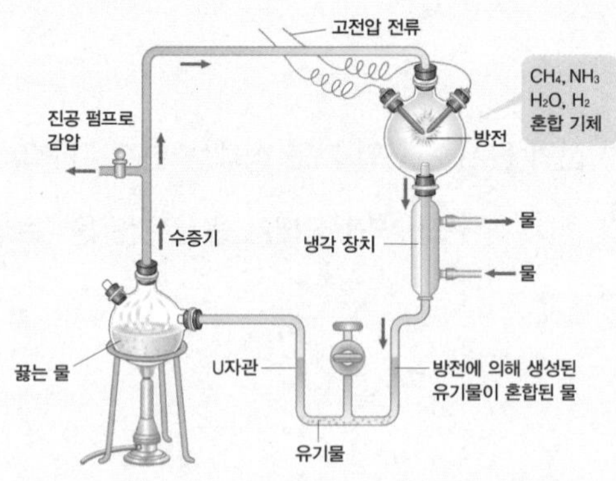

〈 보기 〉

ㄱ. U자관은 원시 바다를 의미한다.

ㄴ. 원시 지구의 대기는 산화성 기체로 이루어져 있었다.

ㄷ. 원시 지구의 환경에서 무기물로부터 유기물이 합성될 수 있다.

① ㄱ ② ㄴ ③ ㄷ ④ ㄱ, ㄷ ⑤ ㄱ, ㄴ, ㄷ

정답 : ④ 풀이 : 밀러의 실험 장치에서 끓는 물이 들어 있는 플라스크에서 나온 수증기는 수소, 메탄(메테인), 암모니아 기체가 들어 있는 다른 플라스크로 이동한다. 이 플라스크에는 번개를 모방하기 위해 두 개의 전극이 삽입되어 있고, 반응 후 여기서 나온 기체를 냉각하여 배출장치로 물방울을 모아 화학적으로 분석한다.

ㄱ. 밀러의 실험 장치에서 U자관은 원시 바다를 의미하며, ㄴ. 원시 지구의 대기인 수소, 메탄(메테인), 암모니아는 환원성 기체이다. 산화성 기체는 산소를 포함하는 기체를 의미한다. ㄷ. 밀러의 실험 장치는 원시 지구의 환경에서 무기물로부터 유기물이 합성될 수 있음을 증명하기 위한 것이다.

4. 다음은 사람과 사람의 친척뻘 되는 직립인의 학명이다. 이에 대한 설명으로 옳은 것만을 〈보기〉에서 있는 대로 모두 고른 것은?

- *Homo erectus*(호모 에렉투스)
- *Homo sapiens*(호모 사피엔스)

〈 보기 〉

ㄱ. 위의 종들은 두 속으로 분류된다.

ㄴ. 호모 사피엔스의 종소명은 호모이다.

ㄷ. 위의 종들은 분류 단계에서 '목'의 이름이 같다.

① ㄱ　　② ㄴ　　③ ㄷ　　④ ㄱ, ㄴ　　⑤ ㄱ, ㄴ, ㄷ

정답 : ③ 풀이 : 학명에서 대문자가 있는 첫 단어는 속명, 두 번째 소문자로 이루어진 단어는 종소명이다. 분류 단계에서 작은 것부터 시작하면 '종→속→과→목→강→문→계'의 순서이다.

ㄱ. 위의 종들은 같은 '호모' 속으로 분류된다. ㄴ. '호모 사피엔스'의 종소명은 '사피엔스'이다. ㄷ. 위의 종들은 분류 단계에서 '속'의 이름이 같으므로 그 이상의 분류 단계인 '과 → 목 → 강 → 문 → 계'의 이름이 같다.

5. 그림은 4가지 동물군의 계통수를 나타낸 것이다. 이에 대한 설명으로 옳은 것만을 〈보기〉에서 있는 대로 모두 고른 것은?

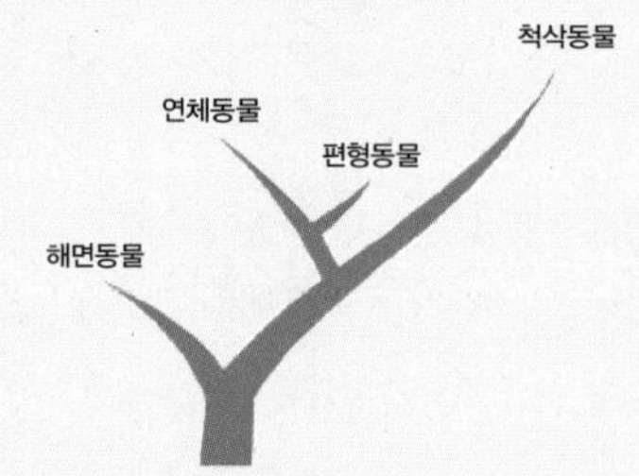

〈 보기 〉

ㄱ. 발생 과정이 가장 단순한 것은 해면동물이다.

ㄴ. 연체동물은 척삭동물보다 편형동물과 유연관계가 더 가깝다.

ㄷ. 척삭동물과 나머지 동물을 크게 나눌 수 있는 기준은 척삭의 유무이다.

① ㄱ　　② ㄴ　　③ ㄷ　　④ ㄱ, ㄴ　　⑤ ㄱ, ㄴ, ㄷ

정답 : ⑤ 풀이 : 해면동물은 중배엽, 체강, 척삭이 없으며, 편형동물은 체강과 척삭이 없고 중배엽은 가지고 있다. 그리고 연체동물은 중배엽, 체강을 가지지만 척삭을 가지고 있지 않으며, 척삭동물은 중배엽, 체강, 척삭을 모두 가지고 있다. 계통수에서 가장 아래에 있는 생물이 진화적으로 먼저 나타났으며 발생 과정이 단순하다.

ㄱ. 계통수에서 가장 아래에 해면동물이 있으므로 발생 과정이 가장 단순하다. ㄴ. 연체동물과 편형동물은 계통수에서 하나의 줄기에 놓이므로 다른 가지에 놓인 척삭동물보다 유연관계가 더 가깝다.

ㄷ. 척삭동물과 나머지 동물들을 나눌 수 있는 기준은 척삭의 유무이다.

6. 표는 어떤 생물 집단에 속하는 대표적인 생물들의 특성을 나타낸 것이다. 이에 대한 설명으로 옳은 것만을 〈보기〉에서 있는 대로 모두 고른 것은?

강	호흡기	수정
어류	아가미	체외
양서류	아가미, 허파 피부	체외
파충류	허파	체내
조류	허파	체내
포유류	허파	체내

〈 보기 〉

ㄱ. 이 생물 집단의 이름은 척추동물이다.

ㄴ. 육상 생활에 적응하기 위해서는 허파 호흡이 유리하다.

ㄷ. 체외수정을 하는 어류와 양서류의 새끼는 태생으로 태어난다.

① ㄱ ② ㄴ ③ ㄷ ④ ㄱ, ㄴ ⑤ ㄱ, ㄴ, ㄷ

정답 : ④ 풀이 : 일반적으로 체외수정은 난생으로, 체내수정은 태생으로 새끼가 태어난다. 파충류의 경우 일부 동물은 난태생을 하는 경우도 있다.

ㄱ. 척추동물은 등 쪽에 척추를 가지고 있는 동물로 어류, 양서류, 파충류, 조류, 포유류가 여기에 속한다. ㄴ. 물속 생활에는 아가미 호흡이 유리하지만 육상 생활에 적응하기 위해서는 허파 호흡이 유리하다. 양서류의 경우는 허파 호흡과 피부 호흡이 가능하므로 육상과 물속 생활에 유리하다.

5장

우리의 환경과 생물을 지켜라!

환경을 파괴하는 생활을 계속한다면 우리는 진정
'짧고 굵게 살다 간 종'으로 기록되고 말 것이다.

_최재천(이화여대 석좌교수)

인간은 늘 우주 정복을 꿈꿔왔습니다. 이미 인간은 달 정복을 위한 준비를 마쳤습니다. 하지만 인간이 지구를 다루듯 다른 행성을 다루려면 차라리 달과 화성, 금성을 있는 그대로 놔두는 것이 훨씬 나을 것입니다. 인간은 자신이 사는 도시의 대기를 오염시켰고 강과 바다, 토양을 오염시켰습니다. 어쩔 수 없었다고 말할지도 모릅니다. 하지만 대지에 대한 무차별적 공격을 멈추려고 노력하지 않는다면 언젠가, 아마도 곧 이 세상은 플라스틱과 콘크리트, 로봇들로 가득 찬 사막이 되어 버릴 것입니다. 그런 세상에 '자연'이란 더 이상 존재하지 않을 것입니다. 그저 인간과 몇몇 가축만이 남아 있게 될 테죠. 인간은 자연과 떨어져서 살 수 없습니다. 인간이 행복을 누릴 수 있기 위해서 자연은 필수적인 요소입니다. (레이첼 카슨, 『침묵의 봄*Silent Spring*』 중에서)

환경과 관련한 조금 긴 명언을 소개했는데, 이 글을 꼼꼼히 읽노라면 자연의 소중함과 자연이 무너졌을 때의 끔찍한 결과가 그려지지 않나요? 환경을 보호하고 생태계를 보전하려는 의지를 굳세게 가질 수 있는 좋은 글이라 여기에 소개했습니다.

생태계

마지막 장에서 우리는 인간과 환경, 다른 생물체들의 관계를 생각해보기로 하겠습니다. 우리 인간은 너무 인간 위주로 생각하며 살아온 것 같지 않나요? 배려 없는 우리의 행동을 고스란히 참아낸 환경이 이제 서서히 그에 대한 반응을 보여주고 있습니다. 그리고 자연이 되돌려주는 그 대가가 결코 좋지 않다는 것을 우리 모두 깨닫고 있습니다. 이제부터라도 우리는 자연과 인간, 환경과 인간 사이의 관계를 개선해야 합니다. 그러기 위해서는 관계의 그물망을 정확히 이해해야 할 필요가 있지요.

여러분, 지금부터 쌤과 함께 우리의 보금자리인 자연환경의 특성을 제대로 이해해볼까요?

생태계,
더불어 살아가는 세계

지구에는 수많은 생물과 그 주위를 둘러싼 비생물적인 요소들이 조화를 이루고 있습니다. 오랜 세월 동안 생물은 스스로 알고 있든 아니든 간에 그들이 살고 있는 자연환경과 서로 작용하며 살아왔지요. 이처럼 생물과 자연환경은 서로 없으면 못 사는 관계로 연결되어 있지만 근래에 와서 이러한 연결고리는 인간 활동으로 위협을 받고 있습니다.

생태계는 무엇일까요?

생태계를 구성하는 기본 단위는 무엇일까요?

생물적 관계와 비생물적 관계는 생태계에서 어떤 역할을 할까요?

인간으로 말미암아 직간접적으로 발생한 여러 종류의 환경오염, 기후변화 그리고 외래 생물의 유입 등이 생태계에 도대체 어떤 영향을 끼치고 있을까요?

생태계란?

생물과 생물들, 그리고 생물과 주변 환경과의 관계를 연구하는 학문을 생태학(ecology)이라고 하며, 생태계는 크게 비생물적 환경과 생물적 환경으로 나눌 수 있습니다. 비생물적 환경에는 햇빛, 온도, 토양, 물, 공기 등이 포함되며 생물적 환경과 서로 영향을 주고받으며 하나의 생태계를 이룹니다. 비생물적 환경은 생물의 생활에 영향을 미치는데 이를 작용이라고 하지요. 이에 생물의 활동은 반작용을 통해 비생물적 환경에 영향을 미치게 됩니다. 또한 생물들끼리 서로 영향을 주고받는 것을 상호작용이라고 합니다.

비생물적 환경이 생물에 미치는 영향을 알아보도록 하겠습니다. 생물은 주변의 비생물적 환경에 적응하여 생존합니다. 우리 주변에서 이러한 적응 행동은 쉽게 관찰할 수 있지요.

식물이 꽃을 피울 때 해가 떠 있는 낮의 길이가 매우 중요합니다. 예를 들면 보리, 무와 같은 식물들은 낮의 길이가 길어야 꽃을 피우기 때문에 봄이나 이른 여름에 개화하지만, 국화와 코스모스 같은 식물은 낮의 길이가 짧아야 꽃을 피우기 때문에 늦여름이나 가을에 개화합니다. 하늘을 날아다니는 새들의 짝짓기 시기도 낮의 길이와 관련이 깊습니다. 그밖에 빛의 세기나 종류도 생물에게 영향을 줍니다.

온도 또한 생물의 생활에 영향을 미칩니다. 그 이유는 생물체에서 일어나는 물질대사를 촉매하는 효소가 영향을 받기 때문이지요. 온도와 생물의 적응에 관한 좋은 예가 미국의 동물학자 앨런(Joel Asaph Allen, 1838~1921)이 1877년에 주장한 앨런의 법칙과 독일의 동물학자 베르크만(Christian Bergmann, 1814~1865)이 1847에 주장한 베르크만의 법칙입니다. 앨런의 법칙이란 추운 지방으로 갈수록 대부분 코, 귀 등의 신체 말단이 작아지는 현상으로 열을 많이 빼앗기지 않도록 적응한 모습입니다. 그리고 베르크만 법칙은 몸집이 커지는 현상을 말하는데, 몸집이 커진다는 것은 체표면이 작아지는 것을 뜻하며 역시 열을 많이 빼앗기지 않도록 해줍니다. 다음의 북극여우와 사막여우의 사진을 비교하면 쉽게 이해가 될 거예요. 두 법칙 모두 동물이 서식하는 환경의 온도에 적응하는 방법을 잘 보여준

앨런

북극 여우(좌) 사막 여우(우)

다고 할 수 있습니다.

지금까지 낮의 길이와 온도가 생물체에 미치는 영향을 알아보았습니다. 그밖에도 수분, 토양, 공기 등과 같은 많은 요인들이 생물의 생활에 커다란 영향을 미칩니다.

그러면 사람에 대한 예를 하나 들어볼까요?

낮은 지대에 사는 사람이 고산지대로 이동하면 희박한 산소 농도 때문에 고통을 받습니다. 하지만 시간이 흐르면 낮은 지대에서처럼 활동할 수 있게 적응하는데, 그 이유는 혈액 속의 적혈구 수가 증가하기 때문입니다. 어떤 운동선수들은

남미 페루의 마추픽추는 약 3600m의 고산지대에 형성된 도시이다. 잉카인들은 이렇게 높은 고도에서 적응하면서 살아왔다.

의도적으로 혈중 적혈구 수를 증가시켜 스포츠 정신에 어긋나는 행동을 하는 경우도 종종 일어나지요.

이제 생물적 환경에 대해서 알아보도록 하겠습니다.

같은 종의 생물들이 한곳에 모여서 이룬 무리를 개체군이라고 합니다. 여러 종류의 개체군이 모여 더 큰 무리를 이룬 것을 군집이라고 하지요. 개체군에서는 개체들 사이에서 상호작용이 일어나며, 군집에서는 개체군 사이에서 상호작용이 일어납니다.

개체군의 특성은 어떻게 표현할 수 있을까요? 우리나라에는 주기적으로 인구주택총조사를 실시하고 있습니다. 인구주택총조사는 우리나라 사람들의 개체군에 대해 조사하는 것이지요. 이 조사 결과로 인구밀도, 생존곡선, 연령 분포를 알 수 있으며, 연령별 인구수로 개체군의 크기 변화를 생장곡선으로 나타냅니다.

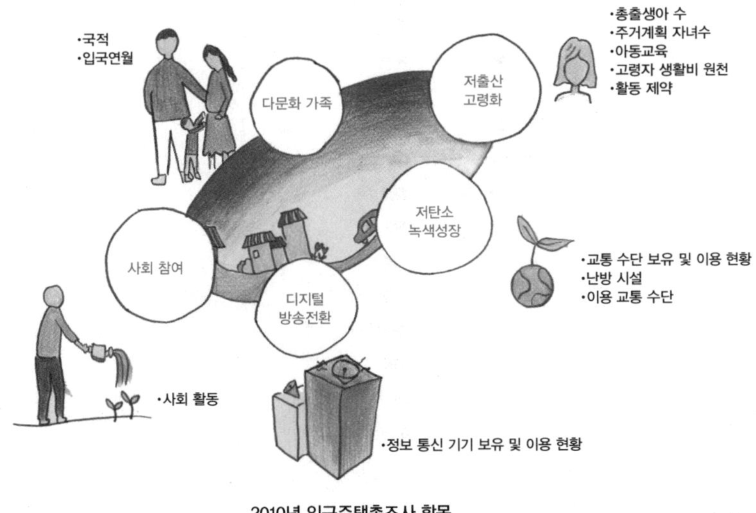

2010년 인구주택총조사 항목

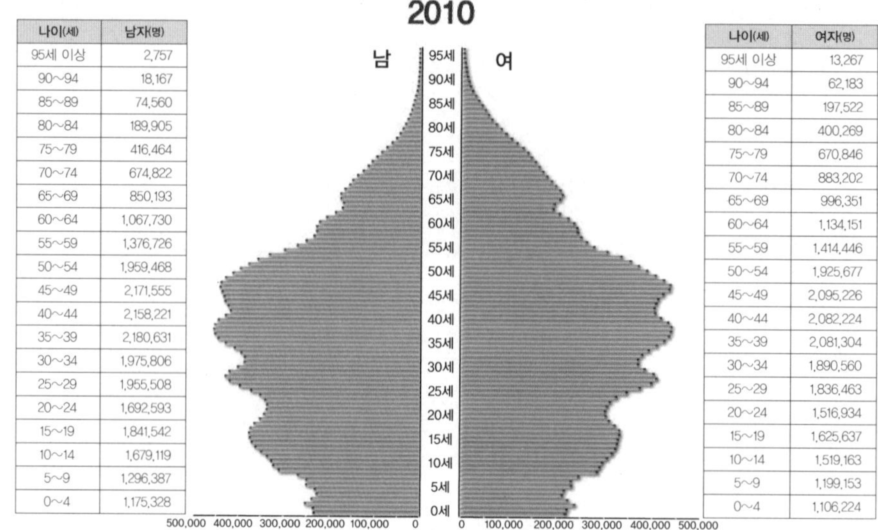

2010

나이(세)	남자(명)
95세 이상	2,757
90~94	18,167
85~89	74,560
80~84	189,905
75~79	416,464
70~74	674,822
65~69	850,193
60~64	1,067,730
55~59	1,376,726
50~54	1,959,468
45~49	2,171,555
40~44	2,158,221
35~39	2,180,631
30~34	1,975,806
25~29	1,955,508
20~24	1,692,593
15~19	1,841,542
10~14	1,679,119
5~9	1,296,387
0~4	1,175,328

나이(세)	여자(명)
95세 이상	13,267
90~94	62,183
85~89	197,522
80~84	400,269
75~79	670,846
70~74	883,202
65~69	996,351
60~64	1,134,151
55~59	1,414,446
50~54	1,925,677
45~49	2,095,226
40~44	2,082,224
35~39	2,081,304
30~34	1,890,560
25~29	1,836,463
20~24	1,516,934
15~19	1,625,637
10~14	1,519,163
5~9	1,199,153
0~4	1,106,224

2010년도 우리나라 인구 피라미드(자료 출처 : 통계청)

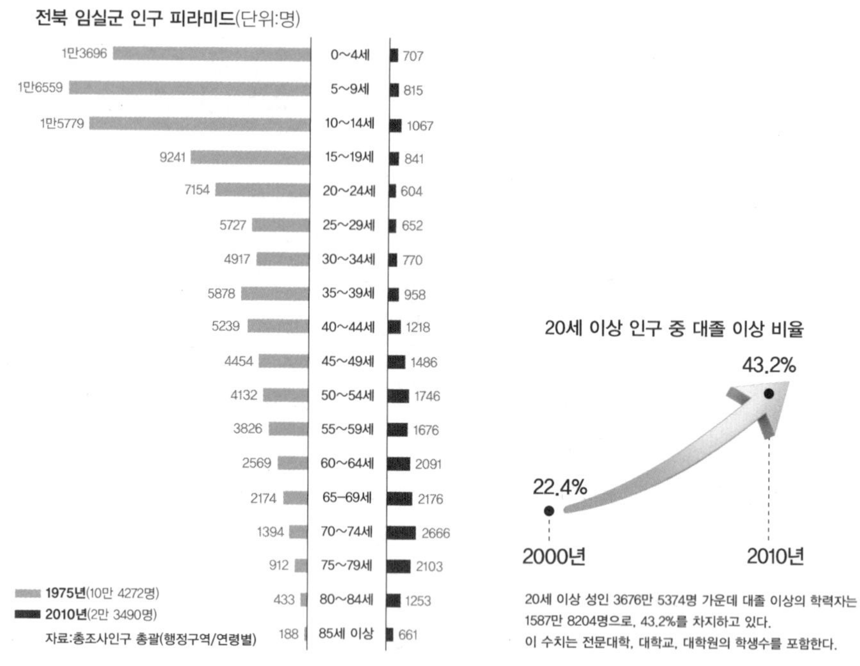

2010년도 인구주택총조사 결과 일부(자료 출처 : 통계청)

이러한 개체군 생장곡선을 통해 개체군에 가해지는 다양한 환경 저항을 이해할 수 있습니다. 당연히 환경이 나빠지면 개체군의 크기는 감소하게 되겠지요. 일반적으로 지구 전체의 인간 개체군의 생장곡선은 영어 알파벳 'J'자 모양으로 나타납니다. 반면에 대부분 생물들의 생장곡선은 'S'자 모양으로 나타나지요. 이러한 생장곡선의 차이는 왜 생겼을까요? 'J'자 생장곡선은 시간이 흐르면서 개체군의 크기, 다시 말해 인구수가 급증하고 있음을 뜻하며, 'S'자 생장곡선은 어느 정도까지는 개체군의 크기가 커지지만 어느 시점에서 크기가 더 이상 커지지 않는다는 것을 뜻합니다.

왜 인간의 경우에는 증가 곡선이 'S'자형이 아니라 이상적인 상태에 해당하는 'J'자형이 가능할까요? 이는 다양한 환경 저항을 극복하였기 때문입니다. 예를 들면, 공간의 제한은 빌딩을 짓는 방법으로 극복하였고, 식량 제한은 녹색혁명 등을 통해 극복하였으며, 각종 질병은 의학과 약품의 개발을 통해 극복하였습니다.

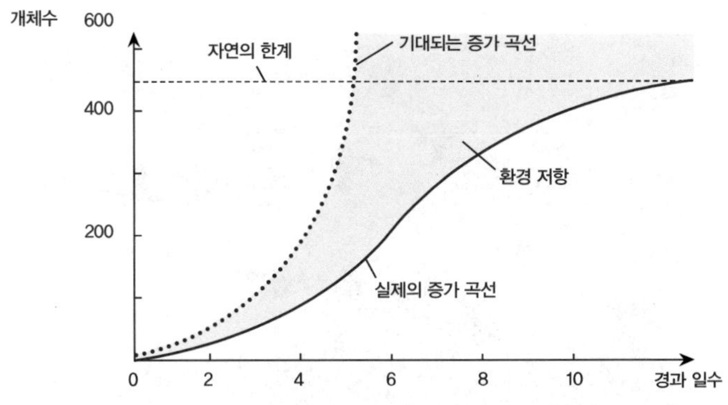

개체군의 생장곡선으로 대부분 생물은 그래프에서 실제의 증가 곡선인 'S'자형을 보여주지만, 인간의 경우는 'J'자형인 기대되는 증가 곡선을 보여준다.

하지만 인간 개체군의 크기를 억누르는 환경 저항들은 여전히 존재하고 있습니다. 대표적인 환경 저항으로 우리 인간의 생활과 문명의 발전으로 빚어진 환경오염 등이 있지요. 사실 지금 이루어지고 있는 과학의 발전, 공학의 발전, 새로운 녹색혁명 등은 인간 개체군의 성장을 'J'자형으로 유지하기 위한 것이라고 보아도 틀리지 않습니다.

이러한 환경 저항 이외에도 포식과 피식 관계에 따라 개체군의 크기가 변동될 수도 있습니다. 아무튼 많은 개체가 모여 개체군을 구성하므로 개체들 사이에 끊임없는 상호작용이 일어나며, 개체군의 크기가 커지면 먹이, 공간, 배우자 선택 등에 문제가 생기고 개체 사이에 경쟁이 극심해져 많은 에너지가 소모됩니다. 이러한 에너지 소모는 생식, 먹이 섭취, 천적으로부터의 방어 등에 불리하게 작용하기 때문에 생물들은 무리한 경쟁을 피하는 방향으로 진화해왔습니다.

자, 이제 개체군 안에서 개체 상호간에 일어나는 여러 상황을 이야기해보겠습니다. 쉽게 말하면 인간 사이에서 일어나는 상황을 알아본다는 뜻이지요.

철새. 리더제의 예를 보여준다.

개체군 안에서 일어나는 상호작용에는 세력권(텃세권), 순위제, 리더제, 사회생활 등이 있으며, 이러한 상호작용을 통해 각 개체는 불필요한 경쟁을 최소한으로 줄입니다. 한마디로, 힘 빼지 않고 더불어 살아간다는 뜻이지요.

일본 원숭이는 순위제의 예를 보여준다.

간단하게 하나씩 설명하겠습니다. 텃세권은 개체가 일정한 공간을 차지하는 것입니다. 따라서 다른 개체는 이 공간을 침범하지 않고 다른 공간을 차지함으로써 서로 싸움을 피합니다. 순위제는 말 그대로 서열을 정해놓고 먹이라든지 사는 공간을 나눠서 사용하는 것입니다. 리더제는 전체 개체군 가운데 우두머리가 있어서 여럿의 행동을 이끄는 현상을 말합니다. 마지막으로 사회생활은 고도로 조직화된 분업체계를 만들어 사는 경우입니다. 이렇듯 모든 상호작용은 경쟁과 싸움을 최소화하는 이점을 가지고 있습니다. 어찌 보면 우리 인간이 싫어하는 종류도 상당 부분 포함되어 있지요.

방금까지 설명한 상호작용은 동일한 개체군 안에서 벌어지는 현상들에 대한 부분입니다. 이제는 서로 다른 개체군 사이에서 벌어지는 상호작용에 대해 알아보겠습니다. 이종[1] 개체군 사이에서 볼 수 있는 상호작용에는 경쟁, 포식과 피식, 공생과 기생이 있습니다. 살아가는 장소나 먹이가 비슷한 경우에는 공간과 먹이 등을 놓고 치열한 경쟁을 벌입니다. 일반적으로 이러한 경우에는 같은 장소에서 함께 살 수 없는데 이를 경쟁배타의 원리라고 하지요.

1 종이 서로 다른 경우를 말한다. 예를 들어 인간과 개의 관계는 이종이다.

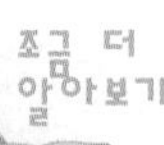

• 경쟁배타의 원리

러시아 생태학자 가우스(G. F. Gause 1910~)는 원생동물인 짚신벌레 두 종류를 배양하면서 경쟁배타의 원리를 발견했다. 따라서 가우스의 원리라고도 한다.

경쟁배타의 원리는 같은 자원에 대해 경쟁하는 두 종은 같은 장소에서 함께 살 수 없음을 말한다. 같은 자원에 대한 경쟁 결과는 한 종의 생물이 멸종하거나 또는 다른 자원을 사용하도록 진화한다. 자원의 분배가 효과적으로 이루어지는 것이라고 생각하면 된다.

아래 사진은 좀개구리밥이다. 좀개구리밥에 속하는 두 종류의 생물들을 따로 키우면 잘 자라지만, 함께 키우면 한 종류의 좀개구리밥이 바로 죽어버린다.

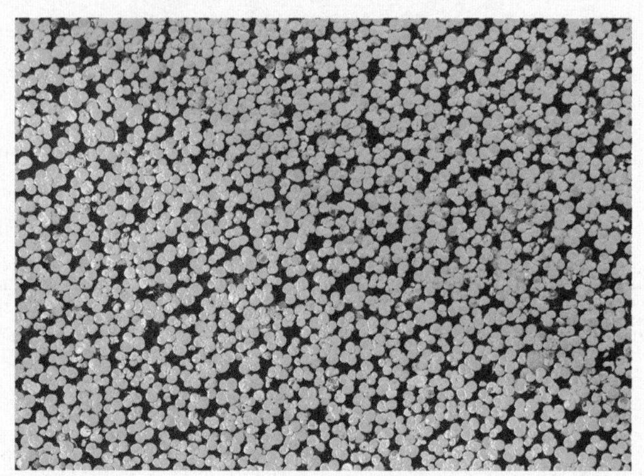

공기주머니를 가지고 있는 좀개구리밥은 공기주머니가 없는 좀개구리밥과 함께 키울 경우 공기주머니가 없는 좀개구리밥이 죽는다. 공기주머니가 빛을 가리기 때문이다.

포식동물은 먹는 자, 피식동물은 먹히는 자를 의미합니다. 사슴과 호랑이의 경우 사슴은 피식동물, 호랑이가 포식동물입니다. **공생은 함께 살아가는 것을 의미**하지요. 하지만 함께 살아가는 동안 누가 혜택을 보는지에 따라 상리공생, 편리공생으로 나눕니다. 상리공생은 서로 이익을 주고받으며 사는 형태로, 대표적인 생물로는 흰동가리와 말미잘, 말미잘과 집게, 딱총새우와 망둥이 등이 있습니다.

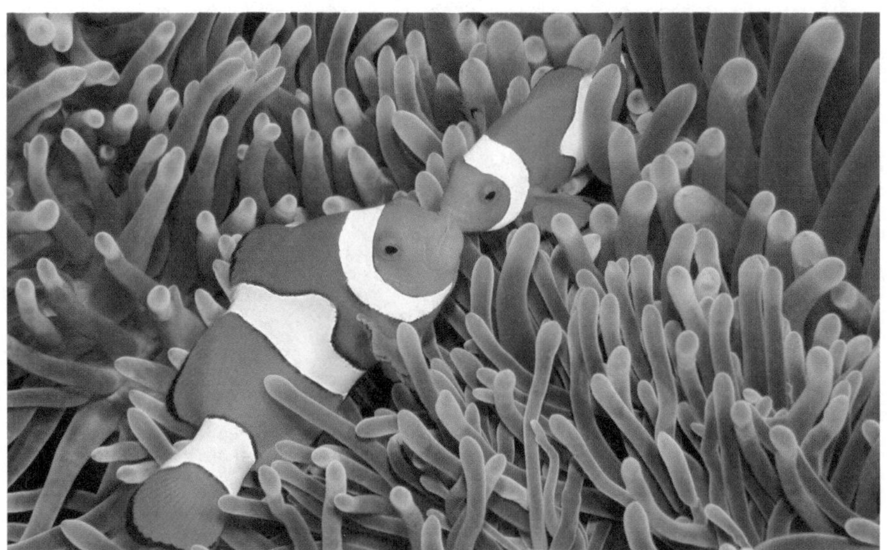

바다에 사는 흰동가리와 말미잘은 대표적인 상리공생의 예이다. 말미잘은 강한 독을 가지고 있는 촉수로 흰동가리를 보호해주고, 흰동가리를 미끼로 다른 물고기를 사냥하거나 흰동가리의 배설물을 먹고 산다. 영화 「니모를 찾아서」의 주인공 니모가 바로 흰동가리이다.

편리공생은 한쪽은 이익을 보지만 다른 쪽은 아무런 이익이나 해도 없이 사는 형태로, 바다거북과 빨판상어의 관계가 좋은 예이지요. 악어와 악어새의 관계도 편리공생의 예로 들지만 정말 그런지에 대해 아직까지 이러쿵저러쿵 말들이 많습니다. 마지막으로 한쪽은 이익을 보지만 다른 쪽은 피해를 보며 사는 상태를 기생이라고 합니다. 우리 인간과 여러 기생충의 관계가 좋은 예입니다.

이제 여러 종류의 개체군이 모인 좀 더 큰 집단인 군집에 대해 알아보도록 하지요. 군집은 특정 지역에 살고 있는 동식물 개체군의 집합입니다. 군집에서는 생물들 사이의 포식과 피식에 따라 물질과 에너지가 이동하고, 이러한 먹이사슬(또는 먹이연쇄)의 순서와 영양 섭취 방법을 기준으로 생물들을 생산자, 소비자, 분해자로 나눕니다.

바다거북과 빨판상어. 바다거북 밑에 빨판상어가 붙어 다닌다. 전형적인 편리공생의 예이다.

생산자는 독립영양을 하는 생물들입니다. 식물 등이 생산자로서 먹이사슬의 출발점이 되며, 무기물질을 유기물질로 바꿔주고 빛에너지를 화학에너지로 전환하는 가장 중요한 주춧돌이 되는 단계입니다. 그래서 왼쪽 그림의 먹이 피라미드에서 가장 아래를 차지합니다.

소비자는 조금 복잡합니다. 생산자가 만들어놓은 영양물질이 이동하는 단계에 있는 초식동물, 육식동물, 잡식동물 등이 소비자에 해당됩니다. 이들은 포식과 피식의 순서에 따라 1차 소비자, 2차 소비자, 3차 소비자로 다시 구분됩니다. 마지막 소비자를 최종 소비자라고 하지요.

1차 소비자는 주로 초식동물입니다. 우리 인간은 과학과 문명의 이기를 이용할 때는 최종 소비자에 해당되지만, 원시 자연에서는 최종 소비자가 되기는 힘들 것 같습니다.

분해자는 버섯이나 미생물 등이 해당되며, 생태계에서 매우 중요한 역할을 합

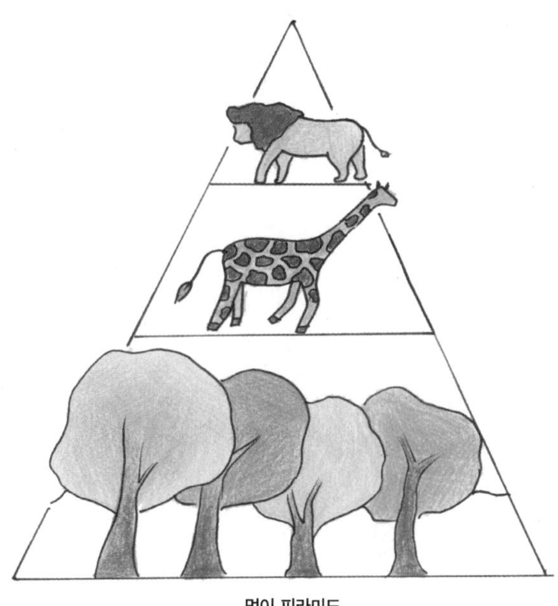

먹이 피라미드

니다. 이를테면 유기물질을 다시 무기물질로 되돌려 보내는 역할을 하며, 물질들이 끊임없이 순환하도록 도와주지요.

포식과 피식의 관계는 복잡하게 얽힌 먹이그물[2]을 형성합니다. 안정된 생태계는 아주 복잡한 먹이그물이 형성되어 있습니다. 그래서 어느 한 종류의 생물이 멸종하더라도 피해가 작습니다. 이에 비해 단순한 먹이그물로 구성된 생태계는 피해가 심각하지요. 극단적으로 말하면 그 생태계의 생물체가 모두 멸종할 수도 있습니다.

2 생태계에서 여러 생물의 먹이사슬이 가로세로로 얽혀서, 그물처럼 복잡하게 이루어진 먹이 관계

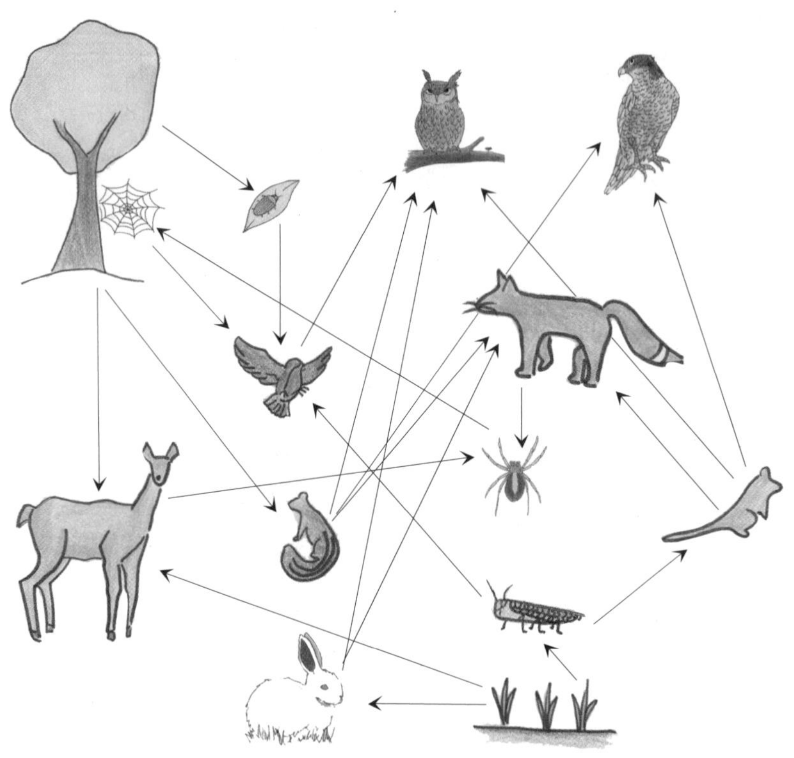

먹이그물을 통해 생물체의 구성물질과 에너지가 이동한다.

재미있는, 아니 조금은 심각한 이야기를 하나 들려줄게요.

여러분, 황소개구리를 아시나요? 우리나라에서 1970년대 농가 소득의 하나로 일본에서 들여와 식용으로 키웠지만 이 황소개구리가 양식장을 이탈해 개체수가 급격히 증가했습니다. 황소개구리 수명은 5~7년 정도이며, 우리나라 참개구리에 비해 몸집이 3~4배나 큽니다. 황소개구리는 한꺼번에 1만 5천 개 정도의 알을 낳는데다 번식이 매우 빠르지요. 게다가 육식성으로 포식력이 대단하고 소화력이 왕성하여 움직이는 것은 뭐든지 다 먹어치울 정도입니다. 심지어 자기 종족을 잡아먹기도 합니다. 이 황소개구리가 물고기와 물고기 알은 물론, 도롱뇽 등 양서류와 뱀을 포함한 우리의 토종 생물들을 마구잡이로 잡아먹어 생태계를 파괴하는 것으로 알려졌습니다. 개구리가 뱀을 먹다니요? 우리나라 고유의 먹이사슬에서는 개구리가 피식자이고 뱀이 포식자인데, 순서가 바뀌는 일이 벌어졌습니다. 뱀의 처지에서 보면 황당했겠지요? 분명 뱀이 즐겨먹던 개구리가 아니던가요. 그런 뱀이 덩치가 크고 험상궂게 생겨 조금 찝찝한 황소개구리한테 먹히다니 말입니다.

황소개구리는 미국이 원산지이다. 미국에서 황소개구리의 포식자는 악어이다. 하지만 우리나라에는 황소개구리의 포식자가 없어서 생태계가 엉망이 되었다.

물론 지금은 우리나라 토종 물고기의 하나인 민물고기의 왕 메기, 쏘가리 등이 황소개구리의 알을 먹으면서 생태계가 그나마 안정되고 있다고 합니다. 이렇게 원래 우리나라에 살던 동물이나 식물이 아니라 외국에서 들어온 생물들을 **외래종**이라고 합니다. 과거와는 달리 지금은 아주 많은 외래종들이 우리나라에 살고 있으며, 이 외래종에 우리나라 토종 생태계가 위협을 받고 있습니다. 그래서 외국에서 생물체를 들여올 때 공항이나 항구에서 철저하게 검사하지요.

이야기를 바꿔볼까요?

시간이 지나면서 군집은 변합니다. 군집의 변화는 생물종의 종류나 분포 범위가 변하는 것을 의미하는데, 이러한 변화를 **천이**('천이遷移'는 한자어로 '옮기어 바뀌다'라는 뜻)라고 합니다. 천이는 특히 식물 군집에서 중요합니다.

생물이 전혀 없는 땅에서 시작되는 변화를 1차 천이라고 하는데 1차 천이는 다시 토양에서 시작되는 **건성천이**와 물에서 시작되는 **습성천이**로 나뉩니다. 반면에 원래 식물이 살았던 곳이 산불, 홍수 등으로 훼손된 지역에서 다시 시작되는 천

1) 사향쥐(북미산. 수초와 수생동물을 마구 먹는다.)
2) 파랑볼우럭(북미산. 작은 물고기를 잡아먹어 생태계의 균형을 파괴한다.)
3) 큰김의털(북미산. 지리산과 한라산의 식생을 교란한다.)
4) 비자루국화(북미산. 자생식물의 성장을 방해한다.)
5) 도깨비가지(북미산. 초지를 황폐하게 만든다.)

이를 2차 천이라고 합니다. 1차 천이의 시작은 개척자라고 알려진 지의류(4장에서 배운 균류와 조류의 공생체) 등에 따라 일어나며, 지의류에 이어서 이끼와 1년생 풀들이 등장하고 시간이 지나면서 소나무와 같은 양수림[3]이 등장합니다.

마지막 단계인 천이의 끝에는 음수림인 참나무나 전나무가 자리 잡으면서 군집은 안정된 상태를 유지하지요. 이처럼 안정된 군집을 극상이라고 합니다. 소나무가 많은 산들은 아직 극상이 안 된 상태이고, 가을철 멋진 단풍을 보여주는 산들은 대부분 천이의 극상을 보여준다고 할 수 있습니다.

3 빛을 충분히 쬐어야 살 수 있는 나무들을 가리킨다.

천이

천이는 시간이 흐르면서 군집이 변하는 과정을 말한다. 이 과정에서 생물의 종류와 수가 달라지고 먹이그물이 점점 복잡해진다. 천이의 마지막 단계에서 군집은 매우 안정된다. 이 단계를 극상이라고 한다.

*** 천이의 종류**

1. 출발 장소의 특성에 따라 건성천이와 습성천이로 나눈다.
2. 출발 시점에 따라 1차 천이와 2차 천이로 나눈다.

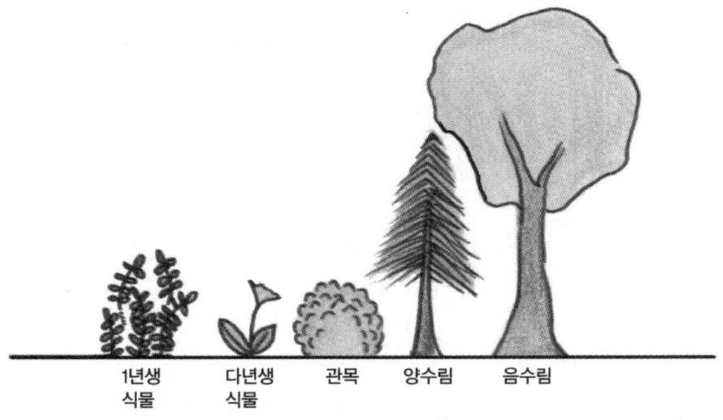

생태계에서 물질과 에너지의 운명

생태계 유지가 가능한 이유는 에너지가 계속 공급되기 때문입니다. 생태계에 존재하는 에너지를 추적하다 보면 출발 지점에 태양에너지가 있습니다. 따라서 태양에너지는 생태계의 근본 에너지입니다. 태양에너지에서 출발한 에너지를 이용하여 생태계의 생물들은 서로 의존하여 생존하며, 비생물적 환경과 생물 군집 사이에서 물질 순환과 에너지의 흐름이 일어나지요.

생태계를 흐르는 에너지의 끝은 어떻게 될까요? 생태계에서 에너지의 끝은 열에너지입니다. 물질은 순환되어 다시 사용할 수 있지만, 에너지는 그렇지 못하다는 것이지요. 물질처럼 에너지도 순환이 가능하다면 이 세상에서 가장 큰 골칫거리인 에너지 문제가 해결되었을 것입니다. 그러면 왜 물질은 순환한다 하고 에너지는 흐른다고 표현할까요? 지금부터 이 문제에 대해 알아보겠습니다.

먼저 물질 순환을 살펴보지요.

"인간은 흙에서 태어나 흙으로 돌아간다"는 말이 있습니다. 이 말은 물질이 생태계 안에서 끊임없이 재활용됨을 직설적으로 표현한 것입니다. 물질 순환의 시작은 환경이며, 생태계 안에서의 물질 순환은 생물들에 따라, 땅껍질(지각)에 따라, 다양한 화학반응에 따라 일어나기 때문에 우리는 물질 순환을 생물지구화학적 순환이라고 부릅니다.

여러 원소들 가운데 생물체의 주요 구성 원소인 탄소(C)와 질소(N), 황(S)의 순환은 지구와 생물이 함께 연결된 거대한 생태계에서 일어나는 데 비해, 유전물질의 주요 성분 원소인 인(P)의 순환은 매우 소규모로 일어납니다. **인은 ATP, DNA, RNA와 같은 생물학적 분자의 핵심 원소**이지만 다른 원소에 비해 아주 간단한 순환 구조를 가집니다.

그 이유는 인이 대기에 존재하지 않기 때문이지요. 땅껍질이 중요한 인의 저장소로 기능합니다. 지각에 저장된 인은 풍화나 침식작용에 따라 토양으로 들어가며, 식물은 인산의 형태로 인을 흡수하여 여러 물질을 합성하는 데 이용합니다. 또한 **물속 생태계에서 인은 중요한 요소이며, 인이 지나치게 양이 많으면 부영양화를 일으켜 적조나 녹조와 같은 현상을 벌어져 해마다 사람들을 괴롭히지요.**

조금 더 알아보기

• 부영양화와 적조·녹조 현상

화학비료나 하숫물, 축산 분뇨 등이 바다나 강으로 유입되면 영양분(특히 질소와 인)이 넘쳐나 조류가 급속하게 성장하거나 죽어서 물속의 산소가 사라진다. 부영양화란 바로 이러한 오염 탓에 물속 생물체가 죽는 현상이다. 부영양화에 관계가 있는 조류는 대부분 식물성 플랑크톤이다. 이 플랑크톤의 종류와 물속 생태계의 종류에 따라 녹조 현상과 적조 현상으로 구분한다.

녹조 현상

주로 강이나 호수 등에서 과잉의 영양염류로 녹색을 띤 조류(주로 식물성 플랑크톤)가 많아지는 현상.

적조 현상

주로 바다에 과잉의 영양염류로 적색을 띤 조류(주로 동물성 플랑크톤)가 많아지는 현상. 급격하게 늘어난 조류와 이 조류에서 방출하는 독성 물질(사람이 먹어도 위험) 때문에 어패류는 아가미가 막히거나 산소 부족으로 떼죽음을 당하기도 한다.

녹조 현상(좌)과 적조 현상(우)

대기에서 탄소의 양은 지난날에는 비교적 일정하게 유지되어왔습니다. 이 말은 탄소 순환이 정상적으로 균형을 이루어왔음을 뜻하지요. 하지만 우리의 화석연료[4] 사용이 급격하게 늘어나면서 그 균형은 깨지고 말았습니다. 그 결과, 대기 중에 이산화탄소(CO_2)의 농도가 꾸준히 증가하고 있으며, 이 때문에 지구의 온난화가 가속되었지요.

생태 피라미드

생태 피라미드는 생태계를 가장 정확하게 표현한 방법입니다. 구성하는 군집의 개체수, 생물량, 에너지 양을 영양단계별로 그래프로 나타낸 것을 생태 피라미드라고 하지요. 여러분, 영양단계라는 말이 낯선가요? 영양단계란 앞에서 배운 포식과 피식의 순서를 말합니다. 피식자 가운데 생산자가 가장 아래에 위치하는

생태 피라미드

4 지각에 파묻힌 생물들의 유해가 오랜 세월에 걸쳐 화석처럼 굳어져 오늘날 연료로 이용하는 물질. 석탄, 석유, 천연가스가 있다.

데 이를 **하위 영양단계**라고 합니다. 그 바로 위는 소비자인 **초식동물**이 차지하고 그 위는 **초식동물을 잡아먹는 소비자**가 차지합니다. 가장 꼭대기에는 최종 소비자가 차지하는데 이를 **상위 영양단계**라고 합니다. 상위 영양단계로 갈수록 이동하는 에너지 양은 점점 감소하는 대신, 먹이의 영양가가 높고 포식 능력이 커서 에너지 효율은 높아집니다. 다시 말해, 밑에 있는 생물들의 개체수와 무게가 가장 크고, 위로 올라갈수록 작아지는 피라미드 형태를 띠게 되지요.

조금 더 알아보기

• 점점 뜨거워지는 지구 – 지구온난화

지구온난화(Global Warming)는 바다와 지표 부근의 공기의 온도가 상승하는 현상이다. 주요 원인으로 지목된 것은 온실 기체이다.

온실 기체

지표면에서 방출되는 적외선의 일부를 흡수하여 온실효과(빛은 받아들이고 열은 내보내지 않는 온실과 같은 작용)를 일으키는 기체를 말한다. 온실 기체에는 수증기, 이산화탄소, 메탄, 오존, 프레온 기체 등이 있다. 특히 메탄은 이산화탄소에 비해 무척 강력한 온실 기체이다. 환경론자들과 생태학자들은 우리의 육식 소비가 늘어나면서 가축들을 대량 사육함에 따라 가축들이 방출하는 엄청난 메탄 기체의 심각성을 제기하기도 한다.

지구온난화의 피해

여러 지역에 있는 빙하 등이 녹으면서 바다 높이가 상승하고, 구름 형성이 달라지면서 강수량의 상태가 변하고, 사막 지역이 점점 넓어진다. 다큐멘터리 「북극의 눈물」은 북극 얼음이 녹으면서 서식지를 잃고 힘겹게 살아가는 북극곰의 생활을 다룬 영상물이다.

북극의 얼음이 녹으면서 북극곰들은 활동할 서식지를 점점 잃고 있다.

대륙별로 평균기온의 변화와 멸종 위기 동물들을 나타낸 그림이다. 우리 모두 온실 기체를 발생하지 않도록 노력해야 한다.

우리 인간을 중심으로 다시 설명해보겠습니다. 쇠고기를 먹는다고 가정하여 먹이사슬을 그려보면 "풀 → 소 → 인간"이 됩니다. 풀은 광합성을 통해 그 숫자(개체수)를 늘리고 크기도 커집니다. **광합성은 태양에너지를 풀을 구성하는 유기 분자로 바꾸는 과정**입니다. 이렇게 전환된 에너지인 유기 분자를 소가 먹지요. 소 한 마리가 건강하게 자라려면 풀이 아주 많이 필요합니다. 소는 풀 속에 들어 있는 유기 분자인 영양소로 에너지를 만들어 쓰고, 또 일부는 자신의 몸집을 불리는 데 사용합니다.

여기까지의 경로에서 에너지만 따져볼까요? 엄청난 태양에너지 가운데 일부가 광합성에 따라 유기 분자의 화학에너지로 전환되었고, 그 가운데 일부를 소가 먹어서 자신의 화학에너지로 전환했습니다. 이제 인간이 그 소를 먹습니다. 한 사람이 평생을 살려면 여러 마리의 소가 필요할 것입니다. 이러한 개체수를 토대로 그림을 그리면 맨 아래 풀이 차지하고 그 위에 소가, 맨 위에 사람이 차지하겠지요? 이것이 바로 생태 피라미드입니다. **아래에서 위로 갈수록 에너지 양과 개체수는 감소합니다.**

잠깐, 이야기를 바꿔볼까요?

채식주의를 실천하는 분들은 가끔 생태 피라미드를 이용해서 자신들의 주장을 합리화합니다. 이를테면 위에서 말한 경로 가운데 우리가 소를 먹지 않고 곧바로 풀을 먹을 경우 에너지 양을 더 많이 얻을 수 있으므로 한 사람이 아닌 여러 사람이 먹고 살 수 있다는 것이지요. 논리적으로는 옳은 말입니다. 하지만 채식 활동을 하려면 매우 큰 주의를 기울여야 합니다. 지나친 채식주의는 자칫 건강을 해칠 수 있으므로, 여러분은 무엇보다도 올바르고 균형 잡힌 영양소의 섭취가 중요하다는 것을 명심하기 바랍니다.

조금 더 알아보기

• 채식주의

채식주의는 동물성 음식을 피하고 식물성 음식만 먹는 것을 말한다. 일반적으로 생태계의 가치를 중요하게 여기는 사람들, 자연보호나 정신 건강을 중시하는 사람들이 채식을 한다. 채식주의자는 대개 도덕적 정당성을 내세운다. 그 정당성은 "다른 생명을 희생하면서 배를 채우고 싶지 않다"는 것이다. 하지만 우리나라의 경우에는 이러한 정당성보다는 다이어트를 위한 채식주의가 조금 많아 보인다. 채식주의는 아래와 같이 여러 단계로 나뉜다.

- 락토 오보 베지테리언 : 유제품과 동물의 알을 먹는 경우
- 락토 베지테리언 : 유제품은 먹지만 동물의 알은 먹지 않는 경우
- 오보 베지테리언 : 유제품은 먹지 않지만 동물의 알은 먹는 경우
- 비건 : 모든 동물에서 비롯된 음식을 먹지 않는 엄격한 채식주의자

환경오염, 인간 활동의 추악한 배설물들

여러분은 환경오염의 거의 대부분이 인간 활동에서 비롯된다는 점을 잘 알고 있을 테지요. 과학과 기술, 의학, 약품의 발달과 개발로 인구수는 지구 생태계가 수용할 수 있는 한계를 넘은 상태가 되었습니다. 인구수가 증가하면서 인간이 이용하는 생물 및 무생물 자원의 소비량이 급격하게 늘어났습니다. 그 결과, 오염물질의 양과 종류도 증가하면서 환경오염이 매우 심각해졌지요.

환경의 중요성을 표현한 '부메랑[5] 효과'에 따르면, 인간 생활에서 비롯된 환경오

5 부메랑은 오스트레일리아의 원주민들이 처음 사용한 것으로 알려져 있는 사냥용 무기로, 던지고 나면 다시 던진 사람

염은 결국 우리 인간에게 되돌아옵니다. 쉽게 말하면 내가 아무 생각 없이 버린 쓰레기 때문에 내 아들, 내 손자가 고스란히 피해를 본다는 것이지요. 지구는 현재 살고 있는 우리 것이 아닌 후손에게서 빌려왔다는 말을 우리 모두 심각하게 되새겨보아야 합니다. 이러한 환경 문제에 대해 많은 나라의 지도자들이 걱정을 하고 함께 모여서 해결책을 마련하기 위해 노력하고 있지요.

부메랑의 역사를 보여주는 판화

미국의 전직 부통령이었던 엘 고어(Al Gore)는 「불편한 진실An Inconvenient Truth」이라는 다큐멘터리에서 지구온난화라는 알고 싶지 않은 진실을, 정치적 문제가 아닌 인간의 윤리적 문제로 모두가 떠안아야 한다고 주장하기도 했습니다. 우리나라에서도 많은 분들이 환경보호를 위해 애쓰고 있지요. 여러분은 잘 모르겠지만, '천성산 도롱뇽[6] 지키기'라는 환경운동이 있었습니다. 여기에 천성산 개발을 반대하며 지율 스님이 단식을 하면서 개발 중단을 요구했지만 안타깝게도 재판에서 지고 말았습니다.

영화 「불편한 진실」

자, 지금부터는 여러 종류의 오염에 대해 알아보고, 오염을 줄일 수 있는 방법에는 무엇이 있는지 생각해보도록 하지요.

에게로 돌아오는 특성이 있다. 현재 "어떤 행동이 의도한 대로 되지 않고 다시 자신에게 불리하게 되돌아온다"라는 뜻으로 여러 분야에서 사용되고 있다.

6 양서류에 속하는 동물로 꼬리와 네 발을 가지고 있다.

먼저 대기오염입니다. 대기오염은 주로 연료를 연소하는 과정에서 발생합니다. 석탄과 석유 등에 포함된 황이 연소하면서 이산화황이 발생하고, 생물의 호흡과 연료의 연소 과정에서는 이산화탄소가 많이 발생합니다. 산화질소류[7]는 주로 자동차 배기가스를 통해 배출됩니다. 이산화황과 산화질소류는 빗물에 녹아 각각 황산과 질산으로 전환되므로 산성비의 원인이 되기도 하지요.

자동차 배기가스와 공장에서 배출되는 대기오염 물질들이 한 곳에 장시간 머물면 스모그 현상이 일어납니다. 스모그는 태양광선을 차단하여 태양에너지가 지표면으로 들어오는 것을 막고, 호흡기 질환을 일으키며 많은 생물체에 큰 피해를 줍니다. 우리나라도 때때로 스모그 경보를 발령합니다. 그만큼 대기오염이 심각하다는 뜻이지요. 스모그 경보가 발령되면 외부 출입을 삼가야 합니다.

조금 더 알아보기

• 산성비

공기 중에 있는 이산화황이나 산화질소 기체가 비와 만나면 황산과 질산이 된다. 이처럼 황산이나 질산이 섞여 있는 비를 산성비라고 한다. 보통 비의 pH는 5.6 정도이다. 중성인 7.0이 아닌 이유는 공기 중에 이산화탄소가 녹아 있기 때문이다. 따라서 산성비는 이보다 더 낮은 pH를 띤다. 산성비는 삼림을 파괴하고 건축의 수명을 단축시킨다.

7 질소의 산화물을 말한다. 일산화질소(NO), 이산화질소(NO_2) 등이 해당된다.

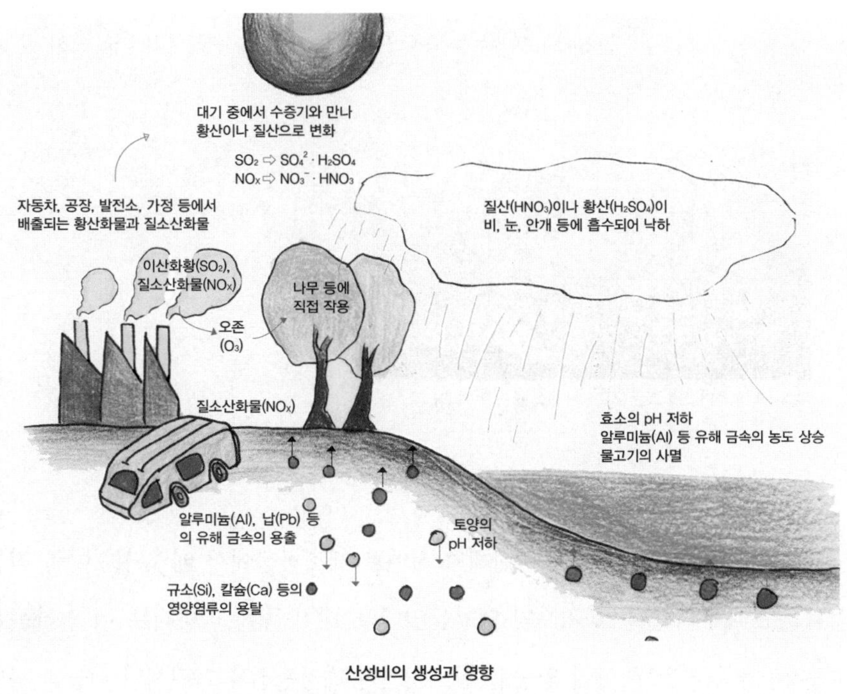

산성비의 생성과 영향

• 스모그

스모그(smog)는 연기(smoke)와 안개(fog)의 합성어이다. 연기와 안개가 섞여 있다는 뜻이지만 현재는 대기오염 물질에 따라 하늘이 뿌옇게 보이는 현상을 말한다. 스모그는 눈과 코에 자극은 물론, 각종 호흡기 관련 질환을 일으키며, 식물의 성장에 큰 피해를 주기도 한다. 스모그는 오염 물질의 종류에 따라 4종류로 나눈다.

• 런던형 스모그 : 화석연료의 연소로 발생한 이산화황, 일산화탄소에 따라 형성되며 공기 중 수분과 반응하여 발생한다.

• LA형 스모그 : 자동차 배기가스에 포함되어 있는 산화질소류에 따라 형성되며, 태양광선의 화학반응으로 발생한다.

• 화산 스모그 : 화산 폭발로 분출된 이산화황에 따라 형성된다.

• 혼합형 스모그 : 런던형과 LA형이 동시에 일어나는 것으로 우리나라 서울에서 발생되는 스모그가 해당된다.

우리나라 서울의 스모그는 대표적인 혼합형 스모그이다.

이러한 기체들뿐만 아니라 화산재와 시멘트 제조공장에서 배출되는 아주 작은 입자들도 매우 위험한 환경오염 인자들입니다. 대기 중에 떠다니는 이 입자들은 호흡기관을 통해서 허파에 염증을 일으키거나 태양광선을 차단시켜 식물의 광합성 작용에 좋지 않은 영향을 미치니까요.

1991년 필리핀 키나투보 화산의 폭발은 20세기에 일어난 두 번째로 큰 화산 폭발로 이때 엄청난 농지가 사라졌다.

자, 이제는 물을 오염시키는 수질오염에 대해 알아보겠습니다. 가정에서 나오는 생활하수나 공장에서 나오는 폐수, 축사에서 나오는 가축의 분뇨, 농약 성분 등에 포함된 유기물, 영양염류, 중금속 등으로 수질오염이 발생합니다. 특히 우리나라에서는 최근에 조류독감[8]과 구제역[9]으로 말미암아 수많은 닭, 오리, 소와 돼지를 매장했던 탓에 이 사체들에서 유

8 원래는 새들에게 감염되었던 독감 바이러스가 돌연변이를 일으켜 소나 돼지에 감염되고, 심지어 사람까지 감염되는 사례가 있다.

9 소와 돼지 등 발굽이 둘로 갈라진 동물(우제류)에 감염되며, 전염성이 매우 강한 바이러스성 질병이다.

출되는 물질 때문에 골머리를 앓기도 했지요.

이와 달리 적은 양으로 유입되는 유기물들은 하천, 호수, 바다에서 미생물에 따라 빠르게 분해되므로 수질오염이 거의 발생하지 않습니다. 이렇게 우리 자연은 자신을 공격하는 질병들을 스스로 치료할 수 있습니다. 이러한 현상을 자정작용이라고 합니다. 하지만 유입되는 유기물의 양이 지나치게 많으면 자정작용에 실패하고 결국에는 수중 생태계가 파괴됩니다. 대량으로 유입된 유기물에 따라 세균의 수가 폭발적으로 증가하고, 이 때문에 물속에 녹아 있는 산소량이 급격히 감소하여, 그 결과 물고기 등의 생물들은 호흡곤란으로 죽게 됩니다. 더구나 유입된 유기물 가운데 일부는 완전하게 분해되지 않아 메탄, 황화수소 등의 기체가 발생하여 악취를 내뿜기도 하지요.

지금까지는 유기물질에 따른 물의 오염이지만, 사실 물은 유기물질뿐만 아니라 여러 중금속 물질이나 기타 환경 물질 때문에 더 많은 몸살을 앓고 있습니다. **중금속 물질들은 물속에서 미생물에 분해되기가 무척 어렵기 때문에 먹이사슬에 따라 쌓이게 되어**(이러한 현상을 생물학적 농축이라고 합니다) **결국 최종 소비자인 인간에게 심각한 장애를 일으킵니다.**

미국의 생태학자이자 환경운동가인 샌드라 스타인그래버(Sandra Steingraber)는 『모성 혁명*Having Faith*』이라는 책에서 진정한 최종 소비자는 젖먹이 아기라고 합니다. 환경오염의 엄청난 결과가 생각만 해도 아찔하지 않나요?

최근에 일본에서 후쿠시마 원전 사고로 발생한 방사능에 대한 생물학적 농축 과정에 대해 많은 사람들이 우려하고 있습니다. 일본에서 수입하는 먹을거리에 우리 국민이 예민하게 반응하는 것도 어쩌면 당연한 일인지도 모릅니다. 이처럼 우리가 생물학적 농축 현상을 이해해야 하는 이유는 다양한 환경오염에 따른 피

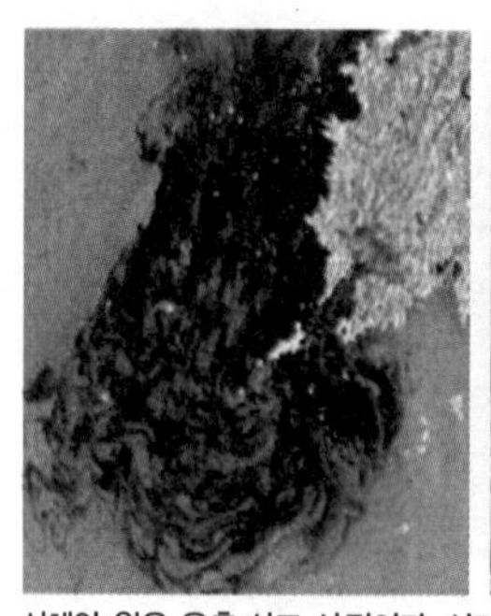

서해안 원유 유출 사고 사진이다. 시커멓게 보이는 부분이 원유가 유출된 바다이다(좌). 서해안 원유 유출 사고 해안에서 자원봉사자들이 기름을 제거하는 봉사활동을 펼쳤다(우).

해를 우리가 직접 겪을 수도 있지만 우리 자손에게 계속 영향을 미치기 때문이지요.

2007년 12월 7일 서해안에서 발생한 원유 유출 사고는 사회경제적으로 커다란 피해를 주었습니다. 지금은 많이 해결되었지만 아직도 해결하지 못한 문제들이 산재해 있습니다. 오염이 일어나지 않도록 주의하는 것이 가장 중요하겠지만, 오염이 발생하였을 때 오염 물질을 신속히 제거하는 것도 매우 중요합니다. 그래서 많은 나라에서는 오염 물질을 빠르고 안전하게 제거하는 방법을 개발하고 있지요. 예를 들면, 기름을 분해하는 미생물을 이용한 정화법을 연구하여 현장에 적용하고 있습니다. 생물체를 이용하여 환경을 깨끗이 하는 방법을 생물 정화법이라고 합니다.

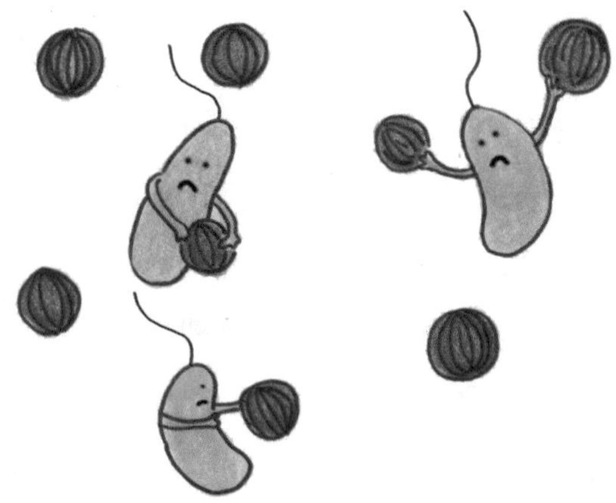

기름을 먹는 세균, 슈도모나스 푸티다

여기서 잠깐, 기름을 분해하는 미생물을 소개할게요. 바다에는 엄청나게 많은 미생물이 살고 있습니다. 기름 유출 사고가 벌어지면 독성 때문에 대부분의 미생물은 죽지만 기름 성분을 분해하는 소수의 미생물은 생존합니다. 따라서 **생물 정화란 이러한 토착 미생물이 기름을 더 잘 분해할 수 있도록 양분을 주어 활성화시키거나 기름 분해 능력이 뛰어난 외부 미생물들을 오염 현장에 넣어주는 것**입니다. 이 미생물은 바다를 오염시킨 원유를 먹이로 삼아 물과 이산화탄소로 분해하면서 증식하지요.

조금 더 알아보기

• 생물학적 농축 – 모성 혁명

생물학적 농축이란 상위 영양단계의 생물로 옮아갈수록 몸속에 축적되는 물질의 농도가 점차 높아지는 현상을 말한다. 『모성 혁명』에서는 생물학적 농축 현상에 대해 다음과 같이 표현한다.

"나는 생태학적 먹이사슬을 나타낸 정교한 흑백 그림들에 가장 매료되었다. 어떤 해의 교과서에는 에너지 화살표가 태양에서 풀로, 풀에서 소로, 소에서 젖으로 흘러갔다. 다른 해에는 태양에서 규조류로, 규조류에서 갑각류로, 갑각류에서 빙어로, 빙어에서 고등어로, 고등어에서 참치로 흘러갔다. 이 그림 맨 위에는 우유를 마시는 사람과 참치를 먹는 사람이 각각 그려져 있었다. 동시에 생물학적 독성 농축이라는 개념이 도입되었다. 이것은 독성 화합물이 환경으로 방출될 때 희석되지 않고 잔존한다는 레이첼 카슨의 중요한 요점이었다. 독성 물질은 먹이사슬을 따라 위로 올라갈수록 점점 많이 농축된다. 빙어에서 고등어로, 고등어에서 참치로, 참치에서 사람으로. 하지만 참치 샌드위치와 우유가 모두 소화된 뒤에도 여기 포함된 오염물을 농축시킬 기회는 여전히 남아 있다. 초등학교에서 대학원까지 내가 공부했던 모든 도면에 그려진 인간의 먹이사슬에는 진정한 최종 소비자가 빠져 있었다. 마지막 가장 위쪽의 빠진 고리는 젖먹이 아기다." (바다출판사, 2004년)

이제 토양오염에 대해 알아보겠습니다.

토양은 생물들의 삶의 터전입니다. 따라서 토양이 오염되면 생물체의 생활에 문제가 생기고 물질 순환이 잘 일어나지 않습니다. 예를 들어 산성비나 화학비료 등으로 토양이 산성화가 되면 토양에 사는 많은 미생물들이 죽게 되고, 그러면 미생물들로 건강하게 유지되어온 토양이 몸살을 앓게 되지요. 더구나 농사를 지으면서 사용한 제초제나 살충제 등의 농약은 정상적인 먹이그물을 파괴하고 토양 속에 오래 머물면서 앞에서 말했던 **생물농축 현상**[10]을 일으킵니다.

지금까지 우리 지구를 아프게 하는 여러 환경오염 물질에 대해 알아보았습니다. 우리가 환경오염 물질에 대해 정확히 알아야 하는 이유는 환경오염 물질이 우리 생태계를 파괴하기 때문이지요. 생태계의 파괴는 지구에 존재하는 많은 생물체를 죽음으로 몰아갑니다. 왜 다른 생물체의 죽음이 우리와 관련이 있을까요? 도대체 무슨 이유로 우리는 우리 스스로도 먹고살기가 힘든데 다른 생물체의 삶까지 고민해야 할까요? 지금부터 우리 주변의 생물들을 아끼고 보살펴야 하는 이유에 대해 공부하겠습니다.

생물 다양성 보전하기

우리 주변에는 멸종 위기에 처한 생물들이 하루하루를 위태롭게 살고 있습니

10 생물체 내에 특정한 물질이 계속 쌓이는 현상. 먹이사슬에 따라 특정한 물질은 상위 단계의 생물에 많이 쌓이게 된다. 즉, 생태계에서 최종 소비자 생물에게서 농축이 많이 일어난다.

다. 많은 사람들이 이 생물들을 보호하기 위해 엄청난 노력을 기울이고 있지요. 그 이유는 우리가 알고 있거나 또는 아직 모르고 있는 이 생물체들이 우리에게 무한한 가치를 줄 수 있는 어떤 잠재력을 가지고 있기 때문입니다.

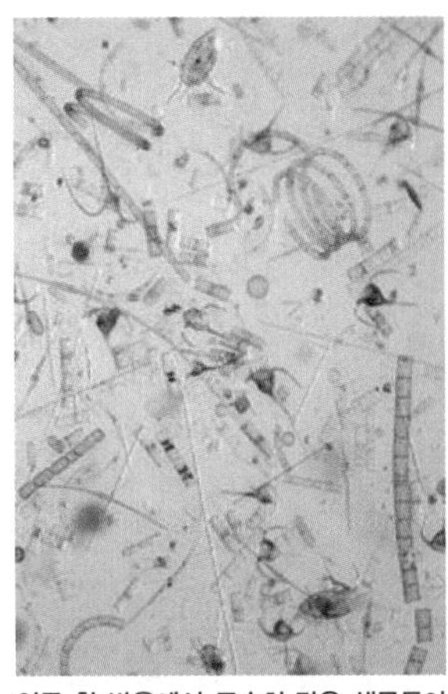
연못 한 방울에서 무수히 많은 생물들이 살고 있음을 관찰할 수 있다.

잠재력의 예를 들어볼까요? '택솔'이라는 암 치료약이 있습니다. 이 약은 '주목'이라는 식물에서 처음 발견했습니다. 미국 사막 지역에서 사는 주목은 사람들이 귀찮게 여겼던 식물이었습니다. 전혀 쓸모가 없어 보였던 이 식물에서 암을 치료하는 약이 개발된 것입니다. 만약 이 식물을 쓸모없다고 여겨서 완전히 멸종시켰다면 암으로 고통받는 수많은 사람들을 위한 치료약이 개발되지 않았을 것입니다. 이처럼 지금 당장 어떤 도움이 되지 않는다고 여기던 생물들이 언젠가 우리 인간에게 절대적으로 필요한 무언가를 가지고 있다고 항상 생각해야 합니다. 바로 이러한 이유로 우리는 생물들을 보전해야 하지요.

국가야생식물종자은행은 환경부의 국립생물자원관에서 운영하는 종자은행으로 영하 18도의 조건에서 현재 우리나라 야생식물 종자 900종을 보관하고 있다.

세계 씨앗은행은 노르웨이 스발바드 제도에 2008년에 설립되었으며, 지구의 모든 식물 자원이 멸종했을 때 이를 회복하려는 것이 목적이다.

각 나라마다 생물자원의 중요성을 깨닫고 서로 생물자원을 차지하기 위해 눈에 보이지 않는 전쟁을 벌이고 있습니다. '종자 전쟁', '생물자원 전쟁'이라고 불리는 전쟁이 지금 이 순간에도 벌어지고 있지요. 우리나라에도 여러 연구기관과 대학교에서 종자은행을 세워 토종 생물의 종자를 보전하려고 노력하고 있습니다. 더구나 각 나라의 종자 전쟁을 뛰어넘어 **전 세계적으로 지구 환경의 변화에서 약 300만 종의 식용작물 종자를 보호하기 위한 '노아의 씨앗 방주**(세계 씨앗은행)**'가 유엔 식량농업기구**(FAO)**의 주도로 북극해 근처에서 운영**되고 있습니다.

생물 다양성의 보전 이유

조금 낯선 단어를 살펴보도록 할까요?

낯설지만 아주 중요하고, 앞으로 많이 듣게 될 단어이지요. 바로 **보전생물학**이라는 단어입니다. 보전생물학은 생물체의 다양성을 보전하기 위한 학문이지요. 보전생물학의 대상은 생물종일 수도 있지만, 더 넓게는 생물들이 살고 있는 지역의 생태계일 수도 있습니다. 현재 많은 연구소와 나라에서 생물 다양성에 피해를 주는 다양한 원인들을 분석하고 있으며 생물 다양성이 줄어드는 것을 막기 위한 전략들을 개발하고 있습니다.

사실 생물 다양성이라는 말은 그 의미가 복잡합니다. 이 말에는 유전적 다양성, 종 다양성, 생태계 다양성이 모두 포함되며, 따라서 생물 다양성을 보전하기 위해서는 생물학 전반에 걸친 원리와 지식을 종합적으로 활용해야 합니다. 어찌 보면 우리가 생명과학을 공부하는 이유도 결국은 생물 다양성을 보호하기 위한 것이라 해도 틀리지 않을 것입니다.

미국의 생물학자 에를리히(Paul Ralph Ehrlich, 1932~)와 윌슨(Edward O. Wilson, 1929~)은 생물 다양성을 보전해야 하는 이유로 다음 세 가지를 제시했습니다.

- 우리는 지구상에서 우리와 함께 살아가는 동반자를 보호해야 하는 도덕적 의무를 가지고 있다.
- 우리는 생물에서 많은 식품과 의약품 등을 얻어왔고, 이후에도 생물들에서 더 많은 것을 얻을 가능성이 있다.
- 생태계에서 제공하는 필수적인 공기, 물과 같은 것을 지속적으로 얻으려면 정상적으로 기능하는 생태계를 보전해야 한다.

생물자원의 손실은 농업 및 의학 산업 발달에서 매우 중요한 걸림돌이 됩니다. 많은 의약품의 원료를 열대우림에서 서식하는 식물들에서 추출하는데, 우리가 아직 모르는 중요한 치료 성분을 가진 생물들의 멸종은 인간이 추구하는 건강과 장수하는 길을 막을 수도 있습니다.

이렇게 생물에서 직접 얻은 물질에 따른 혜택도 있지만 자연 생태계에서 얻는 것도 매우 중요하지요. **생태계를 구성하는 식물은 지구온난화를 일으키는 이산화탄소를 흡수하고, 호흡에 필요한 산소를 방출하며, 잘 보존된 숲은 토양을 비옥하게 하고, 물을 이용할 수 있게 해줍니다.**

생물 다양성의 보전은 생태계의 보전을 위해서 필수적입니다. 다시 말해, 모든 생물이 건강하게 살기 위해서는 생태계가 정상적으로 기능하여야 하며, 그러기 위해서는 그 생태계에서 살고 있는 생물들이 다양하고 건강하게 살아야 하지요.

이미 말했듯이, 생태계를 구성하는 생물들은 생산자, 소비자, 분해자로서 자기가 맡은 역할을 해내고 있으며, 이 가운데 어느 한 역할이 제대로 가동되지 않을 때 물질 순환이 막히게 되는 것입니다.

그럼 이제 생물 다양성이 파괴되는 이유를 알아보도록 할까요? 근본적인 원인은 바로 인간의 활동입니다.

생물 다양성의 파괴 원인들

우리나라의 생물종 수는 땅 면적과 환경 여건이 비슷한 영국과 일본에 비교할 때 약 10만 종으로 예상됩니다. 현재 알려진 종수는 약 4만 종이지만, 10만 종에는 아직 밝혀지지 않은 생물종까지 포함되어 있습니다. 전 세계적으로는 약 140만 종이 밝혀졌고, 역시 아직 밝혀지지 않은 종까지 합치면 훨씬 더 많은 생물종이 지구상에 있을 테지요.

이렇게 많은 생물체 종류들이 살고 있지만 현대 사회에서 인간 활동으로 종의 멸종이 가속화되고 있습니다. 우리는 이러한 상황을 '생물 다양성의 위기'라고 합니다. 국제적인 멸종 비율은 해마다 0.5% 정도라고 합니다. 우리나라 생물종의 수가 10만 종이라고 할 때 해마다 500종, 하루에 1.4종이 사라지고 있다는 이야기이지요. 엄청나게 많은 생물종이 사라지고 있음을 단번에 알 수 있습니다. 여러분은 멸종이 무엇이라고 생각하나요? 말 그대로 생물종이 지구상에서 사라진다는 뜻이지요. 그런데 우리 사회는 이런 심각한 상황에 대해 잘 모르고 있습니다. 생물종을 연구하는 학자가 점점 줄어들고, 이들의 연구 활동에 필요한 자본도 매우 적기 때문에 사실 앞으로가 더 걱정입니다. 이렇게 종의 멸종 속도가 빨라지는 것은 우리 인간의 수 증가와 밀접하게 관련이 있습니다. 이 사실은 동물의 멸종 그래프와 인구 증가 그래프의 비교를 통해 쉽게 확인할 수 있지요.

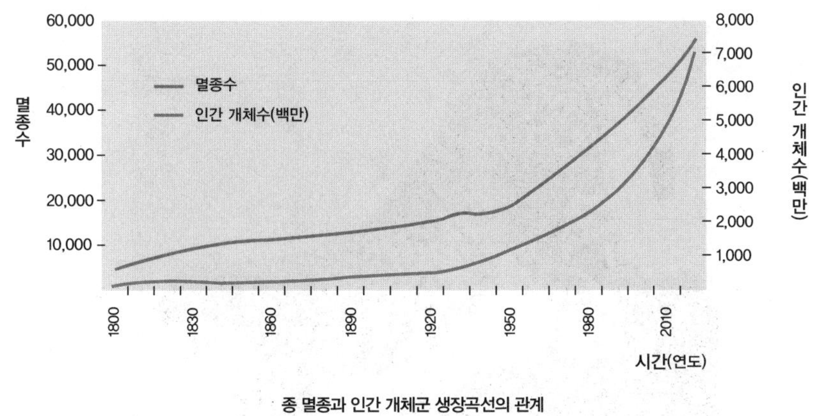

종 멸종과 인간 개체군 생장곡선의 관계

생물종이 멸종하는 원인은 무엇일까요?

앞에서 말했듯이, 가장 큰 원인은 인간이 직접 행하는 외래종의 도입, 지나친 남획, 그리고 서식지의 파괴입니다. 그리고 간접적으로는 인간 활동에 따른 기후 변화, 환경오염 등도 생물 다양성 파괴에 커다란 원인입니다.

위의 원인들 이외에도 소규모 집단으로 살아가는 생물종들은 근친번식,[11] 유전적 부동[12] 그리고 제한적인 교미로 말미암아 유전적 다양성의 감소로 멸종 위기에 놓여 있지요. 예를 들면, 지상에서 가장 빨리 달리는 동물인 치타는 현재 지구상에 약 8천여 마리밖에 없습니다. 인간에게 삶의 터전을 빼앗겨 좁은 구역으로 밀려나서 살고 있는 치타에게 더욱 위험한 것은 이들의 유전자가 매우 비슷하다는 점입니다. 따라서 치타들의 교배는 근친번식이므로 좋지 않은 특성이 나타날 확률이 높고, 치명적인 돌연변이가 발생하면 집단이 쉽게 멸종하게 될 것입니다. 물론 과학자들은 이러한 멸종을 막기 위해 최선의 노력을 다하고 있지만, 치

11 혈연이 매우 가까운 개체나 계통끼리 교배하여 자손을 번식하는 것을 말한다. 이 경우 유전자가 단순화되어 좋지 않은 특성이 자주 나타나게 되고 급격한 환경 변화에 적응할 수 있는 잠재력이 줄어든다.

12 어떤 집단에서 유전자가 안정적으로 유지되지 못해 갑자기 사라지거나 이와 반대로 갑자기 생기는 경우를 말한다. 예를 들어, 좋지 않은 유전자가 갑자기 집단에 퍼지면 그 집단은 쉽게 멸종한다.

지상에서 가장 빠른 동물 치타

타의 멸종 위기는 우리 인간이 만든 결과물이지요. 이렇게 아름답고 날렵한 치타의 모습을 어쩌면 책이나 동영상으로밖에 보게 될 날이 예상보다 빨리 올지도 모릅니다.

이와 비슷한 상황이 우리나라에서도 일어나고 있습니다.

큰 것은 몸길이가 팔뚝만 하고 송어와 아주 비슷한 '산천어'라는 물고기가 있지요. 이 물고기는 아주 깨끗한 1급수에서만 사는 종이며, 강원도 화천 등의 지역에서는 산천어 축제가 열리기도 합니다. 하지만 애석하게도 토종 산천어는 거의 멸종되었다고 합니다. 원래는 토종 산천어의 멸종을 막으려고 일본산 산천어를 대량으로 들여와 방류했는데, 오히려 그 때문에 토종 산천어가 사라지게 되었다는군요. 어이없는 결과라고 할 수 있지요? 다행히 최근 여러 연구에서 산천어의 복제 가능성이 제기되고 있고, 그나마 북쪽에 아직 토종 산

산천어

천어가 살고 있다고 합니다.

한국늑대

우리나라에서 살았던 생물들 가운데 멸종되었을 것으로 예상되는 대표적인 동물이 바로 늑대입니다. 1997년 서울대공원에서 마지막으로 생존했던 한국늑대가 죽었다고 합니다. 하지만 몇몇 학자들은 아직 늑대가 몇 마리 남아 있다고 주장하지요. 한국늑대는 1급 보호 대상입니다. 한국표범 역시 일제강점기를 거치면서 거의 멸종되었다고 하며, 시베리아호랑이의 일종인 한국호랑이도 지금은 그 흔적을 발견하기 어렵다고 합니다.

우리나라에서는 「야생동식물보호법」에 따라 멸종 위기 야생 동식물을 지정해 보호하고 있습니다. 그 심각성에 따라 1급과 2급으로 나누는데, 1급 위기 종은 멸종 가능성이 매우 높음을 뜻합니다. 아래 그래프는 환경부에서 제공한 멸종 위기 야생 동식물 지정 종수입니다. 2012년 멸종 위기 종으로 파악된 전체 종수는 246종이

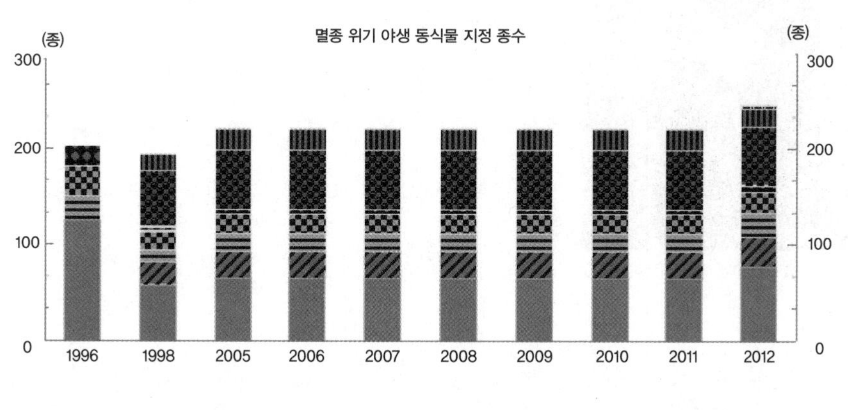

고, 이 가운데 51종이 1급, 나머지가 2급으로 보호되고 있지요. 여러분도 이 위기 종들을 한 번쯤 살펴보고 우리 주변에서 이 종들이 위험에 빠지는 일이 없도록 경계해야 합니다.

이러한 멸종 위기에 처한 생물종들은 국립공원관리공단의 '종복원기술원(http://www.knps.or.kr)'에서 사진으로 확인할 수 있습니다. 이곳에서는 이 생물들이 살고 있는 장소를 최우선으로 보전하고, 번식 및 복원 방법을 개발·연구하고 있지요. 최근 활동 가운데 가장 유명한 것이 반달가슴곰의 복원 활동입니다. 잠시 반달가슴곰 복원 활동에 대해 알아볼까요?

이 복원 사업의 실제 목적은 **첫째, 지리산을 대표하는 중심 종을 복원함으로써 백두대간[13]을 주축으로 하는 우리나라 자연 생태계의 건강성을 유지하고 증진하며, 안정화를 이루는 것**입니다.

지리산에서 복원 중인 반달가슴곰

둘째로는 우리나라 멸종 위기 야생동물 복원의 출발점으로, 반달가슴곰을 비롯한 야생동물이 이 땅에서 멸종되지 않도록 첫 걸음을 내딛는 데에 의의가 있습니다. 2004년 본격적으로 추진된 뒤 야생 상태에서 새끼가 출산되기까지 많은 우여곡절이 있었지만, 이를 시작으로 더 많은 야생동물이 복원될 것이라고 기대합니다.

13 백두산에서 뻗어내린 큰 줄기라는 의미이다. 한반도의 뼈대를 이루는 산줄기로 백두산에서 시작하여 남쪽 지리산까지 이어진다. 총 길이는 1625km이고 백두산, 두류산, 추가령, 금강산, 진부령, 설악산, 오대산, 대관령, 태백산, 소백산, 죽령, 속리산, 추풍령, 민주지산, 덕유산, 지리산이 여기에 속한다.

곰을 만났을 때의 대처법

곰이 멀리 있는 경우
조용히 그 자리를 벗어나세요!

갑자기(가까이서) 곰을 만났을 경우
먹을 것을 주거나 사진 촬영을 하지 마세요!

갑자기(가까이서) 곰을 만났을 경우
등을 보이고 뛰지 마세요!

곰이 공격을 해올 경우
사용할 수 있는 도구를 사용하여 저항하세요!

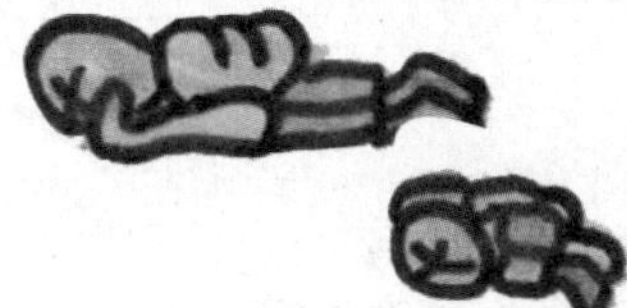

곰이 공격을 해올 경우
드물기는 하지만 만약 당신의 체격보다 더 큰 곰에게 공격 당한다면 왼쪽과 같이 당신의 급소를 보호하는 자세를 취하세요!

대표적인 복원 동물로는 산양, 여우 등이 있으며 식물들도 그 대상이지요. 만약 여러분이 지리산에 간다면 반달가슴곰을 만날지도 모릅니다. 이 곰들은 야생의 특성을 가지고 있으므로, 만났을 때 각별히 조심해야 합니다. 본래의 야생 곰과 종복원기술원에서 지리산에 풀어놓은 곰은 곰의 귀에 부착된 표식기와 발신기로 구별할 수 있습니다.

잠시 식물 복원 사업에 대해 알아보겠습니다. 우리나라에는 사람들의 무관심과 불법 채취 및 남획, 서식지 파괴로 멸종 위기에 놓인 식물들이 많습니다. **전국의 국립공원에는 멸종 위기 야생식물 64종 가운데 무려 44종이 살고 있지요.** 국립

우리나라의 국립공원은 국가가 지정한 공원으로 현재 21곳이 지정되어 운영되고 있다.

공원을 방문하면 공원 안에 있는 식물을 밟거나 함부로 꺾지 않도록 조심해야 합니다. 주변에서 누가 그런 짓을 하면 적극적으로 막아야 하겠지요. 예쁘다고 탐을 내면서 공원 안의 식물을 몰래 캐서 집으로 가져가면 안 된다는 뜻입니다. 자연 상태에서 바라보고 관찰하는 것이 가장 좋겠지요?

이제 마지막으로 생물종의 다양성을 지키고, 우리 생태계를 잘 보전하기 위한 몇 가지 방법을 알아보도록 하겠습니다. 우리가 건강하게 살아가려면 가장 먼저 고려해야 할 일이지요. 지금 당장은 불편하고, 또 쓸데없는 일처럼 보이겠지만 우리 후손들을 생각하면 반드시 해야 할 일입니다. "자연은 우리 것이 아닌, 후손들에게서 잠시 빌려온 것"이니까요!

생물 다양성의 보전 방법

가장 먼저 해야 할 일은 멸종 위기 종들을 보호하는 것입니다. 생물들이 살고 있는 곳을 파괴하거나 공간을 나누는 도로 건설이나 건축과 같은 일을 할 때 자연 개체군이 깨지지 않게 각별히 노력해야 합니다. 이를 위해 먼저 개체군의 크기가 감소하는 원인을 정확히 파악해야 하지요. 아울러 멸종 위기에 놓인 생물, 앞으로 멸종될 가능성이 있는 생물들에 대한 정확한 정보를 알고 있어야 합니다.

서식지 파괴를 막는 가장 좋은 방법은 그대로 두는 것입니다. 어쩔 수 없이 서식지 하나를 둘로 나눌 경우에는 서식지 단절을 막기 위해 생물들이 다닐 수 있는 길을 만들어주어야 합니다. 이를 생태이동 통로라고 하지요. 생물종들의 서식지를 인위적으로 연결해줌으로써 집단의 크기가 감소되는 것을 막아주려는 장치이지만 이러한 시설물들이 서식지의 파괴를 막아줄 수 없으므로 다른 방법들을

생태이동 통로는 끊어진 서식지를 인위적으로 연결해주어 동물들이 다닐 수 있게 해 주는 통로이다. 하지만 이 해결책만으로는 절대로 충분하지 않다.

찾아내도록 노력해야 합니다. 이러한 방법 가운데 하나가 **장기적으로 생물종을 보전하기 위해 예측 가능한 미래에서 인간의 토지 사용 양식을 연구하여 생물 다양성 보전에 우선권을 주는 것**입니다.

여러 생태계 사이의 경계에는 독특한 물리적 특성이 있으며 특정 생물들이 번성하기도 하지요. 따라서 많은 나라에서는 **생태경관 보전지역**을 정하여 보호하고 있습니다. 우리나라도 자연 상태가 원시성을 유지하거나 생물 다양성이 풍부한 지역이나 지형 또는 지질이 특이한 지역, 그리고 자연경관이 수려한 지역들을 생태경관 보전지역으로 지정하여 운영하고 있습니다. 현재 낙동강 하구를 포함하여 34개의 지역이 지정되어 있으니, 여러분도 자신이 사는 지역에서 생태경관 보전지역으로 지정된 장소를 찾아보면 어떨까요? 요즘에는 각 시도별로 자체 지정한 생태경관 보전지역이 많이 있습니다.

위에서 언급한 생태경관 보전지역처럼, 집중적으로 보전하기 위해 선정된 지역

서울시 생태경관 보전 지역

우포늪은 경상남도 창녕군에 위치한 우리나라 최대의 내륙 습지이다. 국가지정 문화재인 천연기념물 제524호로 지정되어 보호되고 있다. 다양한 식물과 조류, 어류, 포유류, 파충류, 양서류, 패류 등이 서식하는 생물종 다양성이 아주 풍부한 곳이다.

에는 멸종 위기 또는 멸종 가능성이 있는 생물종과 그 지역에서만 발견되는 고유종이 많이 서식하며, 특히 생물 다양성 집중지역(biodiversity hot spot)으로 불리기도 합니다.

현재 생물 다양성 집중지역으로 선정된 곳은 지구 면적의 1.5%에 지나지 않지만 전 지구의 1/3에 해당하는 식물종과 척추동물이 서식하고 있지요. 우리나라는 이 지역에 포함되지 않지만 일본이 포함되어 있어 그 선정 기준이 일부 생물에 제한되어 있습니다. 하지만 실제로는 모든 나라의 생태계가 생물 다양성 집중지역이라고 생각합니다.

지금까지 여러 가지 생물종 다양성을 보전하기 위한 방법들을 알아보았습니다. 하지만 이미 파괴된 생태계를 다시 예전 상태로 돌리는 일도 매우 중요합니다. 이러한 학문 분야를 복원 생태학(restoration ecology)이라고 하지요. **생태계**

복원의 출발은 개발제한지역 설정에서 시작되며, 생물체들이 사는 장소를 복원하는 것과 함께 포획 번식 프로그램이 활용됩니다. 포획 번식 프로그램은 생물들을 인위적으로 번식하여 나중에 복원된 자연 생태계로 되돌려 보내는 프로그램이며, 여기에 유전적 기술이 활용되기도 하지요.

자연 생태계는 놀라운 치유 능력과 함께 복원 능력을 가지고 있지요. 원래의 모습에서 생태계는 가장 안정된 상태를 유지할 수 있습니다. 인간 사회의 발달 과정에서 생태계의 파괴가 빠르게 벌어지고 있지만, 한번 파괴된 생태계를 복구하는 데에는 엄청난 시간이 필요합니다. 이제 슬기로운 지혜를 모아 발전 방안을 모색하여 자연을 원래 상태로 유지하려는 노력이 필요할 때입니다.

생물 다양성 보전의 목표는 지속 가능한 개발입니다. 뛰어난 지적 능력을 가진 인간의 무분별한 행동으로 생태계가 위험에 처하게 되었고, 우리는 더 늦기 전에 생태계의 복잡한 상호 연관성, 다시 말해 생물과 환경의 관계, 인간과 환경의 관계, 인간과 생물의 관계를 올바르게 이해하여 생태계를 보호해야 합니다. 자연은 어느 개인, 단체, 사회, 국가의 소유가 아니며 모든 생물체가 세대를 통하여 영원히 공유해야 하는 대상이라는 점을 항상 명심하기 바랍니다.

"한 생물종이 종말을 맞았다면 그것은 오로지 그것을 보호하고자 하는 인간의 의지가 결핍되었기 때문이다"라는 말처럼, 지금은 자연 생태계를 보호하려는 여러분 모두의 적극적인 의지가 필요한 때입니다.

1. 그림은 안정된 생태계의 구성 요소와 에너지의 흐름을 나타낸 것이다. A~C는 생물을 의미한다. 이에 대한 설명으로 옳은 것만을 〈보기〉에서 있는 대로 모두 고른 것은?

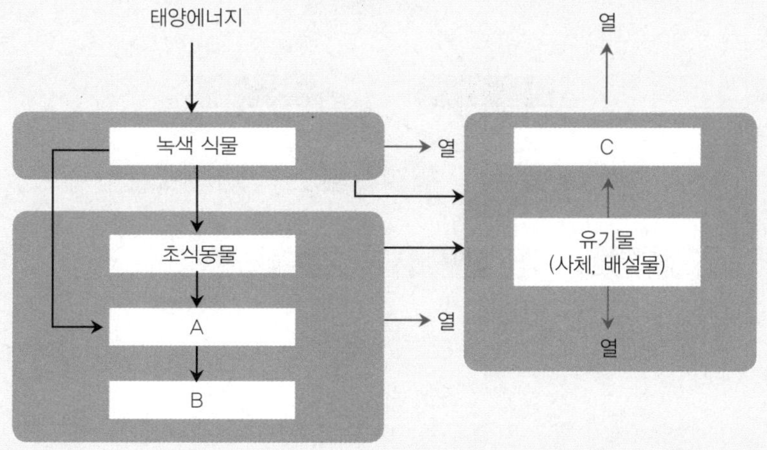

〈 보기 〉

ㄱ. A, B, C는 소비자이다.

ㄴ. B가 사라지면 초식동물 개체수는 증가할 것이다.

ㄷ. 에너지는 생태계 내에서 순환하지 않는다.

① ㄱ ② ㄴ ③ ㄷ ④ ㄱ, ㄴ ⑤ ㄴ, ㄷ

정답 : ③ 풀이 : ㄱ. A와 B는 소비자이지만 유기물을 무기물로 분해하는 C는 분해자이다. ㄴ. B가 사라지면 처음 일정 기간 동안에는 B의 피식자인 A의 수가 증가하여 초식동물의 개체수는 감소한다. 하지만 시간이 지나면서 초식동물의 수가 감소하기 때문에 A의 개체수가 감소하게 되고, 다시 초식동물의 수는 증가하게 된다. ㄷ. 생태계 내에서 물질은 순환하지만 에너지는 순환하지 않고 최종 에너지 형태인 열로 전환된다.

2. 그림은 안정된 먹이그물의 일부를 나타낸 것이다. 이에 대한 설명으로 옳은 것만 을 〈보기〉에서 있는 대로 모두 고른 것은?

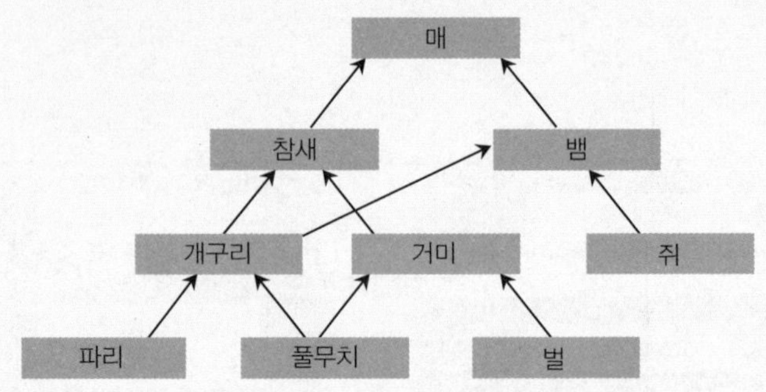

〈 보기 〉

ㄱ. 매의 에너지 효율은 풀무치보다 크다.

ㄴ. 먹이그물이 복잡할수록 생태계의 안정성은 크다.

ㄷ. 포식과 피식은 개체수를 일정하게 조절하는 역할을 가진다.

① ㄱ ② ㄴ ③ ㄷ ④ ㄱ, ㄴ ⑤ ㄱ, ㄴ, ㄷ

정답 : ⑤ 풀이 : 파리, 풀무치, 벌은 1차 소비자, 개구리, 거미, 쥐는 2차 소비자, 참새와 뱀은 3차 소비자, 매는 최종 소비자이다.

ㄱ. 에너지 효율은 상위 영양단계로 갈수록 커진다. 매는 풀무치에 비해 매우 높은 상위 영양단계에 있다. ㄴ. 먹이그물이 복잡하면 어느 한 생물이 사라지더라도 이를 보완해줄 수 있는 포식-피식 관계가 존재하기 때문에 생태계의 피해를 상당히 줄여준다. ㄷ. 먹고 먹히는 관계인 포식과 피식은 서로의 개체수를 조절하는 역할을 한다. 예를 들면, 포식자가 많아지면 피식자의 수가 줄고, 먹을 것이 감소하면서 포식자의 수가 다시 감소하고, 포식자의 수가 감소하면 다시 피식자의 수가 늘어나게 된다.

3. 그림은 생태계의 물질 순환을 나타낸 것이다. 이에 대한 설명으로 옳은 것만을 〈보기〉에서 있는 대로 모두 고른 것은?

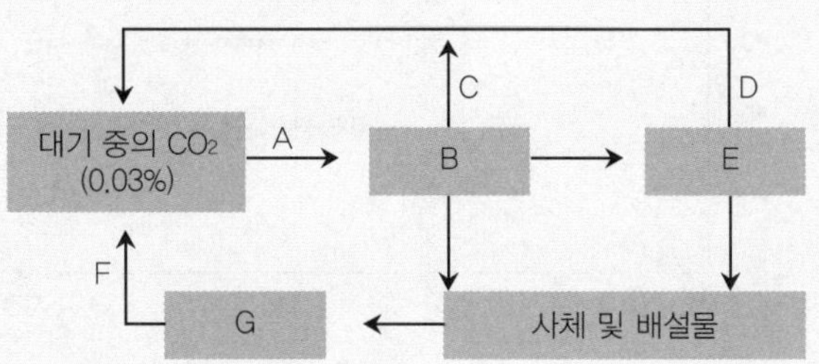

〈 보기 〉

ㄱ. B와 E는 식물이다.

ㄴ. C, D, F는 생물의 호흡 결과 형성된 물질이다.

ㄷ. G는 세균과 같은 분해자이며 유기물을 분해한다.

① ㄱ ② ㄴ ③ ㄷ ④ ㄴ, ㄷ ⑤ ㄱ, ㄴ, ㄷ

정답 : ④ 풀이 : A, C, D, F는 CO_2이다. B는 광합성 작용을 하는 식물이고, E는 초식동물 또는 잡식동물이며, G는 분해자이다. ㄱ. E는 2차 소비자인 초식동물이다. ㄴ. 생물체에서 방출되는 CO_2는 호흡 결과로 만들어진 물질이다. ㄷ. 사체 및 배설물과 같은 유기물을 무기물로 분해하는 생물은 분해자이다.

4. 다음 그림은 짚신벌레 20마리를 수조에 넣은 후 배양하여 얻은 개체군 생장곡선이다. 이에 대한 설명으로 옳은 것만을 〈보기〉에서 있는 대로 모두 고른 것은?

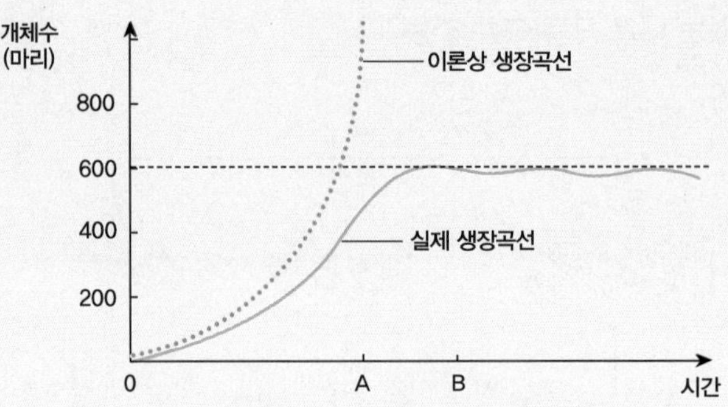

〈 보기 〉

ㄱ. A일 때의 번식률은 B일 때보다 높다.

ㄴ. 개체수가 300마리일 때부터 환경 저항에 직면하기 시작한다.

ㄷ. 이론상 생장곡선과 실제 생장곡선이 다른 이유는 충분한 먹이와 공간 등의 요인 때문이다.

① ㄱ ② ㄴ ③ ㄷ ④ ㄴ, ㄷ ⑤ ㄱ, ㄴ, ㄷ

정답 : ① 풀이 : ㄱ. 번식률이 클수록 그래프의 기울기는 커진다. 따라서 B일 때보다 A일 때의 번식률이 높다. ㄴ. 이론상 생장곡선과 실제 생장곡선이 처음부터 다른 것으로 보아 환경 저항은 처음부터 짚신벌레 개체군에 영향을 주고 있다. ㄷ. 이론상 생장곡선과 실제 생장곡선이 다른 이유는 환경 저항 때문이고, 환경 저항은 먹이 부족과 공간 부족, 질병 등의 요인을 말한다.

5. 그림은 생태계에서 일어나는 질소순환 과정을 나타낸 것이다. 이에 대한 설명으로 옳은 것만을 〈보기〉에서 있는 대로 모두 고른 것은?

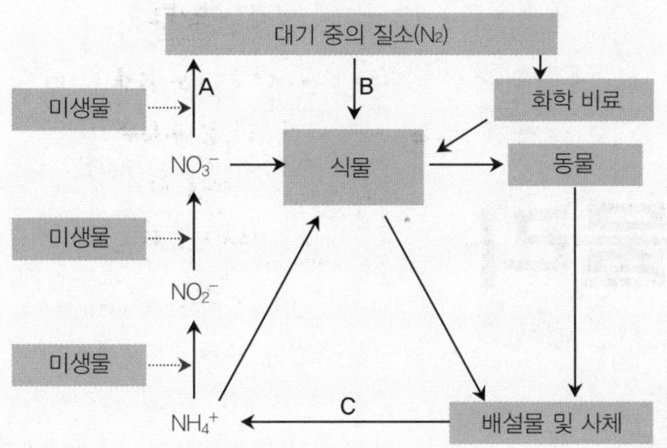

〈 보기 〉

ㄱ. B와 C 과정은 미생물에 의해 가능해진다.

ㄴ. 인간의 활동은 질소순환에 영향을 미치지 않는다.

ㄷ. A 과정이 활발해지면 식물이 이용할 수 있는 질소화합물이 증가한다.

① ㄱ ② ㄴ ③ ㄷ ④ ㄴ, ㄷ ⑤ ㄱ, ㄴ, ㄷ

정답 : ① 풀이 : ㄱ. B 과정은 질소고정에 관여하는 미생물에 의해 공기 중 질소 기체가 암모니아나 질산 이온으로 전환되어야 가능하며, C 과정은 미생물이 분해자로서 기능하는 과정이다. ㄴ. 모든 생물체는 질소순환에 영향을 미친다. ㄷ. A 과정이 활발해지면 공기 중 질소 기체(N_2)가 많아진다. 공기 중에 있는 질소 기체는 식물이 직접 이용하지 못한다.

빛나는 지단쌤 임대환의

한눈에 사로잡는 물리

임대환 지음 | 484쪽 | 16,000원

교과서보다 두 배 말랑하고, 교양서보다 세 배 깊이 있는 과학 초보자를 위한 국민 물리 교과서!

개념과 개념 사이를 짚어주는 맥락을 충분히 이해한다면 과학 공부 역시 재미있고 흥미진진하게 할 수 있다. 저자는 이 책에서 교과서에 등장하는 여러 가지 물리 개념들이 탄생하는 원동력으로 작용한 구구절절한 사연들을 하나씩 들추어낸다. 그러면서 물리학의 역사라고 할 수 있는 맥락을 짚어준다. '물리의 쓰임새를 찾아 어렵고 딱딱한 과목이라는 편견을 조금이나마 해소하려고' 노력하는 대한민국 최고 물리 교사의 열정과 사랑이 담긴 책.

* 함께 읽어야 할 책 : 빛나는 지단쌤 임대환의 한눈에 사로잡는 물리 | 전자기학·빛

큰★별쌤 최태성의

한눈에 사로잡는 한국사

최태성 지음 | 560쪽 | 17,000원

"역사에 무임승차하지 마라!" EBS 명강사 최태성의 가슴 뜨거운 역사 수업, 120만 수험생의 한국사 고민을 단박에 해결하다!

이 책의 가장 큰 특징은 먼저 역사 시기를 큰 덩어리로 나눈 다음, 개별 사안들을 들여다보고 있다는 점이다. 해당 사안이 어느 시기에 위치해 있는지, 어떤 흐름으로 이어지고 있는지를 파악하고 있어야만 한국사를 총체적으로 이해할 수 있다. 이를 위해 저자는 입체적인 판서를 궁리해냈다. '판서의 본좌', '판서의 지존'이라는 별명답게, 저자의 판서를 보면 한국사를 '한눈에 사로잡을' 수 있다. 이 책은 부분 판서를 통해 읽고 있는 내용의 이해를 돕고, 한 장이 끝날 때마다 전체 판서를 실어 공부한 내용을 일목요연하게 정리할 수 있게 해준다.

* 함께 읽어야 할 책 : 큰★별쌤 최태성의 한눈에 사로잡는 한국사 | 전근대편

힘이 나는 희민쌤 장희민의

한눈에 사로잡는 국어

장희민 지음 | 368쪽 | 16,000원

언어영역의 관건은 의사소통! 국어 공부를 잘 하려면 가장 먼저 주어진 지문을 확실히 이해하고, 글쓴이의 의도를 제대로 파악하고, 출제자와 깊이 대화하라!

'EBS 인강 사상 최단기 최다 클릭수'라는 전설을 기록한 언어영역 1타 강사 장희민의 17세를 위한 국어 개념편. 망망대해 같은 언어영역 공부의 어려움을 피해가라고 스킬을 가르치거나 단기성 요령을 주입하는 대신 진짜 언어공부의 참맛을 알려주고, 언어를 사랑하는 법을 알려주는 독특하고 향기로운 책이다. 언어영역 때문에 막연한 두려움에 사로잡힌 60만 예비 고등학생, 스스로 언포자(언어영역포기자)의 길을 택한 고등학교 1·2학년 학생들이 고등학교 언어영역의 개념을 잡고 이를 자기 것으로 만드는 데 큰 도움이 될 것이다.

논술의 지배자 마열다의

한눈에 사로잡는 슈퍼논술

마열다 지음 | 308쪽 | 14,000원

논술의 메카 대치동에서 '고수'로 소문난 마열다 선생님이 '슈퍼파워'로 논술의 레벨 업을 책임진다!

논술 시험 준비에 어려움을 겪는 학생들의 눈높이에 맞춰 논술 공부에 필요한 기초 개념을 한 권으로 쉽고 섬세하게 정리한 책. 기초 논리학을 이해하기 위해 필요한 기본 개념, 기본 용어의 풀이부터 시작해 한 편의 논술문을 쓰기 위해 필요한 과정 하나하나를 차근차근 챕터 별로 구분해 익히고, 연습문제를 통해 실전 감각까지 키울 수 있도록 구성되었다. 논술을 차근차근 준비하고 싶은 고등학교 1, 2학년, 논술 준비는 급한데 기본 개념이나 독해 실력이 구비되어 있지 않아 발등에 불이 떨어진 고등학교 3학년 학생 모두에게 꼭 필요한 책.

* 함께 읽어야 할 책 : 논술의 지배자 마열다의 한눈에 사로잡는 슈퍼논술 | 실전편

게임은 미래의 커뮤니케이션 수단이다!

디지털게임의 재발견

김겸섭 지음 | 247쪽 | 12,000원

21세기 창의적 인재의 산실이 될 꿈의 공장 '게임의 세계'

흥미진진한 탐색은 계속된다!

'중독'과 '폭력'으로부터 게임을 구해내고 그 누명을 벗겨내기 위해서라도 우리는 하루 빨리 객관적인 관점에서 게임을 배우고 이야기해야 한다. 그러려면 '게임하기'의 진짜 목표가 '자주적이고 행복하며 능동적인 인간을 만들어내는 것'임을 인식해야 한다. 미래 사회를 이끌어나갈 창의적 인재란 정답과 공식을 잘 외워서 답을 찾는 사람이 아니라 행복하고 창조적인 사람이니까. 이 책은 게임의 시작이 된 놀이의 기원, 게임의 역사와 발전, 기술과의 맞물림, 게임의 서사성과 캐릭터의 탄생, 그리고 게임의 배경이 된 판타지 문학 등을 포괄적으로 흥미롭게 다루고 있다. 게임의 세계를 이해하고 싶어하는 학생이나 부모, 교사 모두에게 강추한다.

1500명 청소년의 1500가지 고민을 나눈다!

17세의 마음문 노크하기

서선미 지음 | 328쪽 | 13,000원

아이들이 반항하고, 집을 나가는 데에는 여러 가지 원인이 있다. 그 원인들은 대개 가정과 학교가 제공한다!

아이들이 가장 싫어하는 말 중의 하나가 '사춘기'이다. 단어 자체를 싫어하는 게 아니다. 자신들의 복잡하고도 미묘한 변화, 그 속에서 극과 극을 오가는 감정들을 그저 한마디로 단정 짓고 무시하려는 사람들의 태도가 마음에 안 드는 것이다. "엄마가 우울한 것에는 그럴싸한 이유가 있고, 아빠의 무기력은 오만가지 원인이 복잡하게 얽혀있기 때문이라면서, 왜 내 고민과 방황은 그저 사춘기라서 그렇다고만 생각하는데? 나도 고민이 많고, 이유도 많고, 원인도 분명히 있다고. 그리고 그 원인은 내가 만든 게 아니야!"라고. 이 책은 아이들이 방황하고 엇나가는 이유를 알고 싶어하는 부모, 교사를 위한 것이자 어른들이 아이와 함께 고민을 공유하며 해결책을 모색하고, 대안을 찾아보려는 의도에서 만든 것이다.

전국 60만 예비 고1을 위한 완벽 멘토링!

인생의 터닝포인트를 위한 17세의 교과서

윤혜정 윤연주 심주석 최태성 이희나 지음 | 320쪽 | 12,000원

17세 청소년들의 고등학교 생활과 학습 성과를 책임질 정교한 나침반

『인생의 터닝포인트를 위한 17세의 교과서』는 중학교 시절을 뒤로 하고 고등학생이 되는 아이들에게 바치는 명품 교사 5인방의 헌사이다. 걱정 반 설렘 반으로 예비 고1이 된 아이들에게 들려주는 매우 실용적인 팁이기도 하다. 특히 고등학교 시절을 어떻게 보내야 하는지, 자신의 꿈을 설정하는 게 왜 그토록 중요한지, 꿈을 이루기 위한 전초단계로서 공부할 때 어떤 계획을 세워야 하는지, 교과서를 공부할 때 반드시 짚고 넘어가야 할 점은 무엇인지, 과목별 공부는 어떻게 해야 하는지, 교과서만 공부하고도 대학에 갈 수 있다는 말이 왜 '빈 말'이 아닌지, 수능 준비 전략을 미리 세우려면 어디에 주안점을 두어야 하는지, 창의적이고 전인적인 어른이 되기 위해 놓치면 안 되는 책과 영화에는 무엇이 있는지 등을 아주 자세하고 친절하게 설명한 책.

EBS 명강사들이 강력 추천한 바로 그 책!

대반전을 위한 17세의 공부법

케빈 폴 지음 | 이상영 옮김 | 344쪽 | 13,000원

이 책에서 제시하는 아주 간단한 원칙들만 실천한다면, 힘들지 않게, 영리하게 공부하게 될 것이다!

20년 이상 공부의 기술을 연구해온 케빈 폴 박사의 청소년을 위한 공부법 책. '공부법 최고 멘토'로 불리는 그는 무조건 열심히만 공부할 게 아니라 '영리하게' 공부해야 효과를 올릴 수 있다고 말한다. 무조건 "이래야 한다, 저렇게 하라!"고 주장하는 대신 우리의 두뇌가 '컴퓨터보다 좋다'고 강조하면서 공부의 기술과 전력만 제대로 익힌다면 누구나 "천재처럼 공부할 수 있다"고 역설한다. 그의 공부법 강의는 실제로 미국과 캐나다 등지에서 선풍적인 인기를 끌었고, 많은 학생들이 그의 책을 교과서처럼 읽는다. 자신의 잠재력을 인정하고, 목표 달성을 위한 공부 지능을 120% 발휘하도록 이끌어주는 마법 같은 공부법의 정본!!

적성전형 고수 최승후쌤의

나는 적성전형으로 대학 간다

최승후 지음 | 651쪽 | 23,000원

각 대학 입학설명회 섭외강사 1순위 최승후 쌤이
전국의 수험생, 예비수험생을 위해 마이크 대신 펜을 잡다!!
전국의 예비 고등학생들에게 알찬 진학 설계의 기회를 제공하는
적성전형 준비·합격 노하우를 120% 담은 책!

적성전형으로 갈 수 있는 대학과 학과를 알아보려는 많은 학생들에게 단비가 되어줄 책. 더 나아가 좋은 전형을 제대로 활용하지 못하는 전국의 수험생들과 진학 지도의 방향을 잡지 못해 고심하는 선생님들에게 드리는 믿음직한 나침반이기도 하다. 파트1은 적성검사를 처음 준비하는 학습자를 위해 적성검사의 전반적인 내용을 소개했고, 파트2~3 기출유형 분석에서는 언어사고영역(파트2), 수리사고영역(파트3)의 최신 출제 경향을 반영한 문제유형을 집중적으로 소개했다. 그리고 누구도 따라할 수 없게끔 충실하고 쓸모 있게 엮은 부록(파트4)은 "적성지도 고수" 최승후 선생의 야심작이다.